"城市轨道交通控制专业" 教材编写委员会

"十二五"职业教育国家规划教材

经全国职业教育教材审定委员会审定

河南省"十二五"普通高等教育规划教材

经河南省普通高等教育教材建设指导委员会审定

(审定人员：胡健)

电子技术

第二版

张惠敏　主　编

刘海燕　付　涛　副主编

刘　云　胡宜军　主　审

化学工业出版社

·北京·

本书是根据高职高专院校工科类电子信息、自动化和机电类专业《电子技术》课程的基本要求编写的。全书共分十二个部分，主要内容包括：半导体器件认知及检测、基本放大电路的分析与调试、模拟集成器件的应用、正弦波振荡器分析、集成稳压电源与可控整流电路、基本数字逻辑器件认知与检测、组合逻辑电路的设计与实现、时序逻辑电路分析与实现、555集成定时器的应用、数模-模数转换电路应用、大规模集成电路认知、Multisim电子电路仿真软件简介。

《电子技术》课程建议教学时数（含技能训练）为120学时左右。

本书紧密结合高职高专教学特点，内容编排力求简洁明快、深入浅出；全书采用任务驱动、项目化教学编写方式，每个项目中包含理论讲授、硬件或软件仿真训练和检测题，突出了理论与实践的结合，既适合教学又便于自学。

本书可作为高职高专院校电子信息、自动化、机电类等专业或其他工科类专业《电子技术》课程的教学用书，也可用于中等专业学校以及成人大、中专教育和各级工程技术人员的参考书。

图书在版编目（CIP）数据

电子技术/张惠敏主编. —2版. —北京：化学工业出版社，2013.8（2019.8重印）
"十二五"职业教育国家规划教材
ISBN 978-7-122-17972-2

Ⅰ.①电… Ⅱ.①张… Ⅲ.①电子技术-高等职业教育-教材 Ⅳ.①TN

中国版本图书馆CIP数据核字（2013）第160614号

责任编辑：张建茹　潘新文　　　　　　文字编辑：云　雷
责任校对：吴　静　　　　　　　　　　装帧设计：尹琳琳

出版发行：化学工业出版社（北京市东城区青年湖南街13号　邮政编码100011）
印　　装：三河市延风印装有限公司
787mm×1092mm　1/16　印张17½　字数439千字　　2019年8月北京第2版第7次印刷

购书咨询：010-64518888　　　　　　售后服务：010-64518899
网　　址：http://www.cip.com.cn
凡购买本书，如有缺损质量问题，本社销售中心负责调换。

定　　价：36.00元　　　　　　　　　　　　　　　　版权所有　违者必究

序

　　"城市轨道交通控制专业"是伴随城市快速发展、交通运输运能需求快速增长而发展起来的新兴专业，是城轨交通运输调度指挥系统核心设备运营维护的关键岗位。城市轨道交通控制系统是城轨交通系统运输调度指挥的灵魂，其全自动行车调度指挥控制模式，向传统的以轨道电路作为信息传输媒介的列车运行控制系统提出了新的挑战。随着3C技术［即：控制技术（Control）、通信技术（Communication）和计算机技术（Computer）］的飞跃发展，城轨交通控制专业岗位内涵和从业标准也随着技术和装备的升级不断发生变化，对岗位能力的需求向集信号控制、通信、计算机网络于一体的复合人才转化。

　　本套教材以职业岗位能力为依据，形成以城市轨道交通控制专业为核心、由铁道通信信号、铁道通信技术、电子信息工程技术等专业组成的专业群，搭建了专业群课程技术平台并形成各专业课程体系，教材开发全过程体现了校企合作，由铁路及城市轨道交通等运维企业、产品制造及系统集成企业、全国铁道行业教学指导委员会铁道通信信号专业教学指导委员会和部分相关院校合作完成。

　　本套教材在内容上，以检修过程型、操作程序型、故障检测型、工艺型项目为主体，紧密结合职业技能鉴定标准，涵盖现场的检修作业流程、常见故障处理；在形式上，以实际岗位工作项目为编写单元，设置包括学习提示、工艺（操作或检修）流程、工艺（操作或检修）标准、课堂组织、自我评价、非专业能力拓展等内容，强调教学过程的设计；在场景设计上，要求课堂环境模拟现场的岗位情境、模拟具体工作过程，方便学生自我学习、自我训练、自我评价，实现"做中学"（learning by doing），融"学习过程"与"工作过程"为一体。

　　本套教材兼顾国铁与地铁领域信号设备制式等方面的不同需求，求同存异。整体采用模块化结构，使用时，可有针对性地灵活选择所需要的模块，并结合各自的优势和特色，使教学内容和形式不断丰富和完善，共同为"城市轨道交通控制专业"的发展作出更大贡献。

"城市轨道交通控制专业"教材编委会
2013 年 7 月

第二版前言

在教育部高等教育司的领导和支持下，高职高专电子电气类专业系列教材于 2002 年开始陆续出版，《电子技术》教材作为第一批"教育部高职高专规划教材"由化学工业出版社正式出版，本书在全国高职高专教育教学中发挥了积极的作用，得到了全国各兄弟院校及同行们的大力支持和帮助。在此，编者向大家表示由衷地感谢。

随着高职高专教育的蓬勃发展以及教育部高职高专教育教学改革的要求，《电子技术》课程的教学与教材改革也在不断深入和优化，探索基于工作过程的项目引领、任务驱动，已经成为共识。同时，结合电子技术课程作为电子电气类各专业的技术基础课程的公共服务特性，按照突出能力体系兼顾课程知识体系的原则，组织编写组全体成员重新修订了电子技术教材的体系结构和内容，将原教材体系整合为十二个项目、五十个具体的学习任务。另外，伴随着电子设计自动化(EDA)技术的发展和应用普及，由美国国家仪器(NI)有限公司推出的 Multisim 电子电路计算机仿真设计软件逐步取代了 EWB 仿真软件，以其用户界面友好、各类器件和集成芯片丰富，尤其是其直观的虚拟仪表以及实现 Multisim 与 LABVIEW 的联合仿真是 Multisim 软件的一大特色，教材中以 Multisim 替代了所有 EWB 进行的电路仿真实训。

全书主要内容包括：半导体器件认知及检测、基本放大电路的分析与调试、模拟集成器件的应用、正弦波振荡器分析、集成稳压电源与可控整流电路、基本数字逻辑器件认知与检测、组合逻辑电路的设计与实现、时序逻辑电路分析与实现、555 集成定时器的应用、数模-模数转换电路应用、大规模集成电路认知、Multisim 电子电路仿真软件简介。

《电子技术》教材建议教学时数(含技能训练)为 120 学时左右。其中技能训练内容(含电路读图、软、硬件实现等)约 50 学时，各校可根据具体情况自行增减；利用电子电路仿真软件 Multisim 进行的仿真实验既可以作为实训课内容也可以作为课堂演示教学内容，以增强课堂教学的直观性，帮助学生理解、消化理论知识，提高学习兴趣；电子技术的综合技能训练可通过大型作业或实习实训完成。书中带"＊"号内容可作为选修内容。

本教材突出电子技术课程的实践性和实用性特点，着重以电子元器件的检测、典型电路分析和实用电路实现为主线，全书采用项目引领、任务驱动的编写方式，内容编排力求简洁明快、深入浅出；每个项目中包含基本理论学习、硬件或软件仿真训练和检测题，强化了教学目标、突出了理论与实践的结合，在学生认知的基础上逐步向工艺和操作的规范化、标准化上靠近，凸显高职教育的内涵。教材内容既适合教学又便于自学，可作为高职高专院校电子电气信息、自动化、机电类等专业或其他工科类专业《电子技术》课程的教学用书和实训指导书，也可用于中等专业学校以及成人大、中专教育和各级工程技术人员的参考书。

本书由郑州铁路职业技术学院张惠敏担任主编，负责全书的规划与统稿；刘海燕、付涛担任副主编；郑州市装联电子有限公司胡宜军担任主审。

参加本教材编写任务的人员及参编内容：张惠敏编写绪论、项目三、项目九；马蕾编写项目二和项目一的任务三及任务四；付涛编写项目四和项目五；刘海燕编写项目六、项目七；陈志红编写项目八；黄根岭编写项目十和项目一的任务一及任务二；江兴盟编写项目十二、项目一的任务五、项目八的任务六和项目九的任务六；郑州铁路局信息技术处高级工程师薛波编写项目十一。

　　本教材在编写过程中得到了教育部有关领导和化学工业出版社领导的热情支持及帮助，各合作企业的领导和同行们给予了极大的关怀和鼓励，在此表示衷心感谢。

　　随着科学技术的发展，集成电路工艺水平、集成度以及器件功能不断完善和提高，电子技术的应用也愈加广泛，教材内容的更新势在必行；同时限于编者水平，书中难免有不妥之处，教材编写组全体成员诚恳欢迎社会各界多提改进意见，以便进一步完善和提高。

编者

2013 年 6 月

目录

绪　论

20世纪初，随着半导体的发现和利用，电子技术悄然来到人们身边，直接而现实地影响着人们的生活。近几十年来，电子技术的发展推动了各个领域技术的发展，如医疗行业的B超、CT、核磁共振等，使现代医疗水平显著提高；数字电子技术的应用使得传统的机械加工业变成了数控加工；航天航空技术更是如虎添翼；现代国防技术离开了电子技术，导弹、雷达、坦克、潜艇、战斗机、军事联络等将处于瘫痪；尤其是以电子技术为基础发展起来的计算机和通信业在人们的生产生活中扮演了越来越重要的角色，真正成为现代社会的千里眼、顺风耳，使世界变成了地球村。未来社会，电子技术将会创造出更加惊人的奇迹。

一、电子技术的发展历史

电子器件的发展带来了电子产品和技术的更新换代，其发展过程大致经历了五个阶段，即真空电子管电路、晶体管电路、中小规模集成电路、大规模集成电路和超大规模集成电路。

1904年英国的弗来明发明了真空电子二极管，1906年美国的德福雷斯特发明了真空电子三极管，同年，美国的费森登开始用电子管调制无线电收、发音乐和演讲系统，出现了最早的电子管收音机。1920年美国建成了世界上第一座无线电台。1925年，英国人贝尔德发明了电视机。在20世纪的前半叶，电子管电路独领风骚，在军事、通讯、交通等社会领域中，展现了无比的神通。1946年在美国诞生了第一台电子管电子计算机，该机用了一万八千多个电子管，整机重达30吨，功率140kW，运算速度仅为5000次/s，且价格昂贵。

1947年，三位杰出的美国科学家巴亨、肖克莱和布拉克，成功地研究出了晶体三极管，其各种性能远远超过了真空管。它使电子技术有了根本性的技术突破，世界科学技术也随之产生了巨变。1953年，晶体管收音机问世，1956年第二代计算机——晶体管计算机诞生，1957年苏联采用晶体管自动控制设备，发射了第一颗人造地球卫星。晶体管也使电视接收技术更加成熟实用，在发达国家已经普及到家庭。

随着1958年第一块集成电路在美国研制成功，电子技术发生了又一次巨大的突破和变革。集成电路能将一个完整功能的电路做在一块小晶体片上，使电子电路的小型化、低成本成为现实；1962年，各种集成电路迅速发展，1964年出现了集成运算放大器，同时诞生了由中小规模集成电路制造的电子计算机，使计算机的功能、速度、体积、成本都有了重大突破。到20世纪60年代末，第四代电子器件——大规模集成电路诞生，使得电子电路的集成度大大提高，尤其是1972年诞生的第四代计算机，标志着电子设备小型化的进程进一步加快。

1977年美国研制成功了超大规模集成电路，可以在$30mm^2$的硅晶体片上造出十五万多个晶体管，同时日本的集成电子技术也进入了超大规模集成电路时代，由此产生了真正意义上的微型计算机，其成本大幅下降，并逐渐实现个人化。

随着新兴的纳米技术的发展，电子技术也将面临着新的突破，目前电脑已进入全球网络化，未来的电脑正向着更大的容量、更高的速度和智能型发展。电子技术的明天无疑是梦幻般的奇异动人，人类所有的幻想和梦想都将随着时间的延伸而成为现实！

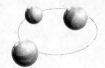

二、本课程研究的对象及内容

电子技术是研究利用电子器件构成各种实用电路，以实现电信号的产生、传输和处理的实用技术。电信号分为模拟信号和数字信号两大类。模拟信号是指幅度随时间连续变化的信号，如用电压或电流的变化模拟声波的变化；数字信号是指幅度和时间均为离散的信号，如电报码、心电图信号和计算机代码等。

根据两类信号的不同特点，电子电路也分为模拟电子电路和数字电子电路两大类（简称为模拟电路和数字电路）。模拟电子电路就是用来产生、传输和处理模拟信号的电路，典型设备有收音机、电视机、扩音机等。收音机系统和电视机系统，都是把原始的声音信号或图像信号模拟转变为以同样规律变化的电信号，由电子发射电路向空中发射带有该信号的电磁波，收音机和电视机收到电磁波信号后进行处理、放大，再由扬声器和显像管还原出声音或图像来。数字电子电路是用来传输和处理数字信号以实现其逻辑功能变换与判断的电路，典型设备是电子计算机等，计算机系统主要用于对各种数字信息进行存储、逻辑运算及分析处理等。随着数字化进程的加快，模拟电路和数字电路的结合越来越紧密，在技术上正趋向于将模拟信号数字化，以获取更高的抗干扰性能、便于传输和计算机处理，如数码相机、数字电视等。

模拟电子电路最主要的任务是对微弱的电信号进行模拟放大，主要学习内容包括：半导体器件的结构与原理、基本放大电路、负反馈放大电路、集成运算放大器、集成功率放大器、振荡器、直流电压源和可控整流电路等。

数字电子电路的主要研究对象是电路的输入和输出之间的逻辑关系，其基本分析工具是逻辑代数。在数字电路中，半导体器件大多工作在开关状态，电路只有两个状态，分别用"0"和"1"表示，因此构成数字电路的基本单元十分简单，并且对器件要求不高、易于集成。数字电路主要学习内容包括：数字电路的基础知识、基本逻辑门电路、常用集成触发器、常用的组合逻辑部件和时序逻辑部件、数字信号的产生与变换、数/模和模/数转换器、大规模集成电路等。

三、本课程的特点和学习方法

电子技术是应用性和实践性非常强的技术基础课，学习过程中必须特别注重实践能力的培养，因此本教材根据教学内容特点，针对每个学习项目有选择地编排了讨论课、硬件实验或软件仿真实验，突出理论与实践的结合，同时便于教师灵活安排技能训练或采用多媒体演示教学。Multisim是常用的电子电路仿真软件之一，它可以模拟实际电子实验室的环境，提供了众多的元器件和仪器仪表以及分析工具，可以虚拟所有的电子实验，堪称虚拟电子实验室。了解强大的EDA（电子设计自动化）工具在电子课教学和实验中的作用，可以扩展学生的知识面和综合应用能力。

《电子技术》作为电子电气、自控、机电、通信和计算机等专业的重要技术基础，是各专业的重要技术基础课程之一，只有掌握一定的基础知识和实践技巧，才能顺利地进入神奇的电子技术世界。

项目一
半导体器件认知与检测

【目的与要求】 半导体是现代电子技术重要的物质基础。项目主要任务是认识半导体的性能及 PN 结的形成；熟悉半导体基本电子器件的结构、特点、检测及主要应用；熟练掌握由半导体二极管构成的整流电路的原理等。

任务一 ●●● 二极管识别与检测

一、半导体及 PN 结

大自然的物质类别是极其丰富的。单从导电能力上分，有导体、绝缘体和半导体。

常见的导体有金、银、铜、铁、铝等金属类；常见的绝缘体有胶木、橡胶、陶瓷等。

半导体是导电能力介于导体和绝缘体之间的特殊物质，常用材料有锗（Ge）、硅（Si）、砷化镓（GaAs）等。这些材料在现代科学技术中扮演了极为重要的角色。

1. 半导体的性质

半导体的导电能力具有一些独特的性能。主要表现在以下三个方面。

（1）杂敏性 半导体对掺入杂质很敏感。在半导体硅中只要掺入亿分之一的硼（B），电阻率就会下降到原来的数万分之一。因此用控制掺杂浓度的方法，可人为地控制半导体的导电能力，制造出各种不同性能、不同用途的半导体器件。

（2）热敏性 半导体对温度变化很敏感。温度每升高 $10\,^{\circ}\!\mathrm{C}$，半导体的电阻率减小为原来的二分之一。这种特性对半导体器件的工作性能有许多不利的影响，但利用这一特性可制成自动控制系统中常用的热敏电阻，它可以感知万分之一摄氏度的温度变化。

（3）光敏性 半导体对光照很敏感。半导体受光照射时，它的电阻率显著减小。例如，半导体材料硫化镉（CdS），在一般灯光照射下，它的电阻率是移去灯光后的数十分之一或数百分之一。自动控制中用的光电二极管、光电三极管和光敏电阻等，就是利用这一特性制成的。

2. 本征半导体

完全纯净的半导体叫本征半导体，又称为纯净半导体。

半导体中的原子是按照一定的规律、整齐地排列着，呈晶体结构，如图 1-1 所示，所以半导体管又称为晶体管。

常用的半导体材料是硅和锗。它们的简化原子模型如图 1-2 所示。

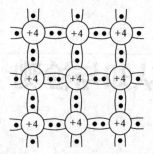

图 1-1　硅或锗晶体的共价键结构示意图

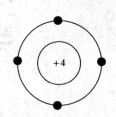

图 1-2　硅和锗的原子结构简化模型

在室温下，价电子获得足够的能量可挣脱共价键的束缚，成为自由电子，这种现象称为本征激发。这时，共价键中就留下一个空位，这个空位称为空穴。空穴的出现是半导体区别于导体的一个重要特点。

在半导体中，有两种载流子，即空穴和自由电子。在本征半导体中，它们总是成对出现的。利用杂敏的特性，可以在本征半导体中掺入微量的杂质，就会使半导体的导电性能发生显著的改变。

3. 掺杂半导体

根据掺入杂质性质的不同，掺杂半导体可分为空穴（P）型半导体和电子（N）型半导体两大类。

P 型半导体是在硅（或锗）的晶体内掺入少量的三价元素形成的，如硼（或铟）等，因硼原子只有三个价电子，它与周围硅原子组成共价键时，缺少一个电子，在晶体中便多产生了一个空穴。控制掺入杂质的多少，便可控制空穴数量。这样，空穴数就远大于自由电子数，在这种半导体中，以空穴导电为主，因而空穴为多数载流子，简称多子；自由电子为少数载流子，简称少子。

N 型半导体是在纯净的半导体中掺入五价元素（如磷、砷和锑等）形成的，使其内部多出了自由电子，自由电子就成为多数载流子，空穴为少数载流子。

4. PN 结及其特性

如果在一块纯净半导体（如硅和锗等）中，通过特殊的工艺，在它的一边掺入微量的三价元素硼形成 P 型半导体，在它的另一边掺入微量的五价元素磷，形成 N 型半导体，这样在 P 型半导体和 N 型半导体的交界面上就形成了一个具有特殊电性能的薄层——PN结。PN 结具有单向导电的性能。这是因为在交界面两侧存在着电子和空穴浓度差，N 区的电子要向 P 区扩散（同样 P 区的空穴也向 N 区扩散，称为扩散运动），并与 P 区的空穴复合，如图 1-3（a）所示。在交界面两侧产生了数量相同的正负离子，形成了方向由 N 到 P 的内电场。如图 1-3（b）所示。这个内电场对多子的扩散运动起阻止作用，同时又对两侧的少子起推动作用，使其越过 PN 结，称为漂移运动。显然扩散与漂移形成的电流方向是相反的，最终扩散运动与漂移运动会达到动态平衡。这样就形成了有一定厚度的PN 结。

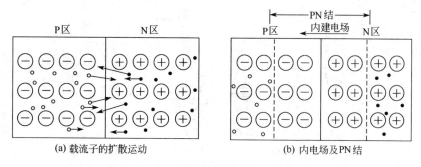

图1-3 半导体的PN结的形成

如图1-4所示，给PN结外加上正向电压时，由于内电场被削弱，则形成较大的扩散电流，呈现较小的正向电阻，相当于导通；若加上反向电压，则内电场加强，只形成极其微弱的漂移电流（因为少子的数量是极少的），相当于截止。这就是PN结的单向导电性能。

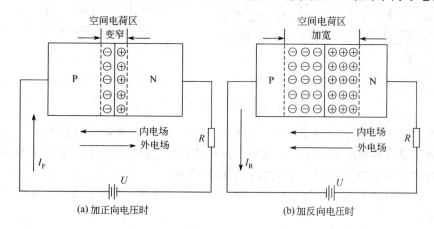

图1-4 PN结的单向导电性

二、二极管

在PN结两侧各引出一个电极并加上管壳就形成了半导体二极管，其外形和符号如图1-5中的（a）和（b）所示。

二极管的正极也称为阳极，用字母 a 表示，另一边是负极也称为阴极，用字母 k 表示。正极与P区相连，负极与N区相连。二极管的极性通常标示在它的封装上，有些二极管用黑色或白色色环表示其负极端。

1. 二极管的类型

根据所用的半导体材料不同，可分为锗二极管和硅二极管；按照管芯结构不同，可分为点接触型、面接触型和平面型，如图1-5中的（c）、（d）、（e）所示。

点接触型二极管的PN结接触面很小，只允许通过较小的电流（几十毫安以下），但在高频下工作性能很好，适用于收音机中对高频信号的检波和微弱交流电的整流，如国产的锗二极管2AP系列、2AK系列等。

面接触型二极管PN结面积较大，并做成平面状，它可以通过较大的电流，适用于对电网的交流电进行整流，如国产的2CP系列、2CZ系列的二极管都是面接触型的。

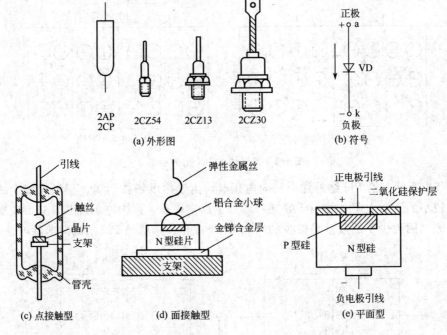

(a) 外形图　　(b) 符号

(c) 点接触型　　(d) 面接触型　　(e) 平面型

图 1-5　二极管的外形、符号及主要结构类型

平面型二极管的特点是在 PN 结表面被覆一层二氧化硅薄膜，避免 PN 结表面被水分子、气体分子以及其他离子等沾污。这种二极管的特性比较稳定可靠，多用于开关、脉冲及超高频电路中。国产 2CK 系列二极管就属于这种类型。

根据二极管用途不同，可分为整流二极管、稳压二极管、开关二极管、光电二极管及发光二极管等。

2. 二极管的伏安特性

图 1-6 中的（a）和（b）分别是硅二极管和锗二极管的两端电压与其内部的电流的关系曲线，称为伏安特性曲线。图中纵轴的右侧称为正向特性，左侧称为反向特性。

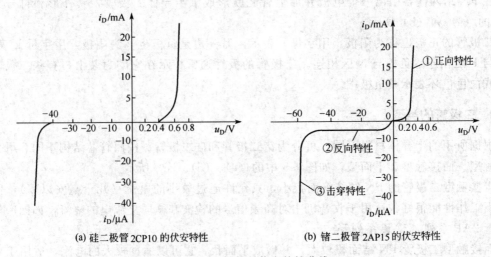

(a) 硅二极管 2CP10 的伏安特性　　(b) 锗二极管 2AP15 的伏安特性

图 1-6　二极管的伏安特性曲线

（1）**正向特性**　正向连接时，二极管的正极接电路的高电位端，负极接低电位端。当二极管两端的正向电压很小的时候，正向电流微弱，二极管呈现很大的电阻，这个区域成为二极管正向特性的"死区"；只有当外加正向电压达到一定数值（这个数值称为导通电压，硅管 $0.6\sim0.7V$，锗管 $0.2\sim0.3V$）以后，二极管才真正导通。此时，二极管两端的正向管压降几乎不变（硅管为 $0.7V$ 左右，锗管为 $0.3V$ 左右），可以近似地认为它是恒定的，不随电流的变化而变化。但是从伏安特性曲线可以看出，此时正向电流是随着正向电压的增加而急速增大的，如不采取限流措施，过大的电流会使 PN 结发热，超过最高允许温度（锗管为 $90\sim100℃$，硅管为 $125\sim200℃$）时，二极管就会被烧坏。

（2）**反向特性**　二极管反向连接时处于截止状态，仍然会有微弱的反向电流（锗二极管不超过几微安，硅二极管不超过几十纳安），它和温度有着极为密切的关系，温度每升高 $10℃$，反向电流约增大一倍。反向电流是衡量二极管质量好坏的重要参数之一，反向电流太大，二极管的单向导电性能和温度稳定性就差，选择和使用二极管时必须特别注意。

（3）**击穿特性**　当加在二极管两端的反向电压增加到某一数值时，反向电流会急剧增大，这种状态称为击穿。对普通二极管而言称为雪崩击穿，意味着二极管丧失了单向导电特性而损坏了。

3. 主要参数

器件的参数是用以说明器件特性的数据，它是根据使用要求提出的。二极管的主要参数及其意义如下：

（1）最大整流电流 I_F　指长期运行时晶体二极管允许通过的最大正向平均电流。

（2）最大反向工作电压 U_{RM}　指正常工作时，二极管所能承受的反向电压的最大值。

（3）反向击穿电压 U_{BR}　指反向电流明显增大，超过某规定值时的反向电压。

（4）最高工作频率 f_M　是由 PN 结的结电容大小决定的参数。当工作频率 f 超过 f_M 时，结电容的容抗减小到可以和反向交流电阻相比拟时，二极管将逐渐失去它的单向导电性。

三、其他类型的二极管

1. 稳压二极管

稳压二极管是用特殊工艺制造的面结合型硅半导体二极管。符号如图 1-7(a) 所示，它主要工作在反向击穿区，而它的击穿具有非破坏性，称为齐纳击穿，当外加电压撤除后，PN 结的特性可以恢复。稳压管在直流稳压电源中获得广泛的应用，它的伏-安特性曲线如图 1-7(b) 所示。它常应用在直流稳压电源中。

2. 光电二极管

光电二极管的 PN 结可以接收外部的光照。PN 结工作在反向偏置状态下，其反向电流随光照强度的增加而上升。图 1-8(a) 是光电二极管的代表符号，图（b）是它的等效电路，而图（c）则是它的特性曲线。其主要特点是，它的反向电流与照度成正比，灵敏度的典型值为 $0.1\mu A/lx$ 数量级（lx 即勒克斯，为照度的单位）。

光电二极管可用来作为光的测量，是将光信号转换为电信号的常用器件，在自动控制和检测系统中应用广泛。

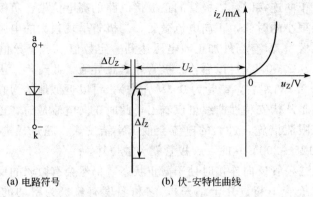

(a) 电路符号　　　　　　　(b) 伏-安特性曲线

图 1-7　稳压管的电路符号及伏安特性

3. 发光二极管

发光二极管在正向导通时会发出可见光，这是由于电子与空穴直接复合而释放能量的结果。它的 PN 结通常用元素周期表中Ⅲ、Ⅴ族元素的化合物，如砷化镓、磷化镓等制成，可发出红、黄、蓝等颜色的光，作为显示器件使用，工作电流一般为几个毫安至十几毫安之间。图 1-9 表示发光二极管的电路符号。

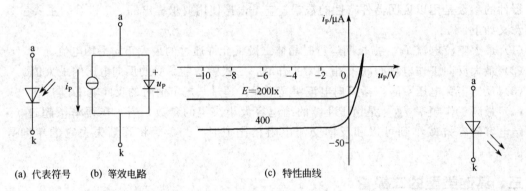

(a) 代表符号　　(b) 等效电路　　　　　　(c) 特性曲线

图 1-8　光电二极管　　　　　　　　　　　　　　图 1-9　发光二极管符号

发光二极管的另一重要用途是将电信号变为光信号，通过光缆传输，然后再用光电二极管接收，再现电信号。

四、二极管的检测

1. 二极管的识别

二极管正负极、规格、功能和制造材料一般可以通过管壳上的标志和查阅手册（本项目内容后附有实用资料）来判断，如 IN4001 通过壳上的标志可判断正负极，查阅手册可知它是整流管，参数是 1A/50V；2CW15 查阅手册可知它是 N 型硅材料稳压管。如果管壳上无符号或标志不清，就需要用万用表来检测。

2. 二极管的检测

二极管的检测主要是判断其正负极和质量好坏。

基本方法：

首先将万用表量程调至 R×100Ω 或 R×1kΩ 挡（一般不用 R×1Ω 挡，因其电流较大，而 R×10K 挡电压过高管子易击穿），然后，将两表笔分别接触二极管两个电极，测得一个电阻值，交换一次电极再测一次，从而得到两个电阻值。一般来说正向电阻小于5kΩ，反向电阻大于 500kΩ，如图 1-10 所示。性能好的二极管，一般反向电阻比正向电阻大几百倍。

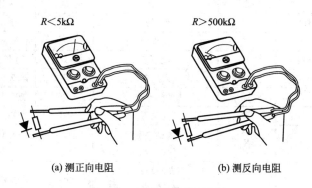

$R < 5k\Omega$　　　　　$R > 500k\Omega$

(a) 测正向电阻　　　　　(b) 测反向电阻

图 1-10　二极管极性的判断

二极管极性的判别：在测得阻值较小的那次测试中，万用表黑表笔（万用表内电池的正极）所接的端子是二极管正极，红表笔所接端子是二极管负极。

如两次测得的正、反向电阻很小或等于零，则说明管子内部已击穿或短路；如果正、反向电阻均很大或接近无穷大，说明管子内部已开路；如果电阻值相差不大，说明管子性能变差，在上述三种情况的二极管均不能使用。

五、半导体器件型号命名方法

半导体器件的型号由五部分组成（如图 1-11 所示）。一些特殊器件的型号只有第三、四、五部分而没有第一、二部分（如场效应管、复合管、激光器件等）。

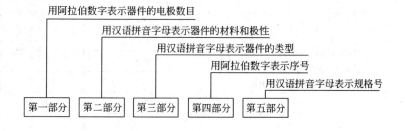

用阿拉伯数字表示器件的电极数目
用汉语拼音字母表示器件的材料和极性
用汉语拼音字母表示器件的类型
用阿拉伯数字表示序号
用汉语拼音字母表示规格号

| 第一部分 | 第二部分 | 第三部分 | 第四部分 | 第五部分 |

图 1-11　半导体器件的命名方法

如：2AP9 表示 N 型锗材料普通二极管；

2CK84 表示 N 型硅材料开关二极管；

3AX81 表示 PNP 型低频小功率三极管；

3DD303C 表示 NPN 型低频大功率三极管（C 为区别代号）。

部分二极管的型号意义和参数如表 1-1～表 1-4。

一些国际通用元器件的型号命名方式与国产的型号差别很大。更详细的内容可查阅有关电子元器件手册。

表 1-1　半导体器件型号中的字母含义

第二部分		第三部分			
字母	意义	字母	意义	字母	意义
A	N 型 锗材料	P	普通管	D	低频大功率管（$f<3MHz$，$P_c\geqslant1W$）
B	P 型 锗材料	V	微波管		
C	N 型 硅材料	W	稳压管	A	高频大功率管（$f\geqslant3MHz$，$P_c\geqslant1W$）
D	P 型 硅材料	C	参量管		
A	PNP 型 锗材料	Z	整流器	T	半导体闸流管（可控整流器）
B	NPN 型 锗材料	L	整流堆	Y	体效应器件
C	PNP 型 硅材料	S	隧道管	B	雪崩管
D	NPN 型 硅材料	N	阻尼管	J	阶跃恢复管
E	化合物材料	U	光电器件	CS	场效应器件
		K	开关管	BT	半导体特殊器件
		X	低频小功率管（$f<3MHz$，$P_c<1W$）	PIN	PIN 型管
				FH	复合管
		G	高频小功率管（$f\geqslant3MHz$，$P_c<1W$）	JG	激光器件

表 1-2　2AP 系列检波二极管

参数 型号	最大整流电流	最高反向工作电压（峰值）	反向击穿电压（反向电流为 $400\mu A$）	正向电流（正向电压为 1V）	反向电流（反向电压分别为 10V，100V）	最高工作频率	极间电容
	mA	V	V	mA	μA	MHz	pF
2AP1	16	20	$\geqslant40$	$\geqslant2.5$	$\leqslant250$	150	$\leqslant1$
2AP7	12	100	$\geqslant150$	$\geqslant5.0$	$\leqslant250$	150	$\leqslant1$

注：2AP1 和 2AP7 为点接触型锗管，在电子设备中作检波和小电流整流用。

表 1-3　2CZ 系列整流二极管

参数 型号	最大整流电流	最高反向工作电压（峰值）	最高反向工作电压下的反向电流（125℃）	正向压降（平均值）（25℃）	最高工作频率
	A	V	μA	V	kHz
2CZ52	0.1	25,50,100,200,300,400,500,	1000	$\leqslant0.8$	3
2CZ54	0.5	600,700,800,900,1000,1200,	1000	$\leqslant0.8$	3
2CZ57	5	1400,1600,1800,2000,2200, 2400,2600,2800,3000	1000	$\leqslant0.8$	3
1N4001	1	50	5	1.0	
1N4007	1	1000	5	1.0	
1N5401	3	100	5	0.95	

注：该系列整流二极管用于电子设备的整流电路中。

表 1-4　硅稳压二极管

型 号	参数	最大耗散功率 P_{ZM}/W	最大工作电流 I_{ZM}/mA	稳定电压 V_Z/V	反向漏电流 $I_R/\mu A$	正向压降 V_F/V
(1N4370)	2CW50	0.25	83	$1\sim2.8$	$\leqslant10(V_R=0.5V)$	$\leqslant1$
1N746 (1N4371)	2CW51	0.25	71	$2.5\sim3.5$	$\leqslant5(V_R=0.5V)$	$\leqslant1$

型　号	参　数	最大耗散功率 P_{ZM}/W	最大工作电流 I_{ZM}/mA	稳定电压 V_Z/V	反向漏电流 I_R/μA	正向压降 V_F/V
1N747-9	2CW52	0.25	55	3.2～4.5	≤2(V_R=0.5V)	≤1
1N750-1	2CW53	0.25	41	4～5.8	≤1	≤1
1N752-3	2CW54	0.25	38	5.5～6.5	≤0.5	≤1
1N754	2CW55	0.25	33	6.2～7.5	≤0.5	≤1
1N755-6	2CW56	0.25	27	7～8.8	≤0.5	≤1
1N757	2CW57	0.25	26	8.5～9.5	≤0.5	≤1
1N758	2CW58	0.25	23	9.2～10.5	≤0.5	≤1
1N962	2CW59	0.25	20	10～11.8	≤0.5	≤1
(2DW7A)	2DW230	0.2	30	5.8～6.0	≤1	≤1
(2DW7B)	2DW231	0.2	30	5.8～6.0	≤1	≤1
(2DW7C)	2DW232	0.2	30	6.0～6.5	≤1	≤1
2DW8A		0.2	30	5～6	≤1	≤1

任务二 ● ● ● 整流与滤波电路分析

各种电子电路和设备都需要有直流电源提供能量，而日常所用的电源一般都是工频交流电源，这就需要应用电子电路将其转换为直流电源。这个过程由四部分电路完成，如图1-12(a) 所示，图（b）表示各部分对应的输出波形。

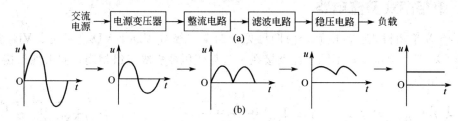

图 1-12　直流电源的组成框图

图中电源变压器的任务是将交流电的幅度变换为直流电源所需的幅度；整流电路的任务是将双向变化的交流电变成单向的脉动直流电；滤波电路的任务是滤除脉动直流电中的交流成分，保留直流成分；稳压电路的任务是使输出电压的幅度保持稳定。由于变压器的结构和原理已在电工知识中讲过，所以本任务从整流电路讲起。

一、单相半波整流

利用二极管的单向导电性，可以把双向变化的交流电转换为单向的直流电，称为整流。图 1-13 是单相半波整流电路图。

图中 u_i 为电源变压器的次级电压，其幅度一般较大，为几伏以上。

其输入输出波形如图 1-14 所示。在交流 u_i 的正半周，二极管 VD 正向导通，其导通电压可以忽略不计，则 u_o 等于 u_i；在 u_i 的负半周，VD 反向截止，则 u_o 等于 0，从图 1-14 看出，交流输入电压只有一半通过整流电路，所以这种整流称为半波整流。

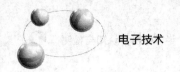

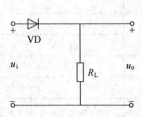

图 1-13　二极管单相半波整流电路

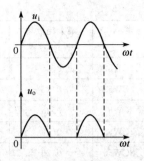

图 1-14　半波整流电路的波形图

整流的过程是把双向交流电变为单向脉动交流电。

输出电压平均值 U_o 的计算：经过半波整流后的单向脉动电压用平均值来描述，可利用高等数学中积分的方法来求得 U_o 的平均值。即：

$$U_o = \frac{1}{T}\int_0^T u_i \mathrm{d}t = \frac{1}{2\pi}\int_0^\pi \sqrt{2}U_i \sin\omega t \, \mathrm{d}(\omega t)$$

可得出：$U_o = \dfrac{\sqrt{2}}{\pi}U_i \approx 0.45U_i$

流过负载 R_L 上的直流电流为：$I_o = \dfrac{U_o}{R_L} = \dfrac{0.45U_i}{R_L}$

整流二极管的选择：在图 1-13 中可明显看出，二极管反向时承受的最高电压是 u_i 的峰值电压 $\sqrt{2}U_i$，承受的平均电流等于 I_o。实际选用二极管时，还要将这两个值乘以（1.5～2）倍的安全系数，再查阅电子元器件手册选取合适的二极管。

二、单相桥式整流电路

图 1-15 为单相桥式整流电路。由图可见，四个二极管 VD_1、VD_2、VD_3、VD_4 构成电桥的桥臂，在四个顶点中，不同极性点接在一起与变压器次级绕组相连，同极性点接在一起与直流负载相连。

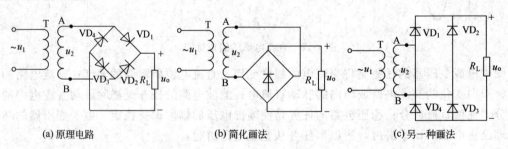

(a) 原理电路　　　　　　　　(b) 简化画法　　　　　　　　(c) 另一种画法

图 1-15　单相桥式整流电路

1. 工作原理

设电源变压器次级电压 $u_2 = \sqrt{2}U_2 \sin\omega t$，其波形如图 1-16。

在 u_2 正半周，A 端电压极性为正，B 端为负。二极管 VD_1、VD_3 正偏导通，VD_2、VD_4 反偏截止，电流通路为 A→VD_1→R_L→VD_3→B，负载 R_L 上电流方向自上而下；在 u_2 负半周，A 端为负，B 端为正，二极管 VD_2、VD_4 正偏导通，VD_1、VD_3 反偏截止，电流通路是 B→VD$_2$→R_L→VD$_4$→A。同样，R_L 上电流方向自上而下。

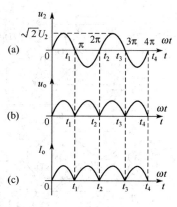

图 1-16　单相桥式整流波形图

由此可见，在交流电压的正负半周，都有同一个方向的电流通过 R_L，从而达到整流的目的。四个二极管中，两个一组轮流导通，在负载上得到全波脉动的直流电压和电流，如图 1-16（b）、（c）。所以桥式整流电路称为全波整流电路。

2. 负载上的电压与电流计算

由于单相桥式整流输出波形刚好是两个半波整流的波形，所以有

$$U_o \approx 0.9 U_2$$

流过负载 R_L 的电流

$$I_o = \frac{U_o}{R_L} = \frac{0.9 U_2}{R_L}$$

3. 整流二极管的选择

桥式整流中，每只二极管只有半周是导通的，流过二极管的电流平均值为负载电流的一半，即

$$I_V = \frac{1}{2} I_o$$

二极管最大反向电压为其截止时所承受的反向峰压：

$$U_{RM} = \sqrt{2} U_2 \approx 1.57 U_o$$

为了方便地使用整流电路，利用集成技术，将硅整流器件按某种整流方式封装制成硅整流堆，习惯上称为硅堆。

三、滤波电路

经过整流得到的单向脉动直流电，包含多种频率的交流成分。为了滤除或抑制交流分量以获得平滑的直流电压，必须设置滤波电路。滤波电路直接接在整流电路后面，一般由电容、电感以及电阻等元件组成。

1. 电容滤波

如图 1-17 所示为桥式整流电容滤波电路，负载两端并联的电容为滤波电容，利用 C 的充放电作用，使负载电压、电流趋于平滑。

（1）工作原理　单相桥式整流电路波形如图 1-18 所示，在不接电容 C 时，其输出电压波形如图 1-18(a)。

接上电容器 C 后，在输入电压 u_2 正半周：二极管 VD$_1$、VD$_3$ 在正向电压作用下导通，VD$_2$、VD$_4$ 反偏截止，如图 1-17(a)。整流电流分为两路，一路向负载 R_L 供电，另一路向 C 充电，因充电回路电阻很小，充电时间常数很小，C 被迅速充电，如图 1-18(b) 中的 oa 段。到 t_1 时刻，电容器上电压 $u_C \approx \sqrt{2} U_2$，极性上正下负。$t_1 \sim t_2$ 期间，$u_2 < u_C$，二极管 VD$_1$、VD$_3$ 受反向电压作用截止。电容 C 经 R_L 放电，放电回路如图 1-17(b) 所示。因放电

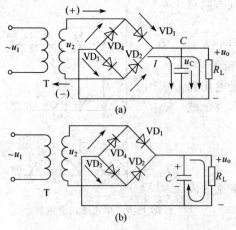

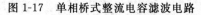

图 1-17 单相桥式整流电容滤波电路

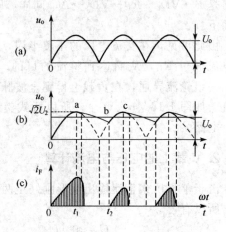

图 1-18 单相桥式整流电容滤波波形

时间常数 $\tau_{\text{放}} = R_L C$ 较大，故 u_C 只能缓慢下降，如图 1-18(b) 中 ab 段所示。期间，u_2 负半周到来，也迫使 VD_2、VD_4 反偏截止，直到 t_2 时刻 u_2 上升到大于 u_C 时，VD_2、VD_4 才导通，C 再度充电至 $u_C \approx \sqrt{2} u_2$，如图 1-18(b) 中 bc 段。而后，u_2 又按正弦规律下降，当 $u_2 < u_C$ 时，VD_2、VD_4 反偏截止，电容器又经 R_L 放电。电容器 C 如此反复地充放电，负载上便得到近似于锯齿波的输出电压。

接入滤波电容后，二极管的导通时间变短，如图 1-18(c) 所示。负载平均电压升高，交流成分减小。电路的放电时间常数 $\tau = R_L C$ 越大，C 放电过程就越慢，负载上得到的 u_o 就越平滑。

（2）滤波电容的选择 根据前面分析可知，电容 C 越大，电容放电时间常数 $\tau = R_L C$ 越大，负载波形越平滑。一般情况下，桥式整流可按下式来选择 C 的大小，式中 T 为交流电周期。

$$R_L C \geq (3 \sim 5) \frac{T}{2}$$

滤波电容一般都采用电解电容，使用时极性不能接反。电容器耐压应大于 $\sqrt{2} U_2$，通常取 $(1.5 \sim 2) U_2$。

此时负载两端电压依经验公式得

$$U_o = 1.2 U_2$$

【例 1-1】 桥式整流电容滤波电路，要求输出直流电压 30V，电流 0.5A，试选择滤波电容的规格，并确定最大耐压值（交流电源 220V，50Hz）。

解 由于 $R_L C \geq (3 \sim 5) \frac{T}{2}$

$$C \geq \frac{5T}{2R_L} = 5 \times \frac{0.02}{2 \times 30/0.5} = 830 \times 10^{-6} \text{F} = 830 \times 10^{-6} \text{F} = 830 \mu\text{F}$$

其中：$T = \frac{1}{f} = \frac{1}{50\text{Hz}} = 0.02\text{s}$

$$R_L = \frac{U_o}{I_o} = \frac{30\text{V}}{0.5\text{A}} = 60\Omega$$

取电容标称值 $1000\mu\text{F}$，由式 $U_o = 1.2 U_2$ 可得：

$$U_2 = \frac{U_o}{1.2} = \frac{30}{1.2} = 25\text{V}$$

电容耐压为

$$(1.5\sim2)U_2 = (1.5\sim2)\times25 = 37.5\sim50\text{V}$$

最后确定选 $1000\mu\text{F}/50\text{V}$ 的电解电容器一只。

2. 电感滤波电路

电容滤波在大电流工作时滤波效果较差，当一些电气设备需要脉动小，输出电流大的直流电时，往往采用电感滤波电路，如图1-19。

电感元件具有通直流阻碍交流的作用，整流输出的电压中直流分量几乎全部加在负载上，交流分量几乎全部降落在电感元件上，负载上的交流分量很小。这样，经过电感元件滤波，负载两端的输出电压脉动程度大大减小，如图1-20所示。

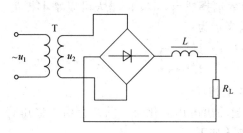

图1-19　电感滤波电路

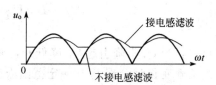

图1-20　电感滤波的波形

不仅如此，当负载变化引起输出电流变化时，电感线圈也能抑制负载电流的变化，这是因为电感线圈的自感电动势总是阻碍电流的变化。

所以，电感滤波适用于大功率整流设备和负载电流变化大的场合。

一般来说，电感越大滤波效果越好，滤波电感常取几亨利到几十亨利。有的整流电路的负载是电机线圈、继电器线圈等电感性负载，就如同串入了一个电感滤波器一样，负载本身能起到平滑脉动电流的作用，这样可以不另加滤波器。

3. 复式滤波

为了进一步提高滤波效果，减少输出电压的脉动成分，常将电容滤波和电感滤波组合成复式滤波电路。将滤波电容与负载并联，电感与负载串联构成常用的 LC 滤波器、RC 滤波器等。其电路原理与前面所述基本相同。

四、直流稳压电路

交流电压经过整流滤波后，所得到的直流电压虽然脉动程度已经很小，但当电网波动或负载变化时，其直流电压的大小也随之发生变化。为了使输出的直流电压基本保持恒定，需要在滤波电路和负载之间加上稳压电路。这里介绍用稳压二极管构成的一种简单的并联型稳压电路，如图1-21中的虚线框所示。由限流电阻 R 和硅稳压管组成稳压电路。

电路中，稳压管必须反向偏置，并且工作在反向击穿区，若接反，相当于电源短路，电流过大会使稳压管过热烧坏。在使用中，稳压管可串联使用，但不允许并联使用，这是因为并联后会造成各管的电流分配不均，使电流分配大的稳压管过载而损坏。

引起输出电压不稳定的原因主要是两个：一是电源电压的波动，二是负载电流的变化。

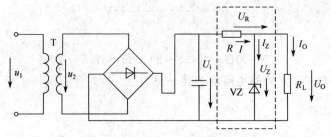

图 1-21　硅稳压管稳压电路

稳压管对这两种影响都有抑制作用。

当交流电源电压变化引起 U_i 升高时，起初 U_o 随着升高。由稳压管的特性曲线可知，随着 U_o 的上升（即 U_Z 上升），稳压管电流 I_Z 将显著增加，R 上电流 I 增大导致 R 上电压降 U_R 也增大。根据 $U_o = U_i - U_R$ 的关系，只要参数选择适当，U_R 的增大可以基本抵消 U_i 的升高，使输出电压基本保持不变，上述过程可以表示为：

$$U_i{\uparrow} \rightarrow U_o(U_Z){\uparrow} \rightarrow I_Z{\uparrow} \rightarrow I{\uparrow} \rightarrow U_R{\uparrow}$$
$$U_o{\downarrow}$$

反之，当 U_i 下降引起 U_o 降低时，调节过程与上相反。

当负载变化时电流 I_o 在一定范围内变化而引起输出电压变化时，同样会由于稳压管电流 I_Z 的补偿作用，使 U_o 基本保持不变。其过程描述如下：

$$I_o{\uparrow} \rightarrow I{\uparrow} \rightarrow U_R{\uparrow} \rightarrow U_o{\downarrow} \rightarrow I_Z{\downarrow}$$
$$U_o{\uparrow} \leftarrow U_R{\downarrow} \leftarrow I{\downarrow}$$

综上所述，由于稳压管和负载并联，稳压管总要限制 U_o 的变化，所以能稳定输出直流电压 U_o，这种稳压电路也称为并联型稳压电路。

任务三　●●●　三极管识别与检测

半导体三极管可分为晶体管和场效应管两类，前者通常用 BJT（Bipolar Junction Transistor）表示，即双极型晶体管，简称三极管，后者通常用 FET（Field-effect transistors）表示，即单极型晶体管。三极管可以用来放大微弱的信号和作为无触点开关。本书中凡未加说明的"三极管"，均指双极型三极管。

一、三极管的结构与符号

三极管按其结构分为两类：NPN 型和 PNP 型三极管。如图 1-22 所示为三极管的结构示意图和符号。

从图中可见，三极管具有三个电极：基极 b、集电极 c 和发射极 e；对应有三个区：基区、集电区和发射区；有两个 PN 结：基区和发射区之间的 PN 结称为发射结 Je，基区和集电区之间的 PN 结称为集电结 Jc。

符号中发射极上的箭头方向，表示发射结正偏时发射极电流的实际方向。PNP 型三极管电流方向与 NPN 型相反，这两个极性相反的晶体管在应用上形成互补。

制作三极管时，要求其基区做得很薄（几微米到几十微米），且掺杂浓度低；发射区的杂质浓度较高；集电区的面积较大。这是三极管放大的内部条件。

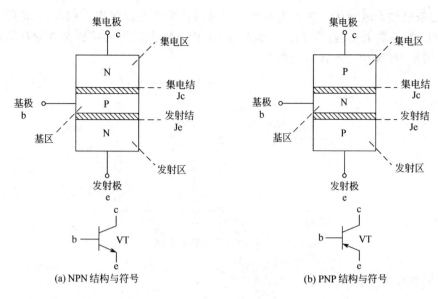

(a) NPN 结构与符号　　　　　　　　　　　　　　(b) PNP 结构与符号

图 1-22　三极管的结构示意图和符号

三极管可以是由半导体硅材料制成，称为硅三极管；也可以由锗材料制成，称为锗三极管。从应用的角度讲，种类很多。根据工作频率分为高频管、低频管和开关管；根据工作功率分为大功率管、中功率管和小功率管。常见的三极管外形如图 1-23 所示。

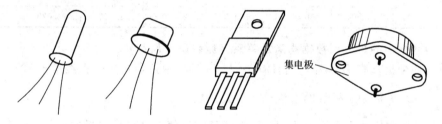

图 1-23　常见的三极管外形

二、三极管的电流放大作用

三极管的主要特点是具有电流放大功能。所谓电流放大，就是当基极有一个较小的电流变化（电信号）时，集电极就随之出现一个较大的电流变化。

三极管放大的外部条件：在电路中要求三极管的发射结正偏，集电结反偏。

对于 NPN 型三极管，必须 $U_C > U_B > U_E$；PNP 型三极管 $U_C < U_B < U_E$。因此，两种类型三极管的直流供电电路如图 1-24 所示。

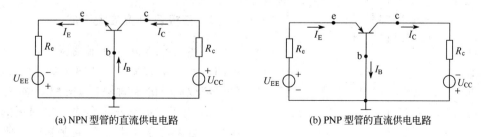

(a) NPN 型管的直流供电电路　　　　　　　　　　(b) PNP 型管的直流供电电路

图 1-24　三极管的直流供电电路（一）

实际三极管放大电路从经济实用角度，把电路改为单电源供电，如图 1-25 所示。由同一个电源 U_{cc} 既提供 I_C 又提供 I_B，只要改变 R_b 就可以方便地调整放大器的直流量。其中 $R_b > R_c$ 以满足 NPN 型三极管放大条件。

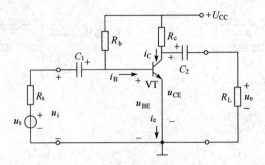

图 1-25 三极管的直流供电电路（二）

1. 三极管电流分配关系

当三极管按图 1-25 连接时，实验及测量结果见表 1-5。由测量数据可以得出以下结论：

表 1-5 三极管各电极电流的实验测量数据

基极电流 I_B/mA	0	0.010	0.020	0.040	0.060	0.080	0.100
集电极电流 I_C/mA	<0.001	0.495	0.995	1.990	2.990	3.995	4.965
发射极电流 I_E/mA	<0.001	0.505	1.015	2.030	3.050	4.075	5.065

① 实验数据中的每一列数据均满足关系：$I_E = I_C + I_B$；

② 每一列数据都有 $I_C \gg I_B$，而且有 I_C 与 I_B 的比值近似相等，大约等于 50。

定义 $\dfrac{I_C}{I_B} = \bar{\beta}$，$\bar{\beta}$ 称为三极管的直流电流放大系数。

③ 对表 1-5 中任两列数据求 I_C 和 I_B 变化量的比值，结果仍然近似相等，约等于 50。也就是说三极管可以实现电流的放大及控制作用，因此通常称三极管为电流控制器件。

定义 $\dfrac{\Delta I_C}{\Delta I_B} = \beta$，$\beta$ 称为三极管的交流电流放大系数。一般有三极管的电流放大系数：$\beta \approx \bar{\beta}$。

（4）从表 1-5 中可知，当 $I_B = 0$（基极开路）时，集电极电流的值很小，称此电流为三极管的穿透电流 I_{CEO}。穿透电流 I_{CEO} 越小越好。

2. 三极管电流放大原理

上述实验结论可以用载流子在三极管内部的运动规律来解释。如图 1-26 所示为三极管内部载流子的传输与电流分配示意图。

① 由于发射结正向偏置，发射区的多数载流子自由电子不断扩散到基区，并不断从电源补充电子，形成发射极电流 I_E。

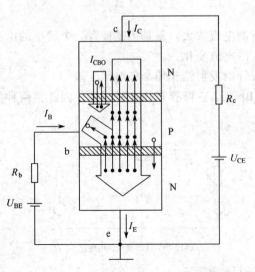

图 1-26 三极管内部载流子的运动规律

② 由于基区很薄，且杂质浓度低，发射区来的自由电子大部分到达集电结附近；只有小部分自由电子与基区的空穴相遇而复合，基区电源不断补充被复合掉的空穴，形成基极电流 I_B。

③ 由于集电结反向偏置，阻止集电区和基区的多数载流子向对方区域扩散，但可将从发射区扩散到基区并到达集电区边缘的自由电子拉入集电区，从而形成集电极电流 I_C。

可见：从发射区扩散到基区的自由电子，只有一小部分在基区与空穴复合掉，绝大部分被集电区收集。

另外，由于集电结反偏，有利于少数载流子的漂移运动。集电区的少数载流子空穴漂移到基区，基区的少数载流子自由电子漂移到集电区，形成反向电流 I_{CBO}。I_{CBO} 很小，受温度影响很大，常忽略不计。

若不计反向电流 I_{CBO}，则有：$I_E = I_C + I_B$。即集电极电流与基极电流之和等于发射极电流。

三、三极管的伏安特性曲线

三极管的伏安特性曲线是指三极管各电极电压与电流之间的关系曲线。工程上最常用的是输入特性和输出特性曲线。

下面以共发射极放大电路为例进行描述。

1. 输入特性曲线 (Input Characteristics)

它是指在一定的集电极和发射极电压 u_{CE} 下，三极管的基极电流 i_B 与发射结电压 u_{BE} 之间的关系曲线。如图 1-27(a) 所示。从图中可见：三极管输入特性的形状与二极管的伏安特性相似，也具有一段死区。只有发射结电压 u_{BE} 大于死区电压时，三极管才会出现基极电流 i_B，这时三极管完全进入放大状态。此时 u_{BE} 略有变化，则引起 i_B 变化很大，特性曲线很陡。

2. 输出特性曲线族 (Output Characteristics)

输出特性是在基极电流 i_B 一定的情况下，三极管的输出回路中（此处指集电极回路），集电极与发射极之间的电压 u_{CE} 与集电极电流 i_C 之间的关系曲线。

如图 1-27(b) 是 NPN 型硅管的输出特性曲线。由图可见，各条特性曲线的形状基本相同，现取一条（例如 $40\mu A$）加以说明。

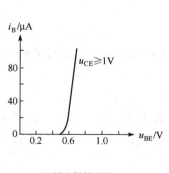

(a)输入特性曲线

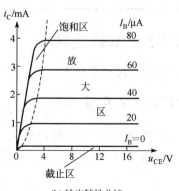

(b)输出特性曲线

图 1-27　NPN 型硅管的共发射极接法特性曲线

当 i_B 一定（如 $i_B=40\mu A$）时，在其所对应曲线的起始部分，随 u_{CE} 的增大 i_C 上升；当 u_{CE} 达到一定的值后，i_C 几乎不再随 u_{CE} 的增大而增大，i_C 基本恒定（约 1.8mA）。这时，曲线几乎与横坐标平行。这表示三极管具有恒流的特性。

一般把三极管的输出特性分为三个工作区域。

（1）截止区　此时发射结和集电结均反向偏置。这时，$i_C=I_{CEO}$（穿透电流）。若忽略不计穿透电流 I_{CEO}，i_B、i_C 近似为 0；三极管的集电极和发射极之间电阻很大，三极管相当于一个开关断开。

（2）放大区　此时三极管的发射结正向偏置，集电结反向偏置。基极电流 i_B 微小的变化会引起集电极电流 i_C 较大的变化，有电流关系式：$I_C=\beta I_B$；表现为受基极电流控制的恒流特性。此时发射结电压变化很小，对 NPN 型硅三极管有发射结电压 $U_{BE}\approx0.7V$，锗三极管有 $U_{BE}\approx0.2V$。

（3）饱和区　此时三极管的发射结和集电结均正向偏置；三极管的集电极电流 I_c 不再受基极电流 I_c 控制。此时 u_{CE} 的值很小，称为三极管的饱和压降，用 U_{CES} 表示。一般硅三极管的 U_{CES} 约为 0.3V，锗三极管的 U_{CES} 约为 0.1V。饱和状态时三极管的集电极和发射极近似短接，三极管相当于一个开关导通。

三极管作为开关使用时，通常工作在截止和饱和导通状态；作为放大元件使用时，一般要工作在放大状态。表 1-6 为 NPN 型三极管三种工作状态的特点。

表 1-6　三极管三种工作状态的特点（NPN 型）

工作状态		放大区	饱和区	截止区
工作条件		发射结正偏,集电结反偏（$0<I_B<I_{BS}$）	发射结正偏,集电结正偏（$I_B>I_{BS}$）	发射结反偏,集电结反偏（$I_B\approx0$）
工作特点	集电极电流	$I_C=\beta I_B$	$I_C=I_{CS}\approx U_{CC}/R_C$	$I_C\approx0$
	管压降	$U_{CE}=U_{CC}-I_CR_C$	$U_{CE}=U_{CES}\approx0.3V$	$U_{CE}\approx U_{CC}$
	等效电路			
	c、e 间等效内阻	可变	很小,约为数百欧,相当于开关闭合	很大,约为数百千欧,相当于开关断开

四、三极管的主要参数

三极管的参数是选择三极管、设计和调试电子电路的主要依据。主要参数有下面几个：

1. 电流放大系数 β（或 h_{fe}）

电流放大系数可分为直流电流放大系数 $\bar\beta$ 和交流电流放大系数 β，由于两者十分接近，在实际工作中往往不作区分，手册中也只给出直流电流放大系数值。它们的定义是：

$$\bar\beta=I_C/I_B \qquad \beta=\Delta i_C/\Delta i_B$$

对于小功率三极管，β 值一般在 20～200 之间。严格地说，β 值并不是一个不变的常数，测试时所取的工作电流 I_C 不同，测出的 β 值也会略有差异。β 值还与工作温度有密切关系，温度每升高 1℃，β 值约增加 0.5%～1%。

2. 穿透电流 I_{CEO}

当三极管接成图 1-28 所示电路时，即断开基极电路，$I_B = 0$，但 I_C 往往不等于零，这种不受基极电流控制的寄生电流称为穿透电流 I_{CEO}（即集电极-发射极反向饱和电流）。

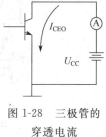

图 1-28　三极管的穿透电流

小功率的锗三极管，一般小于 $500\mu A$（0.5mA），小功率的硅三极管则只有几微安。

I_{CEO} 虽然不算很大，但它与温度却有密切的关系，大约温度每升高 10℃，I_{CEO} 会增大一倍。I_{CEO} 还与 β 值有关，β 值越大的三极管，穿透电流也越大。为此，选用高 β 值的三极管，温度稳定性将会很差。所以在选择三极管时，I_{CEO} 越小越好。

3. 集电极最大允许电流 I_{CM}

I_{CM} 是指三极管集电极允许的最大电流。当电流超过 I_{CM} 时，管子性能将显著下降，甚至有烧坏管子的可能。

五、晶体三极管的检测

因为晶体三极管内部有两个 PN 结，所以可以用万用表欧姆挡测量 PN 结的正、反向电阻来确定晶体三极管的管脚、管型并可判断三极管性能的好坏。

1. 三极管管脚极性和管型判别

将万用表量程调到 R×100Ω 或 R×1kΩ 挡，假定一个电极是 b 极，并用黑表笔与假定的 b 极相接，用红表笔分别与另外两个电极相接，如图 1-29（a）所示，如果两次测得电阻均很小，即为 PN 结正向电阻，则黑表笔所接的就是 b 极，且管子为 NPN；如果两次测得的电阻一大一小，则表明假设的电极不是真正的 b 极，则需要将黑表笔所接的管脚调换一下，再按上述方法测试。若为 PNP 管则应用红表笔与假定的 b 极相接，用黑表笔接另外两个电极。两次测得电阻均很小时，红表笔所接的为 b 极，且可确定为 PNP 管。

当 b 极确定后，可接着判别发射极 e 和集电极 c。若是 NPN 管，可将黑表笔和红表笔分别接触两个待定的电极，然后用手指捏紧黑表笔和 b 极（不能将两极短路，即相当于接入一个 100k 的电阻），观察表的指针摆动幅度，如图 1-29(b)。然后将黑、红表笔对调，按上述方法重测一次。比较两次表针摆动幅度，摆动幅度较大的一次黑表笔所接的管脚为 c 极，红表笔所接的为 e 极。若为 PNP 管，上述方法中将黑、红表笔调换即可。

2. 三极管质量好坏判断（以 NPN 型管为例）

用万用表的 R×1kΩ 挡，将黑表笔接在三极管的基极，红表笔分别接在三极管的发射极和集电极，测得两次的电阻值应在 10kΩ 左右，然后将红表笔接在基极，黑表笔分别接三极管的 e 极和 c 极，测得的电阻应该为无穷大，再将红表笔接三极管的 e 极，黑表笔接在 c 极，然后调换表笔，其测量电阻值应该为无穷大。然后用万用表测量三极管 e 极和 c 极之间的电阻，其阻值也是无穷大。若测量结果符合上述结论，则三极管基本完好。

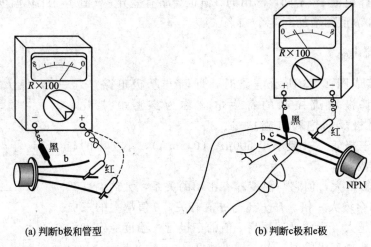

(a) 判断b极和管型　　　　　　　(b) 判断c极和e极

图 1-29　三极管极性和管型的判断

任务四 ●●● 场效应管认知

场效应管（Field-effect transistors）同三极管一样，也是一种放大器件，但不同的是：晶体三极管是一种电流控制器件，它利用基极电流对集电极电流的控制作用来实现放大；而场效应管则是一种电压控制器件，它是利用电场效应来控制其电流的大小，从而实现放大。场效应管工作时，内部参与导电的只有多子一种载流子，因此又称为单极性器件。

场效应管的最大优点是输入端的电流几乎为零，具有极高的输入电阻，能满足高内阻的微弱信号源对放大器输入阻抗的要求，所以它是理想的前置输入级器件。同时，它还具有体积小、重量轻、噪声低、耗电省、热稳定性好和制造工艺简单等特点，所以容易实现集成化。MOS 型大规模集成电路，应用很广泛。

根据结构不同，场效应管分为两大类，结型场效应管和绝缘栅场效应管。

一、结型场效应管

结型场效应管分为 N 沟道结型管和 P 沟道结型管。它们都具有三个电极：栅极、源极和漏极，分别与三极管的基极、发射极和集电极相对应。

1. 结型场效应管的结构与符号

以 N 沟道结型管为例：在一片 N 型半导体的两侧，用半导体工艺技术分别制作两个高浓度的 P 型区。两 P 型区相连引出一个电极，称为场效应管的栅极 G(g)。N 型半导体的两端各引出一个电极，分别作为管子的漏极 D(d) 和源极 S(s)。两个 PN 结中间的 N 型区域称为导电沟道。如图 1-30 所示为 N 沟道结型场效应管的结构与符号。

结型场效应管符号中的箭头，表示由 P 区指向 N 区。图 1-31 所示为 P 沟道结型场效应管的结构与符号。

2. 结型场效应管的工作原理

① 当栅源电压 $u_{GS}=0$ 时，两个 PN 结的耗尽层比较窄，中间的 N 型导电沟道比较宽，

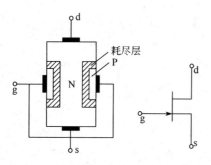

图 1-30　N 沟道结型管的结构与符号

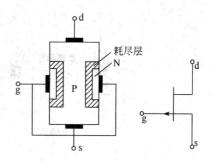

图 1-31　P 沟道结型管的结构与符号

沟道电阻小。

② 当 $u_{GS}<0$ 时，两个 PN 结反向偏置，PN 结的耗尽层变宽，中间的 N 型导电沟道相应变窄，沟道导通电阻增大。随着 u_{GS} 越来越负，当 u_{GS} 小到某一值时，两个 PN 结的耗尽层完全合拢，N 型导电沟道被完全夹断，沟道导通电阻为无穷大。此时的电压称为场效应管的夹断电压 U_P。

可见，调整栅源电压 u_{GS} 的值，可以改变导电沟道的宽度，从而调整沟道的导通电阻。

当 $U_P<u_{GS}\leqslant 0$ 且 $u_{DS}>0$ 时，可产生漏极电流 i_D。i_D 的大小将随栅源电压 u_{GS} 的变化而变化，从而实现电压对漏极电流的控制作用。

综上所述，结型是利用耗尽区内电场的大小来影响导电沟道，从而控制漏极电流的。为实现 u_{GS} 对 i_D 的控制作用，结型场效应管在工作时，栅极和源极之间的 PN 结必须反向偏置。

二、绝缘栅(MOS)场效应管

绝缘栅场效应管是由金属（Metal）、氧化物（Oxide）和半导体（Semiconductor）材料构成的，因此又叫 MOS 管。与结型场效应管不同，绝缘栅型是利用半导体表面电场效应产生的感应电荷的多少来改变导电沟道，以达到控制漏极电流的目的。其栅极输入电阻比结型还要大，一般在 $10^{12}\Omega$ 以上，集成化也更容易，所以是目前发展很快的一种器件。

绝缘栅场效应管分为增强型和耗尽型两种，每一种又包括 N 沟道和 P 沟道两种类型。P 沟道和 N 沟道工作原理类似，这里重点介绍 N 沟道场效应管。

1. N 沟道增强型场效应管

（1）结构与符号　图 1-32 所示为 N 沟道增强型 MOS 管的结构与符号。以 P 型半导体作为衬底，用半导体工艺技术制作两个高浓度的 N 型区，两个 N 型区分别引出一个金属电极，作为 MOS 管的源极 S 和漏极 D；在 P 形衬底的表面生长一层很薄的 SiO_2 绝缘层，绝缘层上引出一个金属电极，称为 MOS 管的栅极 G。B 为从衬底引出的金属电极，一般工作时衬底与源极相连。

可见，管子构成后栅极 G 与漏极 D、源极 S 之间无电接触，有一层绝缘层，因此称管子为绝缘栅场效应管。

符号中的箭头表示从 P 区（衬底）指向 N 区（N 沟道），虚线表示增强型。

（2）工作原理　如图 1-33 所示，当 $u_{GS}=0$ 时，漏极和源极之间为两个背靠背的 PN 结，其中有一个 PN 结反向偏置，电阻很大，D 和 S 之间无电流流过。

当 $u_{GS}>0$ 时，在 u_{GS} 的作用下，D 和 S 间绝缘层中会产生一个垂直于 P 衬底表面的电

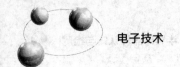
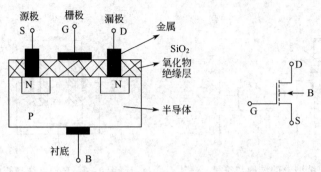

图 1-32　N 沟道增强型 MOS 管的结构与符号

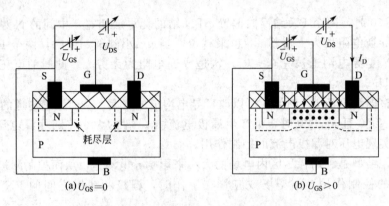

(a) $U_{GS}=0$　　　　　　　　　(b) $U_{GS}>0$

图 1-33　N 沟道增强型 MOS 管加栅源电压 U_{GS}

场，此电场的方向，排斥 P 型衬底的空穴，但会吸引 P 型衬底的自由电子，使自由电子汇集到衬底表面上来，随着 u_{GS} 增大，衬底表面汇集的自由电子增多。当 u_{GS} 达到一定值后，这些电子在 P 型衬底表面形成一个自由电子层（又叫反型层或 N 型层），把漏极 D 和源极 S 连接起来，此 N 型层即为 D、S 间的导电沟道。此时若在 D、S 间加电压 u_{DS}，就会有漏极电流 i_D 产生。

形成导电沟道所需要的最小栅源电压 u_{GS}，称为开启电压 U_T。改变栅源电压 u_{GS} 的值，就可调整导电沟道的宽度，从而改变导电沟道的导通电阻，达到控制漏极电流的目的。

可见，此类管子，在栅源电压 $u_{GS}=0$ 时，D、S 间没有导电沟道。$u_{GS} \geqslant U_T$ 时，才有沟道形成，因此称此类管子为增强型管。

2. N 沟道耗尽型绝缘栅场效应管

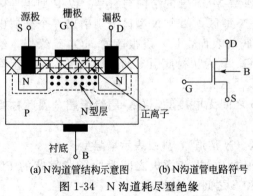

(a) N 沟道管结构示意图　　(b) N 沟道管电路符号

图 1-34　N 沟道耗尽型绝缘栅场效应管的结构

N 沟道耗尽型绝缘栅场效应管的结构与增强型基本相同。如图 1-34 所示，不同之处在于，在制作时，SiO_2 绝缘层里面加入了大量的正离子，正离子可以把 P 型衬底的自由电子吸引到表面上来，形成一个 N 型层。所以，此类管子由于正离子的作用，即使栅源电压 $u_{GS}=0$，漏极 D 和源极 S 之间仍有导电沟道存在，加上电压 u_{DS}，即可产生电流 i_D。

当 $u_{GS} > 0$ 时，会吸引更多的电子到衬底表面上来，导电沟道加宽，沟道电阻变小，导电能力增大；当 $u_{GS} < 0$ 时，吸引到衬底表面的电子减少，导电沟道变窄，沟道电阻变大，当 u_{GS} 电压达到一定负值后，沟道会夹断，电阻为无穷大。这时，即使有电压 u_{DS}，亦不会有电流 i_D 产生，此时对应的栅源电压 u_{GS} 称为夹断电压 U_P。

由此可见，耗尽型场效应管的 u_{GS} 可正、可负、可零，均能控制漏极电流。在组成电路时比晶体管有更大的灵活性。

三、场效应管的特性曲线及主要参数

1. 输出特性曲线

它是指栅源电压 u_{GS} 一定时，漏极电流 i_D 与漏源电压 u_{DS} 之间的关系曲线。见表1-7。

2. 转移特性

在场效应管的 u_{DS} 一定时，i_D 与 u_{GS} 之间的关系曲线称为转移特性。见表1-7。它反映了场效应管栅源电压对漏极电流的控制作用。

3. 主要参数

① 夹断电压 U_P：指 u_{DS} 为某一定值时，使结型或耗尽型场效应管漏极电流 i_D 近似为零的栅源电压值称为 U_P。

② 开启电压 U_T：指 u_{DS} 为一定值时，形成导电沟道，使增强型 MOS 管导通所需要的栅源电压值。

③ 饱和漏极电流 I_{DSS}：当 u_{DS} 为某一定值时，$u_{GS} = 0$ 时结型或耗尽型场效应管所对应的漏极电流称为 I_{DSS}。

④ 低频跨导 g_m：g_m 为 u_{DS} 一定时，漏极电流的变化量与栅源电压变化量的比值。即

$$g_m = \frac{\Delta i_D}{\Delta u_{GS}} \mid u_{DS}$$

g_m 反映了场效应管栅源电压对漏极电流的控制作用，单位是 mS（毫西门子）。

各种类型场效应管的特性曲线、符号以及相关电压的极性如表1-7所示。

四、场效应管的使用及注意事项

① 在使用场效应管时，要注意漏、源电压，漏、源电流，栅、源电压，耗散功率等数值不能超过最大允许值。

② 场效应管在使用中，要特别注意对栅极的保护。尤其是绝缘栅场效应管，这种管子输入电阻非常高，这是重要的优点，但却带来新的问题。因为栅极如果感应有电荷，就很难泄放掉，电荷的积累就会使电压升高，特别是极间电容比较小的管子，少量的电荷足以产生击穿的高压。为了避免这种情况，决不允许栅极悬空，要绝对保持在栅、源之间有直流通路，即使不用时，也要用金属导线将三个电极短接起来。在焊接时，也要短接好，并应在烙铁的电源断开后再去焊接栅极，以避免交流感应将栅极击穿。近来，出现了内附保护二极管的 MOS 场效应管，使用时可与结型场效应管一样方便。

③ 对于结型场效应管，其栅极保护的关键在于不能对 PN 结加正向电压，以免损坏。

④ 注意各极电压的极性不能搞错。

表 1-7　各种类型场效应管的特性曲线、符号以及相关电压的极性

结构类型	符号及电压极性	转移特性 $i_D = f(u_{GS})$	输出特性 $i_D = f(u_{DS})$
N 沟道结型管	$u_{GS} \leqslant 0$ $u_{DS} > 0$	$(U_P < 0)$	
P 沟道结型管	$u_{GS} \geqslant 0$ $u_{DS} < 0$	$(U_P > 0)$	
N 沟道增强型 MOS 管	$u_{GS} \geqslant U_T$ $u_{DS} > 0$	$(U_T > 0)$	
P 沟道增强型 MOS 管	$u_{GS} \leqslant U_T$ $u_{DS} < 0$	$(U_T < 0)$	
N 沟道耗尽型 MOS 管	$u_{GS} \geqslant U_P$ $u_{DS} > 0$	$(U_P < 0)$	
P 沟道耗尽型 MOS 管	$u_{GS} \leqslant U_P$ $u_{DS} < 0$	$(U_P > 0)$	

任务五 ●●● 二极管限幅电路应用与仿真实验

一、预习指导

① 预习 Multisim 使用介绍，并提前上机进行一定的操作练习。

② 复习二极管的基本特点和应用。

二、技能训练目的

① 以二极管限幅电路为例，熟悉 Multisim 的操作与使用。
② 了解二极管限幅电路的结构与原理。掌握二极管在电路中的应用与连接方法。

三、器材

装有 Multisim 软件的计算机机房。

四、训练步骤

① 在 Multisim 电路工作区按图 1-35 连接电路并以"二极管限幅电路 . ms10"为名存盘，其中取 $V_{REF}=3V$。

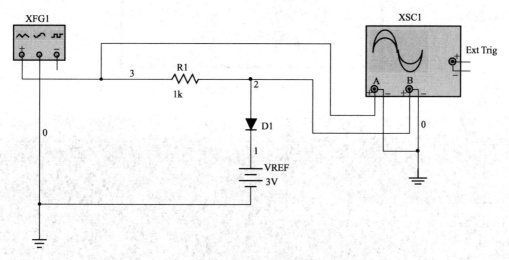

图 1-35　二极管限幅电路

② 输入信号按照图 1-36 设置。
③ 双击信号发生器图标，选择输入信号为正弦波 $u_i=8\sin\omega t$，频率为 10Hz。
④ 按下操作界面右上角的"启动/停止开关"，接通电源。
⑤ 双击示波器图标，打开示波器板面如图 1-37 所示。

示波器 A 通道接输入，B 通道为输出。这里为了便于观察输入、输出波形，将 A 通道 Y 轴 position 参数设为 1.2，B 通道 Y 轴 position 参数设为 -1.00。电路输入电压波形为正弦波，输出电压的负半周波形未改变，而正半周的输出波形被削顶，称为限幅。这是因为二极管导通后两端的电压基本保持在 0.7V 左右，则电路的输出电压的正半周将被限制在（3 +0.7）V 以下。

在示波器中，拖拽指针 1、2 读取波形任两点的参数，及两个指针间的读数差。从图中得出电路输入电压正半周幅度为 $V_A=7.9517V$，输出电压正半周幅度被限为 $V_B=3.6946V$，信号周期 $T=T_2-T_1=0.1s$。

如果调整正弦输入信号 V_A 的幅度，使其峰值小于 3.7V，则输出波形应和输入波形一样，为一个完整的正弦波，因为此时二极管处于截止状态，近似于开路，几乎不对输出电压产生影响。

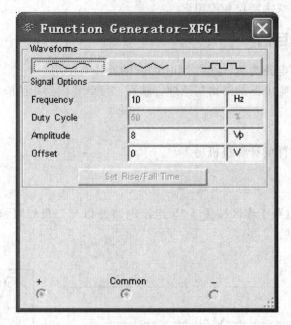

图 1-36　输入信号设置

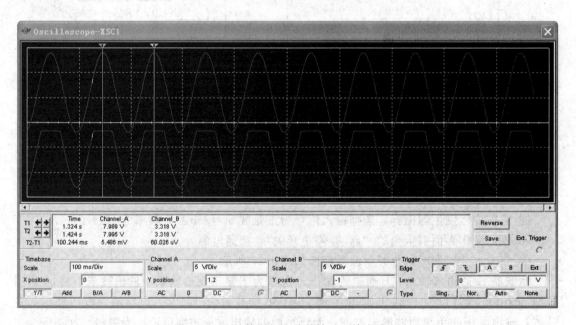

图 1-37　二极管限幅电路的输入、输出波形

 项目小结 ▶▶▶

1. 半导体是导电能力介于导体和绝缘体之间的一种材料，其结构和导电机理与金属有很大不同，具有光敏、热敏和杂敏特性。

2. PN 结是在一块半导体材料上经特殊工艺形成的 P 型半导体和 N 型半导体的交界面，PN 结具有单向导电性，是构成各种半导体器件的基本结构。

3. 二极管实质上由一个 PN 结构成，所以二极管具有单向导电性，即二极管正向导通，反向截止。

4. 二极管种类很多，应用越来越广泛，常见的有稳压二极管、光电二极管、发光二极管、激光二极管等。

5. 直流稳压电源是由交流电网供电，经过变压、整流、滤波和稳压四个主要环节得到稳定的直流输出电压的。利用二极管的单向导电性，可以做成整流电路，

6. 滤波是通过电容限制电压变化或用电感限制电流变化的作用来实现的。最常用的形式是电容滤波器，须将滤波电容与负载并联。

7. 经过滤波后的直流电压较为平滑，但仍不稳定，还要加稳压环节。最简单的是稳压管并联稳压电路。

8. 三极管具有电流放大的作用，它是一种三端有源器件，分为 NPN 和 PNP 两种类型。三极管有放大、饱和、截止三个工作状态，给三极管的发射结加上正偏电压、集电结加反偏电压，就处于放大状态。可用万用表判别三极管极性和管型。

9. 场效应管是电压控制器件，它也是一种三端有源器件，它的三个子分别称为栅极 G、源极 S、漏极 D。

 思考题与习题 ▶▶▶

1-1　本征半导体中有哪几种导电载流子？

1-2　P 型和 N 型半导体有什么区别？

1-3　PN 结有什么特性？

1-4　硅二极管和锗二极管的导通电压各约为多少？

1-5　设简单二极管基本电路如图 1-38(a) 所示，$R=10\text{k}\Omega$，图（b）是它的习惯画法。设二极管的正向管压降为 0.7V，对于下列两种情况，求电路的 I_D 和 U_D 的值：①$U_{DD}=$ 10V；②$U_{DD}=1$V。

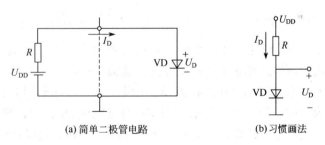

(a) 简单二极管电路　　　　(b) 习惯画法

图 1-38　习题 1-5 用图

1-6　二极管开关电路如图 1-39 所示，当 U_{I1} 和 U_{I2} 为 0V 或 5V 时，求 U_{I1} 和 U_{I2} 的值不同组合情况下，输出电压 U_O 的值。设二极管是理想的。

1-7　电路如图 1-40 所示，电源 U_S 为正弦波电压，试绘出负载 R_L 两端的电压波形，设二极管是理想的。

1-8　光电器件为什么在电子技术中得到越来越多广泛应用？试列举一二例说明。

1-9　图 1-41 所示的是可调温度临时性热毯的线路图，它有空挡（S 处于位置 1，关断状态）、高温（S 置于位置 2）、低温（S 置于位置 3）三挡。试说明为什么 S 置于位置 3 时电热毯牌低温挡？若电热毯在高温挡的额定功率为 60W，试计算流过二极管平均电流和二极管承受的最大反向电压。

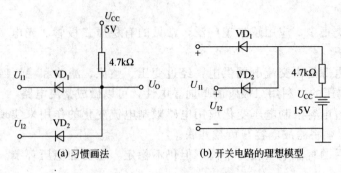

(a) 习惯画法　　　　(b) 开关电路的理想模型

图 1-39　习题 1-6 用图

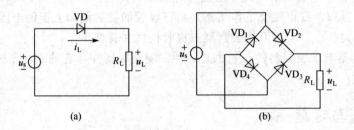

(a)　　　　　　　　(b)

图 1-40　习题 1-7 用图

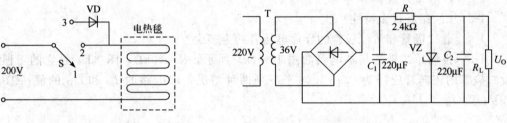

图 1-41　习题 1-9 用图　　　　　图 1-42　题 1-12 用图

1-10　一单相桥式整流电路，变压器副边电压有效值为 75V，负载电阻为 100Ω，试计算该电路的直流输出电压和直流输出电流，并选择整流二极管。

1-11　桥式整流电容滤波电路中，已知 $R_L=100$，$C=100\mu F$，用交流电压表测得变压器次级电压有效值为 20V，用直流电压表测得 R_L 两端电压 U_O。如出现下列情况，试分析哪些是合理的，哪些表明出了故障，并分析原因。①$U_O=28V$；②$U_O=24V$；③$U_O=18V$；④$U_O=9V$。

1-12　某稳压电源如图 1-42 所示。

①　试标出输出电压的极性并计算 U_O 大小；

②　电容器 C_1 和 C_2 的极性应如何连接？试在图上标出来；

③　负载电阻 R_L 最小值为多少？

④　如果把稳压管 VZ 反接，后果如何？（设 $U_Z=18V$）

1-13　如何用万用表判别三极管管型、基极、发射极和集电极？

1-14　测得某放大电路中三极管的三个电极 A、B、C 的对地电位分别为 $U_A=-9V$，$U_B=-6V$，$U_C=-6.2V$，试分析 A、B、C 中哪个是基极 b、发射极 e、集电极 c，并说明此三极管是 NPN 管还是 PNP 管。

1-15　有两个三极管，其中一个管子的 $\beta=150$，$I_{CEO}=200\mu A$，另一个管子的 $\beta=50$，$I_{CEO}=10\mu A$，其他参数一样，你选择哪个管子？为什么？

1-16　为什么称三极管为双极型而场效应管称为单极型晶体管？

1-17　解释 MOS 的含义。

1-18　简述场效应管的使用注意事项。

项目二
基本放大电路的分析与调试

【目的与要求】 主要学习半导体三极管构成的基本放大电路和分析方法。掌握典型的单元电路如工作点稳定电路、共射极放大电路、共集电极放大电路等电路的基本构成及特点；熟练掌握放大电路的直流、交流分析方法并求解其性能指标；掌握非线性失真的概念；能够组成简单的放大电路，掌握检测功能的方法，并学会排除简单的故障。

任务一 ●●● 单管共发射极放大电路的实现

一、放大电路的性质

放大电路也称为放大器，其作用是将微弱的电信号放大成幅度足够大且与原来信号变化规律一致的信号。例如扩音系统，话筒会把声音的声波变化，转换成以同样规律变化的电信号（弱小的），经扩音机电路放大后输出给扬声器（主要是放大振幅），则扬声器放出更大的声音，这就是放大器的放大作用。这种放大还要求放大后的声音必须真实地反映讲话人的声音和语调，是一种不失真地放大。若把扩音机的电源切断，扬声器不发声，可见扬声器得到的能量是从电源能量转换而来的，故放大器还必须加直流电源。

放大电路虽然应用的场合及其作用不同，但信号的放大过程是相同的，可以用图 2-1 所示的框图来表示。

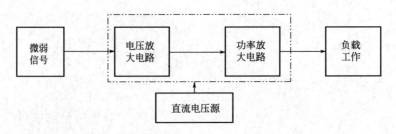

图 2-1 放大电路框图

信号放大是指只放大微弱信号的幅度，而其频率不变，即不失真放大。放大电路有三种基本形式，即：共发射极放大电路、共集电极电路、共基极电路。

二、共发射极放大电路的组成及工作原理

1. 电路的组成

（1）基本原则 用晶体管组成放大电路要满足以下要求。

① 必须满足三极管放大条件，即发射结正向偏置，集电结反向偏置。

② 输入信号在传递的过程中，要求损耗小，在理想情况下，损耗为零。

③ 放大电路的工作点稳定，失真（即放大后的输出信号波形与输入信号波形不一致的程度）不超过允许范围。

图 2-2 为根据上述要求由 NPN 型晶体管组成的电压放大电路。因输入信号 u_i 是通过 C_1 与三极管的 B—E 端构成输入回路，输出信号 u_o 是通过 C_2 经三极管的 C-E 端构成输出回路，而输入回路与输出回路是以发射极为公共端的，故称为共发射极放大电路。

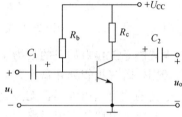

图 2-2 共发射极放大电路

（2）元器件的作用

① 三极管：起电流放大作用，是放大电路的核心元件。

② 直流电源 U_{CC}：通过 R_b 给发射结提供正向偏置电压，通过 R_c 给集电结提供反向偏置电压，以满足三极管放大条件，是放大电路的能源。

③ 基极偏置电阻 R_b：R_b 提供了基极偏置电路。改变 R_b 将使基极电流变化，这对放大器影响很大，因此它是调整放大器工作状态的主要元件。

④ 集电极负载电阻 R_c：一方面通过 R_c 给集电结加反向偏压；另一方面将电流放大作用转换成电压放大。因为三极管的集电极是输出端，图 2-2 中 $u_{CE} = U_{CC} - i_c R_c$，若 $R_c = 0$，则 $u_{CE} = U_{cc}$，即输出电压恒定不变，失去电压放大作用。

⑤ 耦合电容 C_1、C_2：电容的容抗 $X_C = \dfrac{1}{2\pi f C}$，与频率 f 有关，对于直流，$f = 0$，则 $X_c = \infty$，对于交流，频率 f 较高，且 C 较大时，$X_c \to 0$，故耦合电容具有隔直流通交流作用，它阻隔了直流电流向信号源和负载的流动，使信号源和负载不受直流电流的影响。一般耦合电容选得较大，约几十微法，故用电解电容，使用中电解电容的正极必须接高电位端，负极接低电位端，正、负极性不可接反。

⑥ 接地"⊥"：表示电路的参考零电位，它是输入信号电压、输出信号电压及直流电源的公共零电位点，而不是真正与大地相接，这与电工技术接地含义不同，电子设备通常选机壳为参考零电位点。

（3）电压、电流等符号的规定

放大电路中（如图 2-2 所示）既有直流电源 U_{CC}，又有交流电压 u_i，电路中三极管各电极的电压和电流包含直流量和交流量两部分。为了分析的方便，各量的符号规定如下：

① 直流分量：用大写字母和大写下标表示。如 I_B 表示三极管基极的直流电流。

② 交流分量：用小写字母和小写下标表示。如 i_b 表示三极管基极的交流电流。

③ 瞬时值：用小写字母和大写下标表示，它为直流分量和交流分量之和。如 i_B 表示三极管基极的瞬时电流值，$i_B = I_B + i_b$。

④ 交流有效值：用大写字母和小写下标表示。如 I_b 表示三极管基极正弦交流电流有效值。

2. 静态工作点的分析计算

放大电路只有直流信号作用，即未加输入信号（$u_i = 0$）时的电路状态叫静态。静态下三极管各极的电流值和各极之间的电压值，称为静态工作点。表示为 I_{BQ}、I_{CQ}、U_{CEQ}，因它们在输入特性和输出特性曲线上对应于一点 Q，故得此名，如图 2-3 所示。

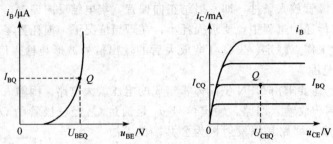

图 2-3　输入、输出特性曲线上对应的静态工作点

设置静态工作点的目的是为了保证三极管处于线性放大区，为放大微小的交流信号做准备。否则，若三极管处在截止区，微小的交流信号或交流信号负半周输入时三极管不能导通，电路的输出电压为零，无法完成不失真放大。

（1）放大电路的直流通路　只考虑直流信号作用，而不考虑交流信号作用的电路称直流通路。分析静态工作特性应先画出放大电路的直流通路，画直流通路有两个要点：

① 电容视为开路。电容具有隔离直流的作用，因此对直流信号而言，电容相当于开路。

② 电感视为短路。电感对直流电流的阻抗为零，可视为短路。如图 2-4 中，（a）图是基本放大电路，（b）图是其直流通路。

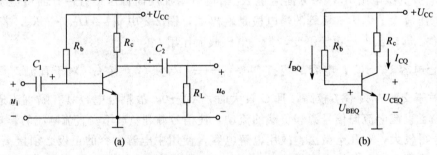

图 2-4　基本放大电路及其直流通路

（2）计算静态工作点

【例 2-1】 在图 2-4(b) 中的直流通路中，设 $R_b = 300k\Omega$，$R_c = 4k\Omega$，$U_{CC} = 12V$，$\beta = 40$。三极管为硅管，试求静态工作点。

解　根据基尔霍夫电压定律列出输入回路和输出回路方程为

$$U_{CC} = I_{BQ}R_b + U_{BEQ} \qquad U_{CC} = I_{CQ}R_c + U_{CEQ}$$

则

$$I_{BQ} = \frac{U_{CC} - U_{BEQ}}{R_b} \approx \frac{U_{CC}}{R_b} = \frac{12}{300} = 40\mu A$$

$$I_{CQ} = \beta I_{BQ} = 40 \times 40 \times 10^{-3} = 1.6mA$$

$$U_{CEQ} = U_{CC} - I_{CQ}R_c = U_{CC} - \beta I_{BQ}R_c = 12 - 40 \times 0.04 \times 4 = 5.6V$$

因为 $U_{CC} \gg U_{BE}$，所以可用估算法可简单近似地计算出静态值，即忽略 U_{BE}。实际中一般将基极偏置电阻 R_b 串接一个可调电阻，目的是调试静态值方便。

3. 基本电压放大原理

如图 2-5 所示，放大电路在静态时各点的电压及电流为直流分量，数值都不变化；图中阴影部分是输入电压 u_i 的变化引起的三极管各电极电流和电压的变化量，即交流分量。相当于在原直流量上叠加的增量。

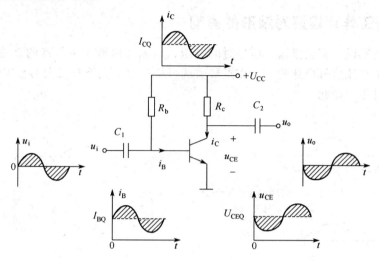

图 2-5　放大电路实现信号放大的工作过程

设 $u_i = U_{im} \sin\omega t (\text{V})$，交流信号经电容 C_1 无损耗耦合$\left(即容抗 X_C = \dfrac{1}{2\pi fC} \approx 0\right)$，则电路各处电压、电流的瞬时值均为直流量与交流量瞬时值之和。因为 u_i 电压变化范围小，由图 2-6 看出，u_{BE} 变动范围 a～b 近似为一段直线，所以电流与电压成线性关系，电压 u_i 为正弦波，由电压产生的电流 i_b 也是正弦波。各极的电压与电流关系为

$$u_{BE} = U_{BEQ} + u_{be} = U_{BEQ} + u_i$$
$$i_B = I_{BQ} + i_b$$
$$i_C = I_{CQ} + i_c = \beta I_{BQ} + \beta i_b$$
$$u_{CE} = U_{CEQ} + u_{ce} = U_{CC} - i_c R_c = U_{CC} - (I_{CQ} + i_c)R_c = U_{CC} - I_{CQ}R_c - i_c R_c = U_{CEQ} + (-i_c R_c)$$

i_B、i_C、u_{CE} 的波形如图 2-4 所示。

由于 u_{CE} 的直流分量 U_{CEQ} 被耦合电容 C_2 隔断，其交流量 u_{ce} 经 C_2 耦合输出，所以

$$u_o = u_{ce} = -i_c R_c$$

式中负号表明 u_o 与 u_i 的相位相反。

信号放大过程归纳为：微弱的输入信号 u_i 引起三极管基极电流产生增量 i_b，经三极管电流放大作用在集电极产生更大的电流增量 $i_c = \beta i_b$，而 i_c 经过 R_c 转换为电压增量 u_{ce}，即为输出电压 u_o，显然 u_o 是 u_i 被放大的结果。

综上分析得出共射单管放大电路的特点为：

① 既有电流放大，也有电压放大；

② 输出电压 u_o 与输入电压 u_i 相位相反；

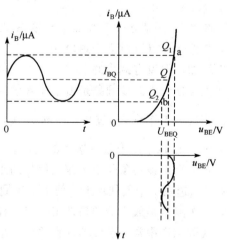

图 2-6　输入特性线性情况

③ 除了 u_i 和 u_o 是纯交流量外，其余各量均为脉动直流电，故只有大小的变化，无方向或极性的变化。

总之，交流信号的放大是利用三极管的电流放大作用将直流电源的能量转换来的。三极管的放大作用实质上是能量控制作用。从这个意义上说，放大电路是一种以较小能量控制较大能量的能量控制与转换装置。

三、静态工作点设置对波形的影响

对于三极管来说，有交流输入信号时的电压、电流是以静态工作点的直流数值为基础，在其上叠加一个交流信号得到的。工作点数值选得好坏对放大器有极大的影响，特别在交流输入信号较大时更加如此。

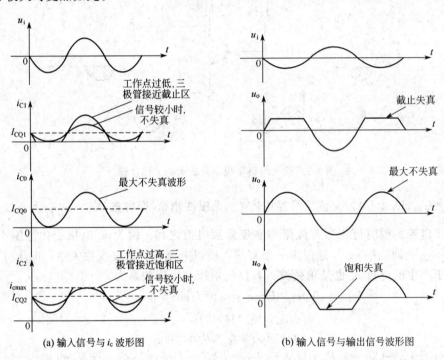

(a) 输入信号与 i_c 波形图　　　　(b) 输入信号与输出信号波形图

图 2-7　静态工作点的选择

图 2-7(a) 表示出工作点偏高或偏低对输出波形的影响。为简单起见，只画出 i_c 的波形，其他波形可以对应推想出来。工作点 I_{CQ} 过低时，因 i_C 不可能为负值，集电极电流 i_c 可以增加，但没有减小的空间。输入信号较小时不失真，若信号稍大，导致输出波形的下半部产生切顶失真。该现象是由于输入信号的负半周进入截止区而造成的失真，故称为截止失真。相反，工作点 I_{CQ} 过高，因 $u_{CE} = U_{CC} - i_C R_c$，使 i_C 有一个最大值 $i_{Cmax} \approx \dfrac{U_{CC}}{R_c}$，集电极电流 i_c 可以减小，但没有增大的空间。当输入信号幅度过大时，导致输出波形的上半部产生切顶失真。该现象是由于输入信号的正半周进入饱和区而造成的失真，故称为饱和失真。只有 I_{CQ} 选在一个最佳点上，使上下半周同时达到最大值，若再增大输入信号会同时产生失真，这个点就是放大器的最佳工作点。任何状态下，不失真的最大输出称为放大器的动态范围。实际工作中常用示波器观察输出波形，如图 2-7(b) 所示，再稍稍调整偏流电阻 R_b，输出波形会出现上下峰均略有相同程度的失真，此时的静态工作点，就是最佳工作点（最大不

失真工作点）。

任务二 ●●● 放大电路的性能指标分析

放大电路的分析包含静态和动态工作情况分析。静态分析主要是确定电路的静态工作点判定其是否处于合适的位置，这是三极管进行不失真放大的前提条件；动态分析主要是确定放大电路的放大能力（如电压放大倍数 A_u）、负载特性（如放大器的输入电阻 r_i、输出电阻 r_o 等）和频响特性等。

定量分析放大电路的动态性能时，常采用微变等效电路法，"微变"指微小变化的信号。当小信号输入时，放大器运行于静态工作点的附近，在这一范围内，三极管的特性曲线可以近似为一直线。这种情况下，可以把非线性元件晶体管组成的放大电路等效为一个线性电路。

一、三极管的微变等效电路

1. 输入回路的等效

由图 2-6 可看出，当输入信号 u_i 较小时，动态变化范围小，则 $Q_1 \sim Q_2$ 间的局部曲线可看成是直线，即 Δi_B 与 Δu_{BE} 近似成线性关系。若用 r_{be} 表示三极管输入端口的动态电阻，即三极管输入端的等效线性电阻，则有

$$r_{be} \approx \frac{\Delta u_{BE}}{\Delta i_B} = \left| \frac{u_{be}}{i_b} \right|$$

r_{be} 是三极管动态工作时基极与发射极间的等效电阻，即交流等效电阻。分析电路时可将三极管的 B、E 两端等效为一个线性电阻 r_{be}，如图 2-8（b）所示。实用中 r_{be} 可用下面公式进行估算：

$$r_{be} \approx 300\Omega + (1+\beta)\frac{26\text{mV}}{I_{EQ}\text{mA}}$$

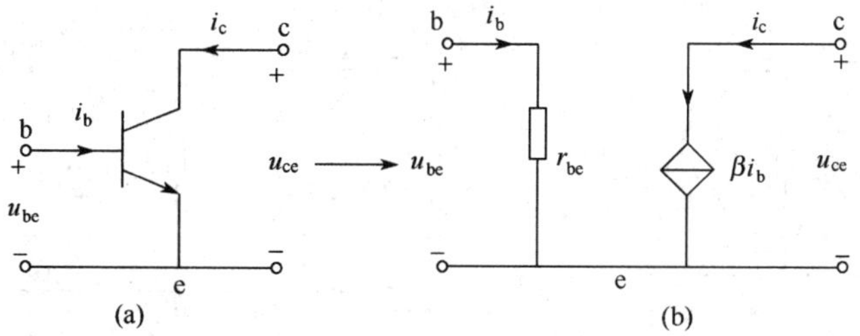

图 2-8 三极管及其微变等效电路

r_{be} 的值一般为数百欧到数千欧，在半导体手册中常用 h_{ie} 表示。

2. 输出回路的等效

由三极管输出特性曲线可看出，三极管工作在线性放大区时，输出特性是一簇等距离的平行线，β 为一常数。集电极电流受基极电流控制，$i_C = \beta i_B$，与 u_{CE} 无关。因此三极管 C、E 两端可等效为一个受控电流源，电流值用 βi_b 表示。

综上所述，一个非线性元件三极管可以用图 2-8（b）所示简化的线性等效电路来代替，

适用条件是小信号交流信号，三极管必须工作在线性放大区。

微变等效电路是对交流等效，只能用来分析交流动态，计算交流分量，不能用于分析直流分量。

二、放大电路的交流通路

在交流信号电压或电流作用下，只考虑交流信号通过的电路称为交流通路。如图 2-9(a) 所示。信号在传递过程中，交流电压、电流之间的关系是从交流通路得到的。

画交流通路的要点如下。

① 耦合电容视为短路。隔直耦合电容的电容量足够大，对于一定频率的交流信号，容抗近似为零，可视为短路。

② 直流电压源（内阻很小，忽略不计）视为短路。交流电流通过直流电源 U_{CC} 时，两端无交流电压产生，可视为短路。

注意，把 U_{CC} 视为短路仅仅在理论分析时应用，实际电路不能做短路处理，否则将烧毁电源和电路。另外，必须保证三极管工作在线性放大状态，才能运用电工学中的叠加原理，分别讨论放大电路中的直流电源和交流电源各自单独作用的结果，然后再叠加。分析一个电压源作用时，另一个电压源作短路处理。

三、放大电路的动态分析步骤

① 计算 Q 点值，一来确定工作点是否合适，二来计算 Q 点处的交流参数 r_{be} 值。

② 画出放大电路的交流通路。

③ 画出放大电路的微变等效电路：用三极管的微变等效电路直接取代交流通路中的三极管。即不管什么组态电路，三极管的 b、e 间用交流电阻 r_{be} 代替，c、e 间用受控电流源 βi_b 代替。

④ 根据等效电路直接列方程求解 A_u、r_i、r_o。

对于共射极放大电路图 2-4(a)，从其交流通路图 2-9(a) 可得电路的微变等效电路。如图 2-9(b) 所示。u_s 为外接信号源，R_s 为信号源内阻。

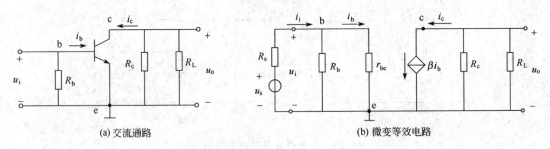

(a) 交流通路　　　　　　　　　　　　(b) 微变等效电路

图 2-9　用微变等效电路法对放大电路的动态分析

四、放大电路主要动态性能指标的计算

放大电路的性能指标有放大倍数、输入电阻、输出电阻等，它们反映放大电路对交流信号所呈现的特性。

仍以图 2-4(a) 电路为例，先作出其微变等效电路如图 2-9(b) 所示。再利用电工学中的线性电路分析方法进行计算。

1. 电压放大倍数 A_u

放大倍数是衡量放大电路对信号放大能力的主要技术参数。电压放大倍数是最常用的一项指标。它定义为输出电压 $\dot{U}_o$ 与输入电压 $\dot{U}_i$ 相量的比值（为书写方便，今后本书中交流信号电压与电流有效值均指有效值相量）。

$$A_u = \frac{U_o}{U_i}$$

由图 2-9（b）的输入回路得：$U_i = U_{be} = I_b r_{be}$

由输出回路得：$U_o = -\beta I_b \ (R_c /\!/ R_L)$ 则

$$A_u = \frac{U_o}{U_i} = -\beta \frac{R_c /\!/ R_L}{r_{be}}$$

式中负号表示 u_o 与 u_i 相位相反，I_b 为交流有效值。由上式可知，空载时 $R_L = \infty$，电压放大倍数 A_{ou} 为：

$$A_{ou} = \frac{U_o}{U_i} = -\beta \frac{R_c}{r_{be}}$$

显然，$|A_u| < |A_{ou}|$，即带载后，电压放大倍数要下降。A_u 下降越小，说明放大电路带载能力越强，反之，带载能力差。实际的放大电路要解决的问题是提高带载能力。

若考虑信号源内阻，则电压放大倍数：

$$A_{us} = \frac{U_o}{U_s} = \frac{U_o}{U_i} \times \frac{U_i}{U_s} = A_u \frac{U_i}{U_s}$$

当信号源内阻 R_s 可忽略时，$A_{us} = A_u$；考虑内阻 R_s 时，$A_{us} < A_u$，说明信号源内阻使电压放大倍数下降。

工程上为了表示的方便，常用分贝（dB）来表示电压放大倍数，这时称为增益。

$$电压增益 = 20\log|A_u| \ （dB）$$

2. 输入电阻 r_i

放大电路对于信号源而言，相当于信号源的一个负载电阻。此电阻即为放大电路的输入电阻，如图 2-10 所示。换句话说，输入电阻相当于从放大电路的输入端看进去的交流等效电阻。

$$关系式：R_i = \frac{u_i}{i_i}$$

u_i 为实际加到放大电路两输入端的输入信号电压，i_i 为输入电压产生的输入电流，二者的比值即为放大电路的交流输入电阻 r_i。

对于一定的信号源电路，输入电阻 r_i 越大，放大电路从信号源得到的输入电压 u_i 就越大，放大电路向信号源索取电流的能力也就越小。

由图 2-9（b）得共射放大电路的输入电阻：

$$r_i = \frac{U_i}{I_i} = \frac{I_i(R_b /\!/ r_{be})}{I_i} = R_b /\!/ r_{be}$$

一般情况下 $r_{be} \ll R_B$，则 $r_i \approx r_{be}$

3. 输出电阻 r_o

当负载电阻 R_L 变化时，输出电压 u_o 也相应变化。即从放大电路的输出端向左看，放

大电路内部相当于存在一个内阻为 r_o、电压大小为 u'_o 的电压源，此内阻即为放大电路的输出电阻 r_o。图 2-11 所示为放大电路输出电阻的示意图。

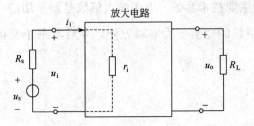

图 2-10　放大电路的输入电阻

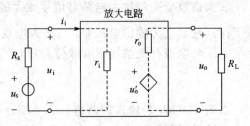

图 2-11　放大电路的输出电阻

r_o 的计算有两种方法：

方法一：在放大电路的输入端加正弦波信号，测出负载开路时的输出电压 U'_o，接上负载 R_L，再测输出端的电压 U_o，可计算出：

$$r_o = \left(\frac{U'_o}{U_o} - 1 \right) R_L$$

此方法一般用于实验中定量测量 r_o。

方法二：令负载开路（$R_L \to \infty$），信号源短路（$u_S = 0$），在放大电路的输出端加测试电压 U_T，则产生相应的电流 I_T，二者的比值即为放大电路的输出电阻。即

$$R_o = \frac{U_T}{I_T} \Big|_{u_S=0, R_L \to \infty}$$

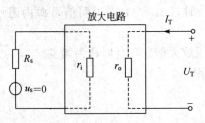

图 2-12　输出电阻的求解电路

图 2-12 所示为求解放大电路输出电阻的等效电路。

当放大电路作为一个电压放大器来使用时，其输出电阻 r_o 的大小决定了放大电路的带负载能力。r_o 越小，放大电路的带负载能力越强。即放大电路的输出电压 u_o 受负载的影响越小。

如图 2-9（b）所示的微变等效电路，断开负载 R_L，将信号源电压短路，即 $u_s = 0$，则 $i_b = 0$，$\beta i_b = 0$，受控电流源相当于开路，此时从输出端看进的电阻就是输出电阻 r_o，即

$$r_o = R_c$$

上述分析可见：共射放大电路具有较好的电压电流放大能力，输入电阻较小，输出电阻较大。

【例 2-2】　如图 2-4（a）电路，已知信号源内阻 $R_s = 1k\Omega$，$R_b = 500k\Omega$，$R_c = 6k\Omega$，$R_L = 6k\Omega$，$U_{CC} = 20V$，$\beta = 50$，三极管为硅管。要求：①计算静态工作点；②计算 A_u、A_{us}、r_i、r_o。

解　① 画直流通路，参看图 2-3（b）。

$$I_{BQ} = \frac{U_{CC} - 0.7}{R_b} = \frac{20 - 0.7}{500} \approx 38.6\mu A$$

$$I_{CQ} = \beta I_{BQ} = 50 \times 38.6 = 1930\mu A = 1.93mA$$

$$U_{CEQ} = U_{CC} - I_{CQ}R_c = 20 - 1.93 \times 6 = 8.4V$$

② 画微变等效电路，参看图 2-9（b）。

因为 $I_{EQ} \approx I_{CQ}$，所以 $r_{be} = 300 + (1+\beta)\dfrac{26mV}{I_{EQ}\,mA} = 300 + (1+50) \times \dfrac{26}{1.93} = 1k\Omega$

$$A_u = -\beta \frac{R_c /\!/ R_L}{r_{be}} = -50 \frac{6 /\!/ 6}{1} = -150$$

$$A_{us} = A_u \frac{r_{be} /\!/ R_b}{R_s + r_{be} /\!/ R_b} \approx -150 \times \frac{1}{1+1} = -75$$

$$r_i = R_b /\!/ r_{be} = 500 /\!/ 1 \approx 1 k\Omega$$

$$r_o \approx R_c = 6 k\Omega$$

任务三 ●●● 分压偏置电路和射极输出器

一、分压式偏置电路

1. 静态工作点稳定的必要性

合理选定静态工作点并保持其稳定，是放大电路能够正常工作和避免失真的先决条件。Q 点的影响因素有很多。如电源波动、偏置电阻的变化、管子的更换、元器件的老化等，不过最主要的影响则是环境温度变化时，由于半导体的热敏性导致三极管参数会受到影响，从而引起静态工作点的移动，导致放大电路性能不稳定和出现失真等不正常现象。

例如：环境温度 $T \uparrow \rightarrow \begin{cases} U_{BEQ} \downarrow \\ \beta \uparrow \\ I_{CEO} \uparrow \end{cases} \rightarrow I_{CQ} \uparrow \rightarrow Q$ 上移

稳定静态工作点有两种办法：一是采用恒温设备，造价高，一般不采用。二是分压式偏置电路来实现，它是目前应用较广的一种电路。

2. 分压偏置电路结构

静态工作点稳定的分压式偏置放大电路如图 2-13 所示，为稳定静态工作点，一般取 $I_1 \gg I_{BQ}$，静态时有：

$$U_B \approx \frac{R_{b2}}{R_{b1} + R_{b2}} U_{CC}$$

U_B 由外接线性元件参数决定，当 U_{CC}、R_{b1}、R_{b2} 确定后，U_B 也就基本确定，不受温度的影响。

假设温度上升，使三极管的集电极电流 I_C 增大，则发射极电流 I_E 也增大，I_E 在发射极电阻 R_e 上产生的压降 U_E 也增大，使三极管发射结上的电压 $U_{BE} = U_B - U_E$ 减小，从而使基极电流 I_B 减小，又导致 I_C 减小。这就是负反馈的作用，即将输出量变化反馈到输入回路，削弱了输入信号。反馈元件是发射极电阻 R_e，其作用是稳定静态工作点。其工作过程可描述为

$$温度\ T \uparrow \rightarrow I_C \uparrow \rightarrow I_E \uparrow \rightarrow U_E \uparrow \rightarrow U_{BE} \downarrow \rightarrow I_B \downarrow$$
$$I_C \downarrow \longleftarrow$$

由此可见，工作点稳定的实质是：

① R_e 的直流负反馈作用；

② 要求 $I_1 \gg I_{BQ}$，确保 U_B 基本稳定不受温度的影响。一般对于硅材料的三极管：$I_1 = (5 \sim 10) I_{BQ}$。

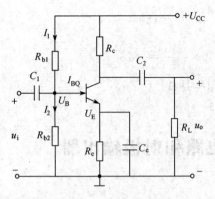

图 2-13 分压式偏置电路

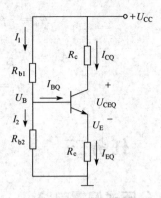

图 2-14 直流通路

3. 分压式偏置电路的静态分析与技术指标计算

通过下面例题来进行分析与计算。

【例 2-3】 如图 2-13 所示电路，$\beta=100$，$R_s=1\text{k}\Omega$，$R_{b1}=62\text{k}\Omega$，$R_{b2}=20\text{k}\Omega$，$R_c=3\text{k}\Omega$，$R_e=1.5\text{k}\Omega$，$R_L=5.6\text{k}\Omega$，$U_{CC}=15\text{V}$，三极管为硅管。要求：

（1）估算静态工作点。

（2）分别求出有、无 C_e 两种情况下 A_u、r_i、r_o、A_{us}。

（3）如果管子损坏，手头又没有完全相同的管子，现用 $\beta=50$ 的三极管来替换，其他参数不变，分析静态工作点是否变化？

解 （1）直流通路参看图 2-14 得

$$U_B=\frac{U_{CC}R_{b2}}{R_{b1}+R_{b2}}=\frac{15\times20}{62+20}\approx3.7\text{V}$$

$$I_{CQ}\approx I_{EQ}=\frac{U_B-U_{BEQ}}{R_e}=\frac{3.7-0.7}{1.5}\approx2\text{mA}$$

$$I_{BQ}=\frac{I_{CQ}}{\beta}=\frac{2}{100}=20\mu\text{A}$$

$$U_{CEQ}=U_{CC}-I_{CQ}(R_c+R_e)=15-2\times(3+1.5)=6\text{V}$$

（2）有、无 C_e 微变等效电路，如图 2-15。

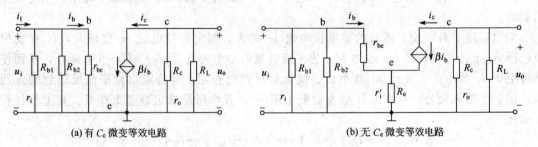

(a) 有 C_e 微变等效电路　　　　　(b) 无 C_e 微变等效电路

图 2-15 分压偏置电路微变等效电路

① 有 C_e 的动态指标计算

$$r_{be}=300+(1+\beta)\frac{26\text{mV}}{I_{EQ}\text{mA}}=300+101\times\frac{26}{2}=1.6\text{k}\Omega$$

$$r_i=R_{b1}/\!/R_{b2}/\!/r_{be}=\frac{1}{(1/60)+(1/20)+(1/1.6)}\approx1.4\text{k}\Omega$$

$$r_o = R_c = 3 \text{k}\Omega$$

$$A_u = -\beta \frac{R_c /\!/ R_L}{r_{be}} = \frac{-100[(3 \times 5.6)/(3+5.6)]}{1.6} \approx -130$$

$$A_{us} = A_u \frac{r_i}{r_i + R_s} = -130 \times \frac{1.4}{1.4+1} = -76$$

② 无 C_e 的动态指标计算

输入电阻的求法：为了方便，先求 r_i'。

$$r_i' = \frac{U_i}{I_b} = \frac{I_b r_{be} + (1+\beta)I_b R_e}{I_b} = r_{be} + (1+\beta)R_e$$

$$r_i = R_{b1} /\!/ R_{b2} /\!/ r_i' = R_{b1} /\!/ R_{b2} /\!/ [r_{be} + (1+\beta)R_e]$$

$$= \frac{1}{(1/62) + (1/20) + 1/(1.6 + 101 \times 1.5)} \approx 13.8 \text{k}\Omega$$

输出电阻 r_o 的求法：

将 R_L 断开，令 $u_s = 0$，则 $i_b = 0$，$\beta i_b = 0$，受控电流源相当于开路，输出端口的电阻为 $r_o = R_c = 3 \text{k}\Omega$

$$A_u = \frac{U_o}{U_i} = \frac{-\beta I_b (R_c /\!/ R_L)}{I_b r_{be} + (1+\beta)I_b R_e} = \frac{-\beta(R_c /\!/ R_L)}{r_{be} + (1+\beta)R_e} = -\frac{100 \times (3 /\!/ 5.6)}{1.6 + 101 \times 1.5} \approx -1.3$$

$$A_{us} = A_u \frac{r_i}{r_i + R_s} = -1.3 \times \frac{13.8}{13.8+1} \approx -1.2$$

比较两种情况下的电压放大倍数 A_u 的值，可以看出差异很大。第二种情况下，由于微变等效电路中存在 R_e，使 A_u 下降。其原因是 u_i 有很大一部分压降降到 R_e 上，只有一小部分电压加到三极管的发射结上，故产生的 i_b 小，故而 i_c 小，使 u_o 降低而造成的。而第一种情况下，仅直流通路中存在 R_e，起直流负反馈作用，稳定静态工作点。交流通路中 R_e 被旁路电容 C_e 短路，即 R_e 不存在，输入信号 u_i 直接加到发射结上，故转换成的 i_c、u_o 较大，使得电压放大倍数 A_u 提高，满足电路具有较大放大能力的要求。通过分析，分压式偏置电路常在 R_e 的两端并接一个旁路电容 C_e，目的是提高电压放大倍数。

（3）当更换为 $\beta = 50$ 的三极管时，U_B、I_{CQ}、U_{CE} 与(1)相同，即与 β 值无关，故 $U_B = 3.7 \text{V}$，$I_{CQ} \approx I_{EQ} = 2 \text{mA}$，$U_{CEQ} = 6 \text{V}$，静态工作时的 I_{CQ}、U_{CEQ} 不变，因此不失真输出电压范围基本不变。只是 $I_{BQ} = \frac{I_{CQ}}{\beta} = \frac{2}{50} = 40 \text{mA}$，而（1）中 $I_{BQ} = 20 \mu\text{A}$，即基极电流随 β 而变。

此例说明，分压式偏置电路能够自动调节 I_{BQ}，以抵消更换管子所引起的 β 变化对电路的影响，使静态工作点基本保持不变（指 I_{CQ}、U_{CEQ} 保持不变），故分压式偏置电路具有稳定静态工作点的作用。

二、共集电极放大电路

1. 电路结构

从图 2-16(a) 中可以看出，信号由发射极输出，故此电路称为射极输出器；从图 2-16(b) 中可以看出，集电极 C 和接地点是等电位点，输入回路和输出回路是以集电极为公共端，也称为共集电极放大电路。

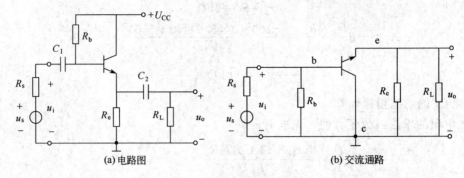

(a) 电路图　　　　　　　　　(b) 交流通路

图 2-16　共集电极放大电路

2. 静态工作点的分析

如图 2-17(a) 直流通路。

因为
$$U_{CC}=I_{BQ}R_b+U_{BEQ}+I_{EQ}R_e$$
$$=I_{BQ}R_b+U_{BEQ}+(1+\beta)I_{BQ}R_e$$

所以
$$I_{BQ}=\frac{U_{CC}-U_{BEQ}}{R_b+(1+\beta)R_e}$$

因为
$$U_{CC}=U_{CEQ}+I_{EQ}R_e$$
$$I_{EQ}=(1+\beta)I_{BQ}\approx I_{CQ}$$

所以
$$U_{CEQ}=U_{CC}-(1+\beta)I_{BQ}R_e$$

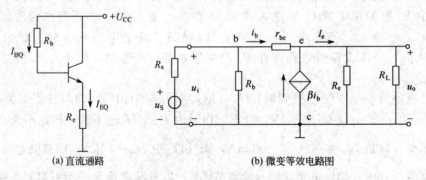

(a) 直流通路　　　　　　　　(b) 微变等效电路图

图 2-17　图 2-16(a) 的直流通路和微变等效电路图

3. 动态技术指标的分析

根据图 2-17(b) 为图 2-16 的微变等效电路，可以计算出下列参数。

（1）电压放大倍数 A_u

$$A_u=\frac{U_o}{U_i}=\frac{(1+\beta)I_b(R_e/\!/R_L)}{I_b r_{be}+(1+\beta)I_b(R_e/\!/R_L)}=\frac{(1+\beta)(R_e/\!/R_L)}{r_{be}+(1+\beta)(R_e/\!/R_L)}$$

因为一般有 $r_{be}\ll(1+\beta)(R_e/\!/R_L)$，所以 $A_u\approx1$（小于且接近 1），所以 $u_o\approx u_i$。

即：输出电压与输入电压的幅值近似相等，且相位相同，故共集电极电路又称为射极跟随器。虽然电压放大倍数 $A_u \approx 1$，但因 $I_e = (1+\beta)I_b$，故有电流和功率放大作用。

（2）输入电阻 r_i

$$r_i' = \frac{U_i}{I_b} = \frac{I_b r_{be} + (1+\beta)I_b(R_e // R_L)}{I_b} = r_{be} + (1+\beta)(R_e // R_L)$$

$$r_i = R_b // r_i' = R_b // [r_{be} + (1+\beta)(R_e // R_L)]$$

（3）输出电阻 r_o　若信号源内阻为 0，即 $R_s = 0$，$R_b \gg R_s$ 时，则

$$r_o \approx \frac{r_{be}}{1+\beta}$$

一般 r_o 为几十～几百欧，比较小，为了降低输出电阻，可选用 β 较大的管子。

通过下面例题来进行共集电极电路的静态分析与动态指标计算，并分析它的特点。

【例 2-4】　如图 2-16（a）所示共集电极放大电路，$R_b = 500\text{k}\Omega$，$R_e = 4.7\text{k}\Omega$，$R_L = 4.7\text{k}\Omega$，$\beta = 100$，$U_{CC} = 15\text{V}$，$R_s = 10\text{k}\Omega$，管子为硅管。试求：

① 计算静态工作点；

② 计算 A_u、r_i、r_o；

③ 若将负载 R_L 断开，再计算 A_{ou}。

解　① $I_{BQ} = \dfrac{U_{CC} - U_{BEQ}}{R_b + (1+\beta)R_e} = \dfrac{15 - 0.7}{500 + 101 \times 4.7} = 0.014\text{mA}$

$$I_{CQ} = \beta I_{BQ} \approx I_{EQ} = 100 \times 0.014 = 1.4\text{mA}$$

$$U_{CEQ} = U_{CC} - I_{EQ}R_e \approx 15 - 1.4 \times 4.7 = 8.4\text{V}$$

② $r_{be} = 300 + (1+\beta)\dfrac{26\text{mV}}{I_{EQ}\text{mA}} = 300 + 101 \times \dfrac{26}{1.4} = 2.2\text{k}\Omega$

$$A_u = \frac{(1+\beta)(R_e // R_L)}{r_{be} + (1+\beta)(R_e // R_L)} = \frac{101 \times (4.7 // 4.7)}{2.2 + 101 \times (4.7 // 4.7)} = 0.99$$

$$r_i = R_b // [r_{be} + (1+\beta)(R_e // R_L)] = 500 // [2.2 + 101 \times (4.7 // 4.7)] = 162\text{k}\Omega$$

$$r_o \approx \frac{R_s + r_{be}}{1+\beta} = \frac{10 + 2.2}{101} = 119\Omega$$

③ $A_{ou} = \dfrac{(1+\beta)R_e}{r_{be} + (1+\beta)R_e} = \dfrac{101 \times 4.7}{2.2 + 101 \times 4.7} = 0.995$

通过计算，可以看出负载 R_L 由 $4.7\text{k}\Omega$ 变到无穷大（开路）时，A_u 基本不变，在输入信号 u_i 一定下，u_o 也基本不变，说明射极输出器带载能力强。

综上所述，射极输出器没有电压放大作用，但是它具有输入电阻很大、输出电阻很小的特点，获得广泛的应用。如它常用于多级放大电路的输出级（与负载相连级），使输出电压不随负载变动，提高多级放大电路的带负载能力。利用它的输入电阻大的特点，可以作多级放大电路输入级，减小信号源内阻的电压损耗，当 $r_i \gg R_s$ 时，$u_i \approx u_s$，如图 2-18 所示。利用它的输入、输出电阻一高一低的特点，可以作多级放大电路的缓冲（中间级），如图 2-19 所示，射极输出器很大的输入电阻 r_{i2} 与前一极共射电路的输出电阻 r_{o1} 匹配，射极输出器较小的输出电阻 r_{o2} 与后一级共射电路的输入电阻 r_{i3} 匹配。

三、基本放大电路三种组态的性能比较

基本放大电路共有三种组态，前面分析了共射极放大电路和共集电极放大电路，还有一种是共基极电路，为了便于读者学习，现将三种组态放大电路性能参数列于表 2-1，以便进行比较。

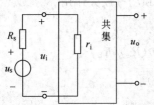

图 2-18 射极输出器作输入级

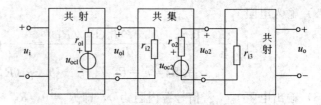

图 2-19 射极输出器作缓冲器（中间级）

表 2-1 三种组态放大电路性能参数的比较

	共射极放大电路	共集电极放大电路	共基极放大电路
放大电路			
A_u	$A_u = -\dfrac{\beta R_L'}{r_{be}}$ 有电压放大作用，u_o 与 u_i 反相位	$A_u = \dfrac{(1+\beta)R_e /\!/ R_L}{r_{be}+(1+\beta)R_e /\!/ R_L}$ 无电压放大作用，u_o 与 u_i 同相位	$A_u = \dfrac{\beta R_c /\!/ R_L}{r_{be}}$ 有电压放大作用，u_o 与 u_i 同相位
r_i	$R_i = R_b /\!/ r_{be}$ 输入电阻居中	$R_i = R_b /\!/ [r_{be}+(1+\beta)R_e /\!/ R_L]$ 输入电阻较大	$R_i = R_e /\!/ \dfrac{r_{be}}{1+\beta}$ 输入电阻较小
r_o	$R_o \approx R_c$ 输出电阻居中	$R_o = R_e /\!/ \dfrac{r_{be}+R_S /\!/ R_b}{1+\beta}$ 输出电阻较小	$R_o \approx R_c$ 输出电阻较大
应用场合	多级放大电路的中间级，实现电压、电流的放大	多级放大电路的输入级、输出级或中间缓冲级	高频放大电路和恒流源电路

任务四 ●●● 场效应管放大电路

场效应管同三极管一样，具有放大作用，它也可以构成各种组态的放大电路，共源极、共漏极、共栅极放大电路。在构成放大电路时，为了实现信号不失真的放大，同三极管放大电路一样场效应管放大电路也要有一个合适的静态工作点 Q，但它不需要偏置电流，而是需要一个合适的栅极源极偏置电压 U_{GS}。

(一) 常用偏压电路

场效应管放大电路常用的偏置电路主要有以下两种。

1. 自偏压电路

如图 2-20 所示为 N 沟道结型场效应管自偏压放大电路。

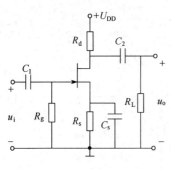

图 2-20　自偏压电路

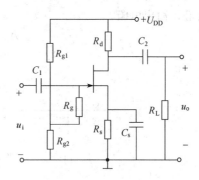

图 2-21　分压式自偏压电路

电路中的 R_s 为源极电阻，C_s 为源极旁路电容，R_g 为栅极电阻，R_d 漏极电阻。交流信号从栅极输入，从漏极输出，电路为共源极电路。交流输入信号 $u_i = 0$ 时（静态），栅极电阻 R_g 上无直流电流，栅极电压 $U_G = 0$，有漏极电流 I_D 等于源极电流 I_S，$I_D = I_S$。这时栅源偏置电压 $U_{GS} = U_G - U_S = -I_D R_s$。电路依靠漏极电流 I_D 在源极电阻 R_s 上的压降来获得负的偏压 U_{GS}，因此称此电路为自给偏压电路。合理的选取 R_s 即可得到合适的偏压 U_{GS}。

自偏压电路只适用于耗尽型场效应管所构成的放大电路，对增强型的管子不适用。

2. 分压式自偏压电路

如图 2-21 所示为 N 沟道结型场效应管分压式自偏压放大电路。同自偏压电路相比，电路中接入了两个分压电阻 R_{g1} 和 R_{g2}。静态时，R_g 上无直流电流，栅极电压 U_G 由电阻 R_{g1}、R_{g2} 分压获得。栅源偏压 U_{GS} 为：$U_{GS} = U_G - U_S = \dfrac{R_{g2}}{R_{g1} + R_{g2}} U_{DD} - I_D R_S$。合理的选取电路参数，可得到正或负的栅源偏压。

(二)场效应管放大电路的分析

场效应管放大电路同三极管电路的分析方法类似。

1. 场效应管微变等效电路

场效应管的栅极和源极之间电阻很大，电压为 u_{gs}，电流近似为 0，可视为开路。漏极和源极之间等效为一个受电压 u_{gs} 控制的电流源。如图 2-22 所示为场效应管的微变等效电路。

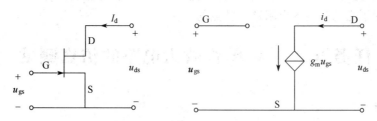

图 2-22　场效应管及其微变等效电路

2. 自偏压电路的动态分析

如图 2-23 所示为自偏压电路图 2-20 的微变等效电路。由此可求电路的电压放大倍数、

输入电阻和输出电阻。

$$A_u = -g_m R_d /\!/ R_L$$
$$R_i = R_g$$
$$R_o = R_d$$

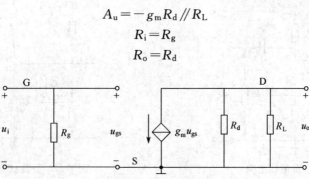

图 2-23　自偏压电路的微变等效电路

由此可以看出图 2-20 为共源极电路，其性能特点与共射极放大电路类似，具有电压放大作用，u_o 与 u_i 反相位。

3. 分压式自偏压电路的动态分析

如图 2-24 所示为分压式自偏压电路图 2-21 的微变等效电路，所求电路的电压放大倍数、输入电阻和输出电阻分别为

$$A_u = -g_m R_d /\!/ R_L$$
$$R_i = R_g + R_{g1} /\!/ R_{g2}$$
$$R_o = R_d$$

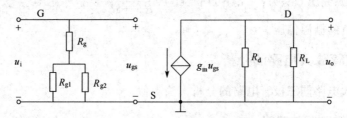

图 2-24　分压式自偏压电路的微变等效电路

由此可见，电阻 R_g 的作用是为了增加放大电路的输入电阻。

综上所述，场效应管放大电路的电压放大倍数并不高，但具有较高的输入电阻，它适用于作为多级放大电路的输入级，特别是对高内阻信号源，采用场效应管放大电路比较理想。应用中就是利用了它的高输入电阻这一特点的。

任务五 ●●● 单管放大电路的仿真测试

一、目的

1. 学习用 Multisim 调整与测试静态工作点的方法。观察静态工作点对放大电路输出波形的影响，进一步理解设置合适静态工作点的重要性。

2. 学习用 Multisim 测量放大电路动态指标 A_u、A_{us}、r_i、r_o 的方法。观察负载对放大电路电压放大倍数的影响。

3. 掌握用 Multisim 测试放大器幅频特性的方法。

二、放大电路频响特性的概念

电路如图 2-26 所示，该电路为分压式偏置单管共射放大电路。

单管放大电路的电压放大倍数随着输入信号的频率不同而不同，如图 2-25 所示为阻容耦合放大电路的幅频响应。图中放大电路的

放大倍数 $|\dot{A}_u|$ 下降到 $0.707A_{um}$ 时，所对应的两个频率分别称为放大电路的下限频率 f_L 和上限频率 f_H。f_L 和 f_H 之间的频率范围称为放大电路的通频带，用 BW 表示。即：

$$BW = f_H - f_L$$

一个放大器的通频带越宽，表示其工作的频率范围越宽，频率响应越好。可以

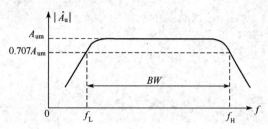

图 2-25　阻容耦合放大电路的幅频响应

用 Multisim 提供的波特图仪测试出幅频特性曲线，波特图仪的有关参数设置可参考图 2-27。

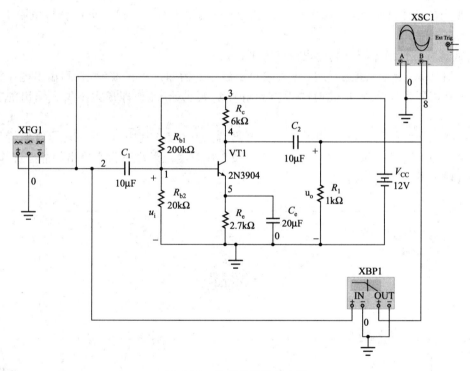

图 2-26　单管共射放大电路

三、内容与步骤

1. 在 Multisim 的电路工作区按图 2-26 连接电路并存盘。

2. 静态工作点的调整与测试

① 双击信号发生器图标，选择输入信号波形按钮为正弦波。

② 按下操作界面右上角的"启动/停止开关"按钮，接通电源。

图 2-27　共射放大电路的幅频特性曲线

③ 双击示波器图标,打开示波器板面,观察输入电压、输出电压波形是否失真? 如果输出波形已失真,是什么失真? 分析失真原因是什么?

④ 调节输入电压的大小,观察输出电压波形失真现象是否消除? 同时调节电阻 R_{b1} 的阻值直至失真消除。

⑤ 调整并测试最大不失真输出的静态工作点。

反复调节 R_{b1} 及输入电压大小,观察输出示波器上的输出电压波形,直到输出电压波形上下峰均稍有相同程度的失真,此时的 Q 点恰好在负载线的中点,即最大不失真输出的静态工作点。

在电路工作区按图 2-28 画出静态工作点测试图并存盘(其中 R_{b1} 和 R_{b2} 的值保持最大不失真输出时的值)。选用指示器库中的电流表及电压表测出最大不失真输出的静态工作点,并计算相应理论值,结果填入表 2-2。

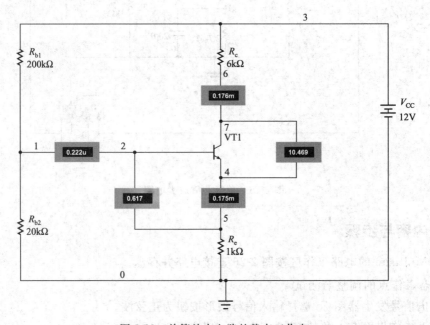

图 2-28　单管放大电路的静态工作点

表 2-2　单管放大电路的静态工作点

类别	$I_B/\mu A$	I_C/mA	U_B/V	U_C/V	U_E/V	U_{BE}/V	U_{CE}/V	β
理论值								
测试值								

3. 放大电路动态指标的测试

利用图 2-27 所示电路,将电路保持在最大不失真输出时的静态工作点状态,在输出电压波形不失真的前提下,根据表 2-3 改变负载电阻 R_L 的阻值,用数字万用表测试计算电压放大倍数等动态指标。

表 2-3　单管放大电路电压放大倍数测试

指　　标		$R_L=\infty$	$R_L=1k\Omega$	$R_L=100k\Omega$
测试值	U_i/V			
	U_o/V			
	u_o 波形	→	→	→
计算值	$A_u=U_o/U_i$			
	$A_{us}=U_o/U_s(R_s=250\Omega)$			
	$r_i=U_i\times R_s/(U_s-U_i)$			
	$r_o=R_L\times(U_o-U_{OL})/U_{OL}$			

4. 根据表 2-4 调节电阻 R_{b1}、R_c 大小,改变电容 C_1、C_2、C_e 状态,用示波器观察输出信号的变化,将结果记录在表 2-4 中。

表 2-4　单管放大电路各种故障状态分析

故障状态	R_{b1}	R_c	C_1	C_2	C_e	输出信号波形	分析原因
1	断开	正常	正常	正常	正常	→	
2	短路	正常	正常	正常	正常		
3	正常	断开	正常	正常	正常		
4	正常	短路	正常	正常	正常		
5	正常	正常	断开	正常	正常		
6	正常	正常	短路	正常	正常		
7	正常	正常	正常	断开	正常		
8	正常	正常	正常	短路	正常		
9	正常	正常	正常	正常	断开		
10	正常	正常	正常	正常	短路		

结论: ① R_c 的作用是:

② R_{b1} 的作用是:

③ C_1 的作用是:

④ C_2 的作用是:

⑤ C_e 的作用是:

5. 用波特图仪测试电路的幅频特性,$f_L=$ _____ Hz。

6. 查找电路故障

（1）将实验电路改为图 2-29 所示电路，用适当的仪器仪表测试电路，找出电路的故障并予以纠正（提示：元器件参数设置是否合适）。

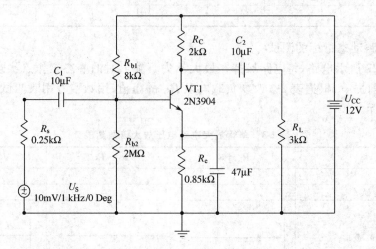

图 2-29　故障电路

（2）若电路元器件参数正确，用示波器观察电路输入、输出电压波形如图 2-30 所示，查找故障并予以纠正。

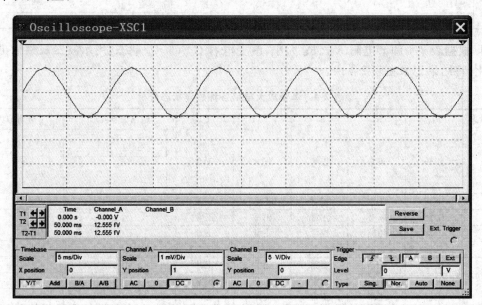

图 2-30　故障电路输入、输出波形

四、思考

1. 理论计算时常将放大电路中的硅三极管 U_{BE} 视作 0.7V，是否有误差？说明原因。

2. 理论计算时将分压式偏置单管放大电路中 B 点电位视为 R_{b1} 和 R_{b2} 的分压值是否有误差？说明原因。

3. 测试放大电路直流工作点时，能用数字万用表代替图 2-28 中的电流表、电压表吗？

4. 简要分析放大电路幅频特性在输入信号的高、低频段,放大倍数下降的影响因素。

 项目小结 ▶▶▶

本项目介绍了基本放大电路的工作原理,它们构成了实用电子电路的基本单元电路。

1. 对放大电路的基本要求是不失真地进行放大,为此放大电路必须设置合适的静态工作点。

2. 放大电路的基本分析方法有两种:图解法和微变等效电路法。图解法可以直观地分析静态工作点的位置与波形失真的关系。微变等效电路法只能用以分析放大电路的动态工作情况,用以定量分析和计算放大电路性能指标,其方法是先画放大电路的交流通路再画放大电路的微变等效电路,然后就可用线性电路理论进行分析计算。

3. 基本放大电路有共射、共集、共基三种基本组态。共射放大电路输出电压与输入电压反相,输入电阻和输出电阻大小适中,适用于一般放大或多级放大电路的中间级;分压式偏置共射电路具有稳定静态工作点作用。共集电极放大电路电压放大倍数小于1而接近于1,但具有输入电阻高,输出电阻低的特点,多用于多级放大电路的输入级和输出级。共基极放大电路输出电压与输入电压同相,电压放大倍数较高,输入电阻很小而输出电阻较大,适用于高频或宽带放大电路。

4. 场效应管也可以组成基本放大电路,输入电阻很高,常用于多级放大电路的输入级或测量放大器的前置级。

 思考题与习题 ▶▶▶

2-1　三极管电流放大作用的含义是什么?

2-2　由于放大电路输入的是交流量,故三极管各电极电流方向总是变化着,这句话对吗?为什么?

2-3　如何画放大电路的直流和交流通路? 直流通路和交流通路的作用?

2-4　如图 2-31 所示为固定偏置共射极放大电路。输入 u_i 为正弦交流信号,试问输出电压 u_o 出现了怎样的失真? 如何调整偏置电阻 R_b 才能减小此失真?

2-5　试根据场效应管组成共源放大器的特点,说明其主要用途。

2-6　图 2-31 所示电路中,若分别出现下列故障会产生什么现象? 为什么?

　　①C_1 击穿;②C_2 击穿;③R_b 开路或短路;④R_e 短路或开路。

2-7　电路形式为如图 2-31 所示,但参数为 $U_{CC}=15V$, $R_b=1.1M\Omega$, $R_c=5.1k\Omega$, $R_L=5.1k\Omega$, $R_s=1k\Omega$, $\beta=100$, $r_{bb'}=100\Omega$, 试:①计算静态工作点 I_{CQ}、U_{CEQ}。②计算 A_u、A_{us}、r_i、r_o 的值。

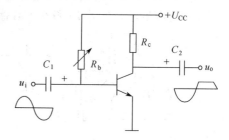

图 2-31　习题 2-4 用图

2-8　试判断图 2-32 中各个电路能否放大交流信号? 为什么?

2-9　如图 2-33 分压式工作点稳定电路,已知 $\beta=60$。

　　① 估算电路的 Q 点;

　　② 求解三极管的交流等效电阻 r_{be};

　　③ 用小信号等效电路分析法,求解电压放大倍数 A_u;

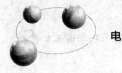

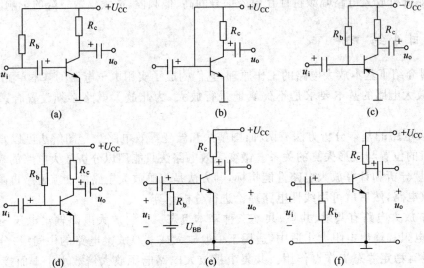

图 2-32　习题 2-8 用图

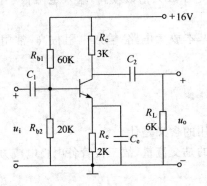

图 2-33　习题 2-9 用图

④ 求解电路的输入电阻 r_i 及输出电阻 r_o。

2-10　简单叙述三极管放大电路三种基本组态的特点及适用场合。

2-11　图 2-34 所示电路，假设电路工作正常，$|A_V| = 20$。

求：①画 U_o 波形②若 R_b 断开，其他条件同上，再画 U_o 波形。

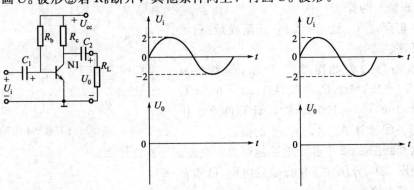

图 2-34　习题 2-11 用图

2-12　图 2-35 所示电路，假设电路正常工作，要求：①画 U_o 波形；②若 R_b 断开，其他条件同上，再画 U_o 波形。

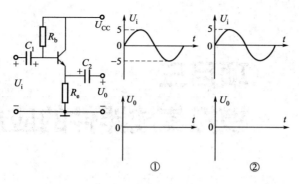

图 2-35 习题 2-12 用图

2-13 共集电极放大电路如图 2-36 所示，已知三极管 $\beta=100$，$r_{bb'}=300\Omega$，$U_{BEQ}=0.7V$，$R_b=500k\Omega$，$R_e=R_L=5k\Omega$，$U_{CC}=15V$。①试估算静态工作点 I_{CQ}、U_{CEQ}；②计算 A_u、r_i、r_o、U_o。

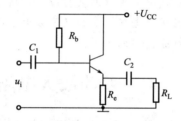

图 2-36 习题 2-13 用图

2-14 如图 2-37 所示场效应管放大电路，已知 $g_m=1ms$：
① 两电路分别是什么组态的放大电路？
② 分别画出两电路的小信号等效电路；
③ 求解电路的电压增益 A_u、输入电阻 r_i、输出电阻 r_o。

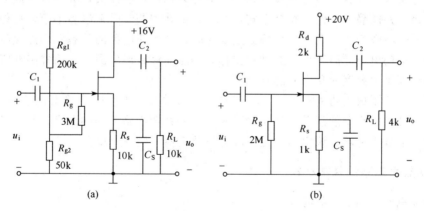

图 2-37 习题 2-14 用图

项目三
模拟集成器件的应用

【目的与要求】 学习模拟集成电路的组成、特点及常用部件。掌握差动放大器的结构与特性、负反馈放大电路特性和集成运算放大器的典型应用电路等；熟悉掌握常见基本运算电路的原理与应用，能够组成简单的运算电路；掌握功率放大电路的主要形态及性能指标；掌握电路功能检测的方法，并学会排除简单的故障。

任务一 ●●● 差动放大电路分析

差动放大电路也称为差分放大电路，简称为差放，它是集成运算放大器的重要单元电路，广泛应用于测量电路、医学仪器等电子设备中。

一、差动放大电路的结构及零漂的抑制

在一些超低频及直流放大电路中，级间耦合必须采用直接耦合方式。直接耦合电路既能放大交流信号又能放大直流信号，具有相当好的低频特性，所以又常称为直流放大器。但由于其内部各级电路的静态工作点相互影响，给电路设计和调整带来诸多不便。另外在电源电压波动、元器件参数变化、尤其是环境温度变化时，都将使电路的静态工作点偏离原来的设计值，使输出端的电压漂离零点；这种现象称为零点漂移或温度漂移，简称零漂或温漂（因为这种漂移主要是由温度变化引起的）。

温漂严重干扰了放大器的工作，会引起输出信号失真，严重时会将有用信号完全淹没。这是直流放大器必须克服的问题。实用中常采用多种补偿措施来抑制温漂，其中最为有效的方法是使用差动放大电路，该电路也是集成运算放大器的输入级电路。

1. 差动放大电路的基本结构

差动放大电路如图 3-1 所示。

该电路以中心线形成对称电路，晶体管 VT_1 和 VT_2 采用对管。电源为用双路对称电源，三极管的集电极经 R_C 接 U_{CC}，发射极经电阻接 $-U_{EE}$。电路中两管集电极负载电阻的阻值相等，两基极电阻阻值相等，输入信号 u_{i1} 和 u_{i2} 分别加在两管的基极上，输出电压 u_o 从两管的集电极输出。这种连接方式称为双端输入、双端输出方式。

当输入信号电压 $u_{i1} = u_{i2} = 0$，即差动放大电路处于静态时，由于电路的对称性，两晶体

管的集电极电流相等，$I_{c1}=I_{c2}$，集电极电位相等，则 $U_{c1}=U_{c2}$，因而使输出电压 $u_o=U_{c1}-U_{c2}=0$。显然该电路具备抑制零点漂移的能力。

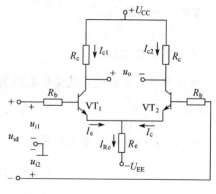

2. 静态工作点 Q 的计算

图 3-1 中，静态时 $u_{i1}=0$，$u_{i2}=0$，电阻 R_e 上流过两倍的发射极电流，可先列电压方程式，再求出 I_{BQ}：

$$U_{EE}=I_{BQ}R_b+U_{BE}+2(\beta+1)I_{BQ}R_e$$

则

$$I_{BQ}=\frac{U_{EE}-U_{BE}}{R_b+2(\beta+1)R_e}$$

图 3-1　电路的基本结构

电路设计时，一般都使 $2(\beta+1)R_e\gg R_b$，则

$$I_{BQ}\approx\frac{U_{EE}-U_{BE}}{2(\beta+1)R_e}$$

所以

$$I_{CQ}\approx I_{EQ}=(\beta+1)I_{BQ}=\frac{U_{EE}-U_{BE}}{2R_e}$$

$$U_{CEQ}\approx U_{CC}+U_{EE}-I_{CQ}(R_c+2R_e)$$

从 I_{CQ} 的表达式中看出，U_{EE} 远大于 U_{BE}，则 $I_{CQ}\approx U_{EE}/2R_e$，表明温度变化对静态影响很小，同时设计的电路是对称的，即使 I_{CQ} 有一点变化，总有 $U_{C1Q}=U_{C2Q}$，则 $U_{C1Q}-U_{C2Q}$ 总等于零，使得静态时输出电压总保持在零的状态，有很强的抑制零点漂移的能力。

二、差模输入时电路的工作原理

在差动放大电路两管的基极输入端上分别加上幅度相等、相位相反的电压时，称为差模输入方式。图 3-1 中 $u_{i1}=-u_{i2}$，两个输入信号的差称为差模信号 u_{id}。即：

$$u_{id}=u_{i1}-u_{i2}$$

在图 3-1 中，可明显看出 u_{id} 与 u_{i1}、u_{i2} 的关系为：

$$u_{id}=2u_{i1}=-2u_{i2}；\qquad u_{i1}=\frac{u_{id}}{2}；\qquad u_{i2}=-\frac{u_{id}}{2}$$

差模信号是放大电路有用的输入信号。

图 3-1 电路中，在输入差模信号 u_{id} 时，由于电路的对称性，使得 VT_1 和 VT_2 两管的电流为一增一减的状态，而且增减的幅度相同。如果 VT_1 的电流增大，则 VT_2 的电流减小。即 $i_{c1}=-i_{c2}$。显然，此时 R_e 上的电流没有变化，即 $i_{Re}=0$，说明 R_e 对差模信号没有作用，在 R_e 上既无差模信号的电流也无差模信号的电压，因此作交流通路时（实际是差模信号通路），VT_1 和 VT_2 的发射极是直接接地的。如图 3-2 所示。

由图 3-2 看出，两管集电极的对地输出电压 u_{o1} 和 u_{o2} 也是一升一降地变化。即 $u_{o1}=-u_{o2}$。从而在输出端得到一个放大了的输出电压 u_o。

$$u_o=u_{o1}-u_{o2}=2u_{o1}$$

由图 3-2 可以计算出 VT_1、VT_2 的输出电压分别如下。

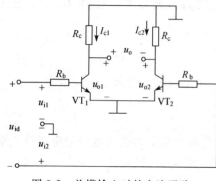

图 3-2　差模输入时的交流通路

VT$_1$ 的输出电压：

$$u_{o1} = \frac{-\beta R_c u_{id}}{2(R_b + r_{be})}$$

VT$_2$ 的输出电压：

$$u_{o2} = \frac{\beta R_c u_{id}}{2(R_b + r_{be})}$$

则差动放大电路的双端输出电压为

$$u_o = u_{o1} - u_{o2} = \frac{-\beta R_c u_{id}}{R_b + r_{be}}$$

因此，其差模电压放大倍数为

$$A_{ud} = \frac{u_o}{u_{id}} = \frac{-\beta R_c}{R_b + r_{be}}$$

上式说明，该电路的电压放大倍数与单管共射放大电路的电压放大倍数相等。

图 3-2 中可以算出

差模输入电阻为

$$r_{id} = 2(r_{be} + R_b)$$

输出电阻为

$$r_o = 2R_C$$

三、共模输入信号与共模抑制比 K_{CMR}

在差动放大器两输入端同时输入一对极性相同、幅度相同的信号称为共模输入方式。定义共模信号 u_{ic} 为两个输入信号的算术平均值，即

$$u_{ic} = \frac{u_{i1} + u_{i2}}{2}$$

此时的输出电压为共模输出电压 u_{oc}。共模输入信号属于干扰信号，由温度变化引起的三极管电流变化，也属于共模输入的干扰信号。

共模输入时，由于两管的发射极电流同时以同方向同幅度流经 R_e，则 R_e 上产生较强的负反馈，阻止两管电流的变化，使 I_c 基本不变，则两管的集电极电位 U_c 也基本不变。同时由于电路的对称性，两管的 U_c 微小变化是同方向的。所以 u_{oc} 在理论上应等于零。但由于元件参数的分散性，往往使电路不绝对对称，则 u_{oc} 会有微小的数值。

从以上分析看出，R_e 对共模信号起到了深度负反馈作用，有效地抑制了共模信号，同时当温度变化使两管的静态电流变化时，R_e 同样起到了深度负反馈作用，有效抑制了零点漂移。用 $A_{uc} = \frac{u_{oc}}{u_{ic}}$ 表示共模电压放大倍数，A_{uc} 越小表示电路抑制温漂和共模干扰的能力越强。

通常用一个综合指标——共模抑制比来衡量差动放大器的好坏，记作 K_{CMR}。它定义为

$$K_{CMR} = \left| \frac{A_{ud}}{A_{uc}} \right|$$

K_{CMR} 值越大，表明电路抑制共模信号的性能越好。在工程上，常用分贝表示为

$$K_{CMR} = 20\lg \left| \frac{A_{ud}}{A_{uc}} \right| \text{(dB)}$$

上述分析可见，差动放大电路用两套电路元件只能实现单级共射放大电路的电压放大能力，以此为代价，却换来了很好的超低频性能和极强的抑制零漂（或温漂）的能力，电路综合性能得以提高。

四、差动放大电路的四种连接方式

差动放大电路有两个输入端和两个输出端。上面介绍的是双端输入双端输出电路，输入信号和输出信号的两端均不接地，处于悬浮状态。这对于某些不需要接地的信号源来说是合适的。但对需要接地的输入或输出设备来说，差动放大电路就需要连接为单端输入或单端输出方式。这样差动放大电路的连接方式组合起来就有四种连接方式：即双端输入双端输出；双端输入单端输出；单端输入双端输出；单端输入单端输出。下面分析一下双端输入单端输出电路的特点。

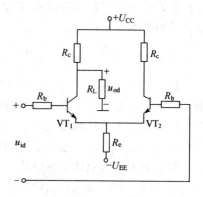

图 3-3　双端输入单端输出电路

图 3-3 所示电路为双端输入单端输出电路，与图 3-1 电路相比，只是输出端与前面不同。它的负载电阻 R_L 是接在 VT_1 的集电极到地之间的，当然也可以将 R_L 接在 VT_2 的集电极到地之间，但输出电压的极性就不同了。

当 $u_{id} = 0$ 时，由于两边电路的输入回路对称，故仍有 $I_{CQ1} = I_{CQ2} \approx 0.5 I_{Re}$，即

$$I_{CQ} \approx \frac{U_{EE} - U_{BE}}{2R_e}$$

在输入差模信号时，u_E 保持不变。所以 e 点仍为交流接地点，只是输出电压从半边电路输出。因此放大倍数为双端输出电路的一半，即

$$A_{ud} = \frac{-\beta R'}{2(R_b + r_{be})}$$

由于电路的输入回路没有变，所以输入电阻不变。即：$r_i = 2(R_b + r_{be})$。

电路的输出电阻为　$r_o = R_{c1}$。

当电路中温度漂移或输入共模信号时，由于两边电路输入的是同极性、同幅值的信号，所以在 R_e 上得到的是两倍的 i_E，即 $u_E = 2i_E \cdot R_e$。即两个三极管发射极的电位变化量可以认为是 i_E 流过阻值为 $2R_e$ 的电阻产生的，如图 3-4(a) 所示。由于 VT_2 的电路与计算共模输出电压增量 u_{oc} 无关，故共模等效电路可只画出 VT_1 的等效电路。如图 3-4(b) 所示。从

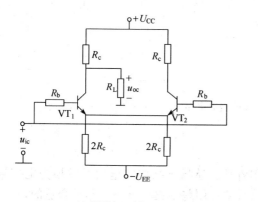

(a) 共模输入时的电路

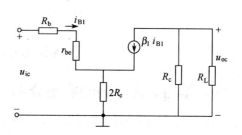

(b) VT_1 的共模等效电路

图 3-4　双端输入单输出电路的共模信号分析

图上可求出共模信号放大倍数为

$$A_{UC} = \frac{-\beta R'_L}{R_b + r_{be} + 2(1+\beta)R_e}$$

上式中由于 $(1+\beta) \times 2R_e$ 的值设计得很大，所以单端输出电路的温漂也很小。可以求出其共模抑制比 K_{CMR} 为

$$K_{CMR} = \left| \frac{A_{ud}}{A_{uc}} \right| = \frac{R_b + r_{be} + (1+\beta)2R_e}{2(R_b + r_{be})} = \frac{1}{2} + \frac{(1+\beta)R_e}{R_b + r_{be}}$$

从上面两个表达式看出，增大 R_e 对减小共模放大倍数和提高共模抑制比都有很大作用。因此，电路设计中 R_e 的取值往往较大。

在双端输入单端输出电路中，输出电压也可以在 VT_2 管的集电极输出，这时电压放大倍数的绝对值不变，而输出电压的相位则与输入电压同相。

对于单端输入双端输出电路，其各项参数的计算结果与双端输入双端输出电路的计算结果完全一样。单端输入单端输出电路与双端输入单端输出电路相同。这里不再详细分析，四种连接方法的电路特点读者可自行比较。

*五、差动放大电路的改进

通过前面的分析明显看出，R_e 越大抑制共模干扰能力越强，特别在单端输出电路中，用大阻值的 R_e 抑制温漂是非常必要的。但 R_e 的阻值过大会使 I_{CQ} 下降太多，影响输出电压幅度，另外在集成电路中不宜制作大阻值的电阻。因此，实际电路常用如图 3-5 所示电路中的 VT_3 晶体管组成的恒流源来代替发射极电阻 R_e，因为晶体管在放大区的很大范围内 I_C 基本是恒定的，相当于一个内阻很大的电流源。图中 I_{c3} 的计算方法同前面项目二中的单管放大电路静态工作点的计算一样。图中由于 $I_{c1} + I_{c2} \approx I_{c3}$，若 I_{c3} 为恒定值，则 I_{c1} 和 I_{c2} 也基本上为恒定，所以由这种方式组成的差动放大电路温漂会更小。

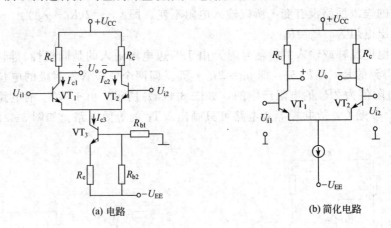

图 3-5　具有恒流源的差放电路

*六、差动放大电路的实用介绍

在许多检测电路和自动控制电路中，经常用各种传感器把某些非电信号转换为电信号，再经过放大电路进行放大。显然，要放大这类信号源，用差动放大电路是非常合适的。

图 3-6(a) 所示为一电桥式传感器，图中 R_x 可以是一个热敏电阻（阻值随温度变化），也可以是一个压敏电阻（阻值随外力变化）或者是一个光敏电阻（阻值随光照变化）等。当

R_x 随外部因素影响阻值变化时，电桥失去平衡，传感器输出一定幅度的电压信号 u_{ab}。显然，a、b 两点都不能接地。作为差模信号的 u_{ab}，一般很微弱，而 a、b 两点的对地电位 u_a 和 u_b 形成的共模信号 $(u_a+u_b)/2$ 往往是较强的。

为了有效地放大微弱的 u_{ab} 信号，可以选取一个共模抑制能力强且差模放大倍数较高的差动放大器完成放大任务。在图 3-6 中把（a）图的 a 点和 b 点分别接至（b）图的 a′点和 b′点就构成了一个传感信号放大电路。其输出电压 u_o 与加在电阻 R_x 上的物理量成线性关系。用这个电压信号去控制后续的专用电路便可完成检测任务或自动控制任务。

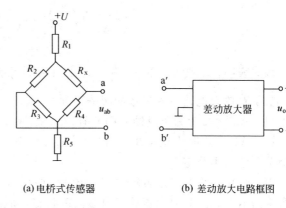

(a) 电桥式传感器　　　(b) 差动放大电路框图

图 3-6　传感信号放大电路

任务二 ●●● 负反馈放大电路特性及应用

一、反馈的基本概念

把放大电路输出的信号再返回到输入端，称为反馈。反馈后不外乎有两种结果：一种是使输出信号增强，称为正反馈；另一种是使输出信号减弱，称为负反馈。本节主要介绍负反馈电路。

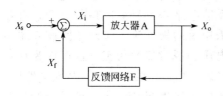

图 3-7　反馈放大器的框图

放大电路不加反馈电路的状态叫开环状态，加入反馈电路后叫闭环状态，所以反馈放大电路由基本放大器和反馈网络构成，其框图结构如图 3-7 所示。图中用 X 表示电压或电流信号。X_s 是信号源送给放大电路的输入信号，X_f 是反馈网络的输出信号，X_i 是净输入信号。（通常情况下应考虑频率特性，以上参数应该用复数表示，本节为了便于分析讨论，暂设它们为实数）。

框图中的箭头方向表示信号的传递方向。基本放大器在未加反馈网络时信号从输入到输出单向传递，即开环状态。加上反馈网络后，信号传递方向构成环状结构，即为闭环状态。图中 X_s 与 X_f 在 Σ 处相叠加。

设放大器的开环放大倍数为 A，闭环放大倍数为 A_f，反馈系数为 F，则框图中各参数有以下关系。

放大器的开环放大倍数：$A=\dfrac{X_o}{X_i}$

反馈网络的反馈系数：$F=\dfrac{X_f}{X_o}$

放大器的闭环放大倍数：$A_f=\dfrac{X_o}{X_s}$

在负反馈状态下，X_f 与 X_s 反相，则 $X_i=X_s-X_f$；即净输入信号被削弱，则

$$A_\text{f} = \frac{X_\text{o}}{X_\text{s}} = \frac{X_\text{o}/X_\text{i}}{X_\text{s}/X_\text{i}} = \frac{A}{\dfrac{X_\text{i} + X_\text{f}}{X_\text{i}}} = \frac{A}{1 + AF}$$

该式表明 $|A_\text{f}|$ 为 $|A|$ 的 $\dfrac{1}{|1+AF|}$。$|1+AF|$ 称为"反馈深度",其值越大,则反馈越深。它反映了对放大电路各种参数的影响程度。

$|1+AF|>1$ 时为负反馈;因此时 $|A_\text{f}|<|A|$,说明引入负反馈后放大倍数下降。

$|1+AF|<1$ 时为正反馈。因此时 $|A_\text{f}|>|A|$,表明引入正反馈后放大倍数增加,但这种情况下电路不稳定。

当 $1+AF=0$ 时,则 $AF=-1$,此时 $|A_\text{f}|\to\infty$,意味着在放大器输入信号为零时,也会有输出信号,这时放大器处于自激振荡状态,形成振荡器。

当 $|AF|\gg1$ 时,为深度负反馈,在深度负反馈时:$A_\text{f}\approx\dfrac{A}{AF}=\dfrac{1}{F}$。

该式表明:放大电路引入深度负反馈后,闭环增益仅与反馈系数 F 有关,而与基本放大电路的电子元件参数无关,因反馈网络一般是线性元件构成的,所以 F 几乎不受环境温度等因素影响。从而放大电路的工作也是很稳定的。这是负反馈的重要特点。

二、反馈的分类与判别

1. 正反馈和负反馈

在放大电路中,根据反馈极性不同,可分为正反馈和负反馈。负反馈往往使放大电路的放大倍数下降许多,但它可以使电路的工作稳定性大大提高,这一点对电子电路是更重要的。

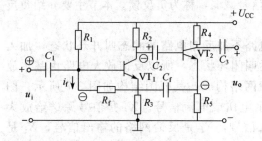

图 3-8　正负反馈的判别

判断反馈电路是正反馈还是负反馈,有效的方法是采用瞬间极性法。即设电路输入端某时刻输入电压的瞬时极性为正(也可设为负),然后逐级确定输出电压的极性。在放大电路中,三极管的集电极输出与基极输入是反相的、发射极输出与基极输入同相位,其他电阻及耦合电容都认为不改变相位。各点电位极性可在电路中用 ⊕ 或 (一) 表示,最后若判断出反馈信号使纯净输入信号增强,则为正反馈;反之为负反馈。如图 3-8 所示电路,由于反馈元件 C_f 和 R_f 的存在,使流进三极管基极的净输入电流减少,故为负反馈电路。

2. 直流反馈与交流反馈

根据反馈信号的交直流性质,反馈可分为直流反馈与交流反馈。如果只在放大器的直流通路中存在的反馈称为直流反馈。显然,直流反馈只反馈直流分量,仅影响静态性能。仅在放大器交流通路中存在的反馈称为交流反馈。而交流反馈仅影响动态性能,只反馈交流分量。当然,很多放大器中交流反馈和直流反馈同时存在。

3. 电压反馈和电流反馈

根据反馈信号在放大电路输出端取样信号方式的不同,可分为电压反馈和电流反馈。

（1）**电压反馈**　如图 3-9（a）所示，放大电路的输出电压直接送至反馈网络的输入端，反馈由输出电压引起，则：$X_f = FU_o$，这种反馈方式称为电压反馈。

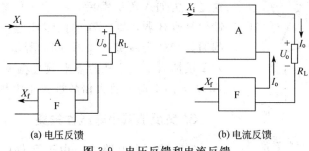

(a) 电压反馈　　　　　　　　　(b) 电流反馈

图 3-9　电压反馈和电流反馈

（2）**电流反馈**　如图 3-9（b）所示，反馈网络的输入信号取自放大电路的输出电流，即反馈由输出电流引起，则 $X_f = FI_o$。这种反馈称为电流反馈。

判断方法：设放大器的输出电压为零，即假定输出端短路，若反馈消失，则属于电压反馈；反之，若把输出端短路后，反馈依然存在，则属于电流反馈。

4. 串联反馈与并联反馈

根据反馈信号在放大电路输入端与输入信号叠加方式可分为串联反馈与并联反馈。

（1）**串联反馈**　如图 3-10（a）所示，反馈网络的输出信号 u_f 与放大器输入信号 u_s 串联叠加，得到净输入信号 u_i，这种反馈称为串联反馈。负反馈时，$u_i = u_s - u_f$。

（2）**并联反馈**　如图 3-10（b）所示，反馈网络的输出信号与信号源信号并联叠加，电流 i_s 与 i_f 叠加形成净输入电流 i_i，称为并联反馈。负反馈时，$i_i = i_s - i_f$。

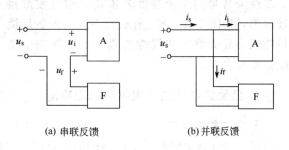

(a) 串联反馈　　　　(b) 并联反馈

图 3-10　串联反馈和并联反馈

判断串联反馈和并联反馈的方法：把放大器的输入信号源假定短路（包括内阻），若反馈依然存在，则属于串联反馈；否则，若反馈消失，说明反馈是并联反馈。也可以看输入端的信号是电压叠加方式还是电流叠加方式，若是电压叠加就为串联反馈，若采用电流叠加就为并联反馈。

根据上述的两种采样方式和两种叠加方式，负反馈放大器可以有四种组态：电压串联负反馈、电压并联负反馈、电流串联负反馈和电流并联负反馈。

三、负反馈在放大电路中的应用

1. 负反馈可以提高放大倍数的稳定性

前面已经分析过，若加入深度负反馈，使放大器成为闭环工作状态，则其闭环放大倍数为 $A_f \approx \dfrac{A}{AF} = \dfrac{1}{F}$，与基本放大器的内部参数无关。

2. 负反馈可以展宽通频带

在放大电路的幅频特性分析中，放大倍数 A 是频率 f 的函数，当输入信号的频率超出

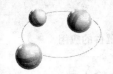
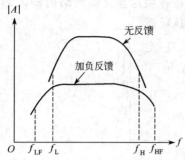

图 3-11　负反馈展宽通频带

通频带范围以外时，放大倍数将随之下降。而闭环放大倍数的相对变化量显然比开环放大倍数的相对变化量小。这是因为加入负反馈后，在放大倍数下降时，相应的反馈信号也减弱，则下降的曲线明显变得平缓。故放大器的通频带就会展宽。如图 3-11 所示。图中明显看出，加入负反馈后，在原来的下限截止频率 f_L 和上限截止频率 f_H 处，所对应的放大倍数远大于中频区段的 0.707 倍。

3. 负反馈减小非线性失真

实际的放大电路中，由于元件的非线性，在大信号工作时，β 是变化的，等效电阻也在变化，导致放大电路输出波形变形，最明显的是正负半周的波形不对称，这就是非线性失真。如图 3-12(a) 所示。

由于非线性因素，使输出信号的正半周幅值大于负半周的幅值，加入负反馈后可知，反馈信号 X_f 的波形与输出信号 X_o 的波形相似，也是正半周幅度大，负半周幅度小，由于是负反馈，则净输入信号 X_i' 带有相反的失真，即正半周幅值小，负半周幅值大。这种带有预失真的净输入信号，经过放大器放大以后，必然使非线性失真得到一定程度的矫正，输出波形接近对称，如图 3-12 (b) 所示。不过引入负反馈只能减小放大器的非线性失真，而不能完全消除非线性失真。

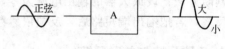

(a) 无负反馈时的波形失真

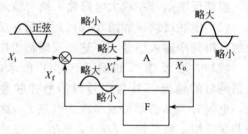

(b) 加负反馈后波形得到改善

图 3-12　负反馈减小非线性失真

4. 负反馈改变输入电阻和输出电阻

采用串联负反馈可提高输入电阻，因为这种情况下原输入电阻与反馈电路的输出电阻呈串联关系，所以总输入电阻增大。同理，采用并联负反馈可使总输入电阻下降。

采用电压负反馈可以降低输出电阻，因为此时原输出电阻和反馈电路的输入电阻呈并联关系，所以总输出电阻减小。同理，采用电流负反馈可以使输出电阻增大。

任务三 ●●● 基本运算电路的设计与实现

集成电路（Integrated circuits）简称 IC，是利用先进的集成工艺，将各种电子元器件构成的功能电路，制造在一块很小的半导体芯片上而形成的微型电子器件。IC 分为线性集成电路和数字集成电路两大类。线性集成电路主要有集成运算放大器、集成功率放大器和集成稳压器等。

一、集成运放的电路结构

集成运算放大器简称为运放，是发展最早、应用最广泛的一种线性集成电路，它是直接耦合的高倍放大器，具有高电压增益、高输入电阻和低输出电阻特性，内部电路采用直接耦合方式，能放大直流电压和较高频率范围的交流电压。早期的应用主要是模拟数值运算，故称运算放大器。集成运放种类较多，内部电路各有特点，但总体结构大致相同。如图 3-13 是运放的电路组成框图。框图共分以下三部分。

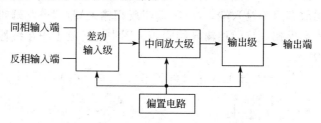

图 3-13　集成运放内部组成电路框图

（1）差动输入级　其主要任务是提高输入电阻和提高共模抑制比，对集成运算放大器的质量起关键作用。

（2）中间放大级　其主要任务是产生足够大的电压放大倍数。一般采用多级共射放大电路。为提高单级电压放大倍数，放大管一般由复合管组成，并采取恒流源代替 R_c，以提高集电极负载电阻。一般运放的中间放大级的电压增益可达到 60dB 以上。

（3）输出级　其主要任务是输出足够大的电流，能提高带负载能力。所以该级应具有很低的输出电阻和很高的输入电阻，一般采用射极输出器的方式。

二、外形与符号

集成运放的外形有圆形、扁平形和双列直插式三种，如图 3-14 所示。（a）图为圆形，（b）图为扁平形，（c）图为双列直插式。目前常用的双列直插式型号有 μA741（8 端）、LM324（14 端）等，采用陶瓷或塑料封装。

(a) 圆形　　　　　(b) 扁平形　　　　　(c) 双列直插式

图 3-14　集成运放外形

常用集成运算放大器 μA741 与 LM324 的外引线端子排列图如图 3-15 所示。其端子排列为：

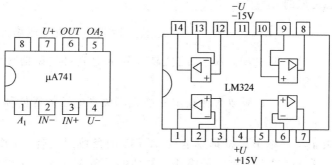

图 3-15　μA741 与 LM324 的外引线排列图

从正面看，带半圆形或其他形的标识端向左，则左下角的端子为 1 号端子，然后逆时针依次排号，左上角的端子为最后一个，连接电路时注意不能接错。

集成运放的符号如图 3-16 所示，有用（a）方框式的，也有用（b）三角形的，本书以方框形为例。集成运放有两个输入端，"－" 端叫反相输入端，"＋" 端叫同相输入端，输出端的电压与反相输入端反相，与同相输入端同相。图中的运放工作在线性状态时，输出电压与输入电压的关系为

$$u_o = A_{uo}(u_{i1} - u_{i2}) = A_{uo}(u_+ - u_-)$$

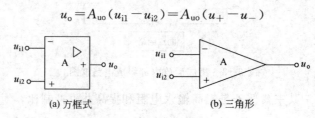

(a) 方框式　　　　　　　　(b) 三角形

图 3-16　集成运放符号

三、集成运算放大器的主要参数

在实用中，正确合理地选用集成运算放大器是非常重要的。因此必须要熟悉它的特性和参数，这里只对集成运放的主要常用参数作简单介绍。

（1）最大差模输入电压 U_{idmax}　该参数表示运放两个输入端之间所能承受的最大差模电压值，输入电压超过该值时，差动放大电路的对管中某侧的三极管发射结会出现反向击穿，损坏运放电路。运放 $\mu A741$ 的最大差模输入电压为 30V。

（2）最大共模输入电压 U_{icmax}　这是指运算放大器输入端能承受的最大共模输入电压。当运放输入端所加的共模电压超过一定幅度时，放大管将退出放大区，使运放失去差模放大的能力，共模抑制比明显下降。运放 $\mu A741$ 在电源电压为 $\pm15V$ 时，输入共模电压应在 $\pm13V$ 以内。

（3）开环差模电压放大倍数（也叫电压增益）A_{ud}　开环是指运放未加反馈回路时的状态，开环状态下的差模电压增益叫开环差模电压增益 A_{ud}。$A_{ud} = u_{od}/u_{id}$。用分贝表示则是 $20\lg|A_{ud}|$（dB）。高增益的运算放大器的 A_{ud} 可达 140dB 以上，即一千万倍以上。理想运放的 A_{ud} 视为无穷大。

（4）差模输入电阻 r_{id}　是指运放在输入差模信号时的输入电阻。对信号源来说，集成运放的差模输入电阻 r_{id} 值越大，对其影响越小。理想运放的 r_{id} 为无穷大。

（5）开环输出电阻 r_o　运放在开环状态且负载开路时的输出电阻。其数值越小，带负载的能力越强。理想运放的 $r_o = 0$。

（6）共模抑制比 K_{CMR}　$K_{CMR} = \left|\dfrac{A_{ud}}{A_{uc}}\right|$，定义为运放的差模电压增益与共模电压增益之比的绝对值，也常用分贝值表示。K_{CMR} 的值越大表示运放对共模信号的抑制能力越强。理想运放的 K_{CMR} 为无穷大。

（7）最大输出电压 U_{opp}　运算放大器输出的最大不失真电压的峰值称为最大输出电压。一般情况下该值略小于电源电压。

集成运放的种类很多，本书仅将集成运放 $\mu A741$ 的参数列入表 3-1 中，以便参考。集成运放除通用型外，还有高输入阻抗、低漂移、低功耗、高速、高压和大功率等专用型集成运放。它们各有特点。因而也就各有其用途。

表 3-1 集成运放 μA741 在常温下的电参数表

（电源电压±15V，温度 25℃）

参数名称		参数符号	测试条件	最小	典 型	最大	单位
输入失调电压		U_{IO}	$R_S \leqslant 10k\Omega$		1.0	5.0	mV
输入失调电流		I_{IO}			20	200	nA
输入偏置电流		I_{IB}			80	500	nA
差模输入电阻		r_{id}		0.3	2.0		MΩ
输入电容		C_i			1.4		PF
输入失调电压调整范围		U_{IOR}			±15		mV
差模电压增益		A_{ud}	$R_L \geqslant 2k\Omega, U_O \geqslant \pm 10V$	50000	200000		V/V
输出电阻		r_o			75		Ω
输出短路电流		I_{OS}			25		mA
电源电流		I_S			1.7	2.8	mA
功耗		P_C			50	85	mW
瞬态响应（单位增益）	上升时间	t_τ	$U_i = 20mV; R_L = 2k\Omega,$ $C_L \leqslant 100pF$		0.3		μS
	过 冲	K(V)			5.0%		
转换速率		S_R	$R_L \geqslant 2k\Omega$		0.5		V/μs

四、基本运算电路

基本运算放大电路主要有：比例运算、加法减法运算、乘除运算、积分运算、微分运算及对数反对数运算电路等，这里只介绍比例运算电路、加减运算电路和积分微分电路。

1. 理想运算放大器特点

在分析运放电路时，常将其看成是一个理想运算放大器。理想运放具有"三高一低"特性：

开环电压放大倍数 $A_{uo} \rightarrow \infty$；

差模输入电阻 $r_{id} \rightarrow \infty$；

开环输出电阻 $r_o \rightarrow 0$；

共模抑制比 $K_{CMR} \rightarrow \infty$。

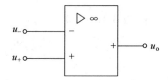

图 3-17 为理想运算放大器的图形符号，有两个输入端和一个输出端，反相输入端标有"－"号，同相输入端和输出端标有"＋"号。对地电压分别为"u_-"、"u_+"和"u_o"。"∞"表示开环放大倍数。

图 3-17 理想运算放大器的图形符号

表示输入电压和输出电压之间关系的特性曲线称为传输特性。如图 3-18 所示，图中虚线表示实际传输特性，从传输特性看，可分为线性区和饱和区。运算放大器可工作在线性区，也可工作在饱和区，但分析方法不同。

当运放工作在线性区时，u_o 和（$u_+ - u_-$）是线性关系，即

$$u_o = A_{uo}(u_+ - u_-)$$

这时运算放大器是一个线性元件。由于它的放大倍数很高，即使输入电压为毫伏级，也足以使电路饱和，其饱和电压值为 $+U_o(sat)$ 或 $-U_o(sat)$，接近电源电压。

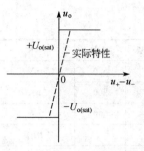

图 3-18　运算放大器的
传输特性

运算放大器工作在线性区时，分析依据有以下两条，

① 由于运算放大器的差模输入电阻 $r_{id} \to \infty$，故可认为两个输入端的输入电流为零。即

$$i_+ \approx i_- \approx 0$$

这种由于集成运放内部输入电阻 r_{id} 趋于无穷大，而使输入电流几乎为零的现象称之为"虚断"。

② 由于运算放大器的开环电压放大倍数 $A_{uo} \to \infty$，而输出电压是一有限数值，故

$$u_+ - u_- = \frac{u_o}{A_{uo}} \approx 0$$

即

$$u_+ \approx u_-$$

由于集成运放开环放大倍数为无穷大，与其放大时的输出电压相比，同相与反相输入端间的输入电压差值可以忽略不计，即：同相与反相输入电压几乎相等，这种现象称为"虚短"。

"虚断"和"虚短"在集成运算放大电路分析中很有用的概念。

运算放大器工作在饱和区时，输出电压不能用 $u_o = A_{uo}(u_+ - u_-)$ 计算，输出电压只有两种可能，即 $+U_o(sat)$ 或 $-U_o(sat)$。当 $u_+ > u_-$ 时，$u_o = +U_o(sat)$；当 $u_+ < u_-$ 时，$u_o = -U_o(sat)$。

2. 比例运算电路

（1）反相比例运算电路　当输入信号从反相输入端输入时，输出信号与输入信号相位相反，如图 3-19 所示，构成反相比例运算电路。

同相输入端通过电阻 R_2 接地，输入信号 u_i 通过 R_1 送到反相输入端，输出端与反相输入端间跨接反馈电阻 R_F。根据集成运算电路的"虚断"和"虚短"可得：

$$i_1 \approx i_f$$

$$u_- \approx u_+ = 0$$

由图 3-19 可得：

$$i_1 = \frac{u_i - u_-}{R_1} = \frac{u_i}{R_1}$$

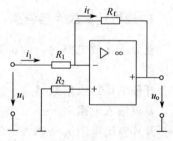

图 3-19　反相比例运算电路

$$= i_f = \frac{u_- - u_o}{R_f} = -\frac{u_o}{R_f}$$

由此得出：

$$u_o = -\frac{R_f}{R_1} u_i$$

该电路的闭环电压放大倍数为

$$A_{uf} = \frac{u_o}{u_i} = -\frac{R_f}{R_1}$$

上式表明，电路的电压放大倍数只与外围电阻有关，而与运放电路本身无关，这就保证了放大电路放大倍数的精确和稳定。当 R_f 无穷大（开环）时，放大倍数也为无穷大。式中的"—"号表示输出电压的相位与输入电压的相位相反。

图中的 R_2 为平衡电阻，$R_2 = R_1 // R_f$，其作用是消除静态电流对输出电压的影响。

该电路的反馈类型为并联电压负反馈。

【例 3-1】　在图 3-19 中，$R_1 = 10k\Omega$，$R_f = 50k\Omega$，求 A_{uf} 和 R_2；若输入电压 $u_i = 1.5V$，

则 u_o 为多大？

解　将数据代入上面的闭环电压放大倍数公式得：

$$A_{uf}=-\frac{R_f}{R_1}=-\frac{50}{10}=-5$$

$$u_o=A_{uf}u_i=-5\times1.5=-7.5\text{（V）}$$

$$R_2=R_1//R_f=\frac{R_1R_f}{R_1+R_f}=\frac{10\times50}{10+50}=\frac{500}{60}\approx8.3\text{（k\Omega）}$$

当 $R_1=R_f$ 时，$A_{uf}=-1$，电路为反相器。

（2）**同相比例运算电路**　如果输入信号从同相输入端引入，运放电路就成了同相比例运算放大电路。如图 3-20 所示。根据理想运算放大器的特性：$u_-\approx u_+=u_i$ 和 $i_1\approx i_f$，得

$$i_1=-\frac{u_-}{R_1}=-\frac{u_i}{R_1}=i_f=\frac{u_--u_o}{R_f}=\frac{u_i-u_o}{R_f}$$

因而

$$u_o=\left(1+\frac{R_f}{R_1}\right)u_i\qquad A_{uf}=\frac{u_o}{u_i}=1+\frac{R_f}{R_1}$$

可见，输出电压与输入电压之间的比例关系与运算放大器本身无关。同相输入比例运算放大电路的电压放大倍数 $A_{uf}\geqslant1$。

同相比例电路中，当 $R_1=\infty$ 或 $R_f=0$ 时，电路的电压放大倍数为 1，这时就构成了电压跟随器，如图 3-21 所示。其输入电阻为无穷大，对信号源几乎无任何影响。输出电阻为零，为一理想恒压源，所以带负载能力特别强，比射极输出器的电压跟随效果好得多，常作为各种电路的输入级、中间级和缓冲级等。

该电路的反馈类型为串联电压负反馈。

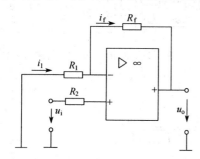 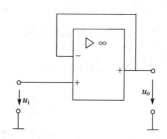

图 3-20　同相比例运算电路　　　　　　　　　　　图 3-21　电压跟随器

3. 反相加法器

如果在反相输入比例运算电路的输入端增加若干输入支路，就构成反相加法运算电路，也称求和电路，如图 3-22 所示。根据"虚短"和"虚断"概念，由图可列出：

$$i_{i1}=\frac{u_{i1}}{R_{11}};\ i_{i2}=\frac{u_{i2}}{R_{12}};\ i_{i3}=\frac{u_{i3}}{R_{13}};\ i_f=-\frac{u_o}{R_F}=i_{i1}+i_{i2}+i_{i3}$$

由上列各式可得：

$$u_o=-\left(\frac{R_f}{R_{11}}u_{i1}+\frac{R_f}{R_{12}}u_{i2}+\frac{R_f}{R_{13}}u_{i3}\right)$$

当 $R_{11}=R_{12}=R_{13}=R_1$ 时，上式为：$u_o=-\dfrac{R_f}{R_1}(u_{i1}+u_{i2}+u_{i3})$

当 $R_1=R_f$ 时，则

$$u_o=-(u_{i1}+u_{i2}+u_{i3})$$

由此看出：加法运算电路也与运算放大器本身的参数无关，只要电阻值足够精确，就可

保证加法运算的精度和稳定性。另外，反相加法电路中无共模输入信号（即 $u_+ = u_- = 0$），抗干扰能力强，因此应用广泛。

平衡电阻 R_2 的取值：$R_2 = R_{11} // R_{12} // R_{13} // R_f$

4. 同相加法运算

同相输入加法电路如图 3-23 所示，输入信号加到同相端。由集成运放的"虚断"（$i_- = 0$）可得：

$$i_{i1} + i_{i2} + i_{i3} = i_3$$

即

$$\frac{u_{i1} - u_+}{R_{21}} + \frac{u_{i2} - u_+}{R_{22}} + \frac{u_{i3} - u_+}{R_{23}} = \frac{u_+}{R_3}$$

$$u_+ = (R_3 // R_{21} // R_{22} // R_{23})\left(\frac{u_{i1}}{R_{21}} + \frac{u_{i2}}{R_{22}} + \frac{u_{i3}}{R_{23}}\right)$$

令 $R = R_3 // R_{21} // R_{22} // R_{23}$，上式为：

$$u_+ = R\left(\frac{u_{i1}}{R_{21}} + \frac{u_{i2}}{R_{22}} + \frac{u_{i3}}{R_{23}}\right)$$

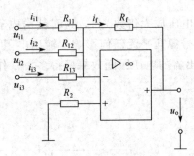

图 3-22 反相加法运算电路

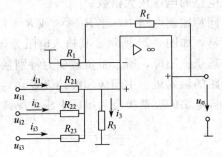

图 3-23 同相加法运算电路

又根据"虚短"（$u_+ = u_-$）可得：$\qquad u_+ = \frac{R_1 u_o}{R_1 + R_f}$

所以

$$u_o = \frac{R_1 + R_f}{R_1} u_+ = \frac{R(R_1 + R_f)}{R_1}\left(\frac{u_{i1}}{R_{21}} + \frac{u_{i2}}{R_{22}} + \frac{u_{i3}}{R_{23}}\right)$$

当 $R_{21} = R_{22} = R_{23} = R_3$ 时，上式为

$$u_o = \frac{R(R_1 + R_f)}{R_1 R_3}(u_{i1} + u_{i2} + u_{i3})$$

$$= \frac{(R_1 + R_f)}{4R_1}(u_{i1} + u_{i2} + u_{i3})$$

当 $R_f = 3R_1$ 时：$\qquad u_o = u_{i1} + u_{i2} + u_{i3}$

可见，同相加法器的输出和输入同相，但同相加法电路中存在共模输入电压（即 u_+ 和 u_- 不等于零），因此不如反向输入加法器应用普遍。

【例 3-2】 如图 3-22，若 $R_{11} = R_{12} = 10\text{k}\Omega$，$R_{13} = 5\text{k}\Omega$，$R_f = 20\text{k}\Omega$，$u_{i1} = 1\text{V}$，$u_{i2} = u_{i3} = 1.5\text{V}$，则

① 求输出电压 u_o。

② 若再设 $U_{CC} = \pm 15\text{V}$，$u_{i3} = 3\text{V}$，其他条件不变，再求 u_o。

解 ① 根据公式得

$$u_o = -\left(\frac{R_f}{R_{11}}u_{i1} + \frac{R_f}{R_{12}}u_{i2} + \frac{R_f}{R_{13}}u_{i3}\right)$$

$$= -\left(\frac{20}{10} \times 1 + \frac{20}{10} \times 1.5 + \frac{20}{5} \times 1.5\right) = -11V$$

② 当 $u_{i3} = 3V$ 时，同样代入上式得 $u_o = -17V$，该值已超出 $U_{CC} = \pm 15V$ 的范围，运放已处于反向饱和状态，故 $u_o = u_{omax} = -15V$。

5. 减法运算

如果运算放大器的同、反相输入端都有信号输入，就构成差动输入的运算放大电路，如图 3-24 所示。它可以实现减法运算功能。根据"虚断"（即 $i_+ = i_- \approx 0$），由图可得：

$$u_- = u_{i1} - i_1 R_1$$

$$= u_{i1} - \frac{u_{i1} - u_o}{R_1 + R_f} \times R_1$$

$$u_+ = \frac{u_{i2}}{R_2 + R_3} \times R_3$$

又据"虚短"概念 $u_- \approx u_+$，故从上列两式可得：

$$u_{i1} - \frac{u_{i1} - u_o}{R_1 + R_f} \times R_1 = \frac{u_{i2}}{R_2 + R_3} \times R_3$$

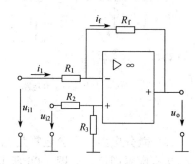

图 3-24　减法运算电路

则
$$u_o = \left(1 + \frac{R_f}{R_1}\right)\frac{R_3}{R_2 + R_3}u_{i2} - \frac{R_f}{R_1}u_{i1}$$

当 $R_1 = R_2$ 且 $R_f = R_3$ 时，上式可化为　$u_o = \frac{R_f}{R_1}(u_{i2} - u_{i1})$

上式表示，输出电压 u_o 与两个输入电压的差成正比。

当 $R_f = R_1$ 时，则得　　　　　　　$u_o = u_{i2} - u_{i1}$

上式表示当电阻选得适当时，输出电压为两输入电压的差。

由以上分析可知，当 $R_1 = R_2$ 且 $R_f = R_3$ 时，电路的电压放大倍数为

$$A_{uf} = \frac{u_o}{u_{i2} - u_{i1}} = \frac{R_f}{R_1}$$

6. 积分和微分运算

（1）积分电路　在电工学中论述过电容元件上的电压 u_C 与电容两端的电荷量 q 关系为：$C = q/u$，即 $q = Cu$，根据电流的定义，可得电容上的电流为：$i_c = \frac{dq}{dt}$，由此得：

$$i_c = \frac{d(Cu_c)}{dt} = C\frac{du_c}{dt} \qquad u_c = \frac{1}{C}\int i_c dt$$

根据以上关系，如果在反相比例运算电路中，用电容 C 代替电阻 R_f 作为反馈元件，就可以构成积分电路，如图 3-25(a) 所示。由于是反相输入，且 $u_+ = u_- = 0$，所以有：

$$i_1 = i_f = \frac{u_i}{R_1} = i_c \qquad u_c = \frac{q}{C} = \frac{1}{C}\int i_c dt$$

$$u_o = -u_c = -\frac{1}{C}\int i_f dt = -\frac{1}{R_1 C}\int u_i dt$$

上式表明 u_o 与 u_i 的积分成比例，式中的负号表示两者相位相反，$R_1 C$ 称为积分时间常数。当 u_i 为一常数时，则 u_o 成为一个随时间 t 变化的直线，即

$$u_o = -\frac{1}{R_1 C}\int u_i \mathrm{d}t = -\frac{U_i}{R_1 C}t$$

所以，当 u_i 为方波时，输出电压 u_o 应为三角波，如图 3-25（b）所示。

由于输出电压与放大电路本身无关，因此，只要电路的电阻和电容取值适当，就可以得到线性很好的三角波形。

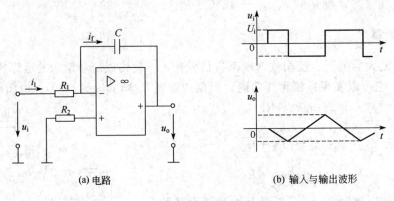

(a) 电路   (b) 输入与输出波形

图 3-25　积分运算电路积分

（2）微分电路　微分运算是积分运算的逆运算，只需将积分电路中输入端的电阻和反馈电容互换位置即可，如图 3-26 所示。

由图可列出：
$$i_1 = C\frac{\mathrm{d}u_c}{\mathrm{d}t} = C\frac{\mathrm{d}u_1}{\mathrm{d}t}$$
$$u_o = -i_f R_f = -i_1 R_f$$

故
$$u_o = -R_f C\frac{\mathrm{d}u_i}{\mathrm{d}t}$$

即输出电压与输入电压对时间的一次微分成正比。所以当输入电压 u_i 为一条随时间 t 变化的直线时，输出电压 u_o 将是一个不变的常数。那么当输入电压 u_i 为三角波时，输出电压 u_o 将是一个矩形波。读者可自己试试画出它们的波形。

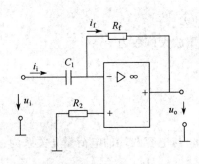

图 3-26　微分运算电路

7. 电压比较器

电压比较器是集成运算放大电路开环工作的典型应用，电路工作在开关状态。电压比较器的作用是比较输入端的电压和参考电压（门限电压），根据同、反相两输入端电压的大小，输出为两个极限电平。

（1）非零电压比较器　如图 3-27（a），U_R 为参考电压，u_i 经 R_1 输入到反相输入端，由于电路工作在开环状态，放大倍数很大（理想运放电路的放大倍数为 ∞），只要同相和反相输入端有微小的电压差，电路就会输出饱和电压 $U_{o(sat)}$。即当 $u_i < U_R$ 时，$u_o = +U_{o(sat)}$，当 $u_i > U_R$ 时，$u_o = -U_{o(sat)}$。图 3-27（b）为电压比较器的输入输出传输特性，从特性曲线中可以看出，电压比较器相当于一个开关，要么输出高电平"1"，要么输出低电平"0"。

（2）过零电压比较器　当参考电压 $U_R = 0$ 时，输入电压与零电压比较，称为过零比较器，其电路和传输特性如图 3-28（a）、（b）所示。若给过零比较器输入一正弦电压，电路则输出方波电压，如图 3-29 所示。

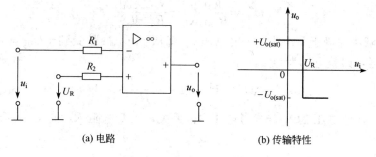

(a) 电路　　　　　　　(b) 传输特性

图 3-27　非零电压比较器

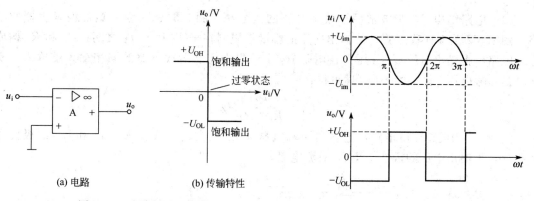

(a) 电路　　　　(b) 传输特性

图 3-28　过零电压比较器

图 3-29　输入输出电压波形

（3）滞回比较器　前面介绍的比较器，抗干扰能力都较差，因为输入电压在门限电压附近稍有波动，就会使输出电压误动，形成干扰信号。采用滞回比较器就可以解决这个问题。

滞回比较器又称施密特触发器，将集成运放电路的输出电压通过反馈支路送到同相输入端，形成正反馈，如图 3-30(a)，当输入电压 u_i 逐渐增大或减小时，对应门限电压不同，传输特性呈现"滞回"现象，如图 3-30(b)。两门限电压分别为 U'_+ 和 U''_+，两者电压差 ΔU_+ 称为回差电压或门限宽度。

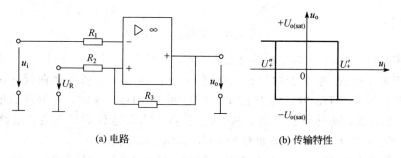

(a) 电路　　　　　　　(b) 传输特性

图 3-30　滞回比较器

设电路开始时输出高电平 $+U_{o(sat)}$，通过正反馈支路加到同相输入端的电压为 $R_2 U_{o(sat)}/(R_2+R_3)$，由叠加原理可得，同相输入端的合成电压为上限门电压 U'_+ 为

$$U'_+ = \frac{R_3 U_R}{R_2+R_3} + \frac{R_2 U_{o(sat)}}{R_2+R_3}$$

当 u_i 逐渐增大并等于 U'_+ 时，输出电压 u_o 就从 $+U_{o(sat)}$ 跃变到 $-U_{o(sat)}$，输出低电平。

同样的分析，可得出电路的下限门电压为

$$U''_+ = \frac{R_3 U_R}{R_2 + R_3} - \frac{R_2 U_{o(sat)}}{R_2 + R_3}$$

当 u_i 逐渐减小并等于 U''_+ 时，输出电压 u_o 就从 $-U_{o(sat)}$ 跃变到 $+U_{o(sat)}$，输出高电平。由以上两式可得，回差电压为

$$\Delta U_+ = U'_+ - U''_+ = \frac{R_2}{R_2 + R_3}\{U_{o(sat)} - [-U_{o(sat)}]\}$$

由此可见，回差电压 ΔU_+ 与参考电压 U_R 无关，改变电阻 R_2 和 R_3 的值，可以改变门限宽度。

8. 矩形波发生器

（1）电路结构　矩形波常用于数字电路的信号源，图 3-31（a）为一矩形波发生器的电路。图中 VZ 为双向稳压管，使输出电压的幅度被限制在 $+U_Z$ 和 $-U_Z$ 之间；R_1 和 R_2 构成分压电路，将输出电压 U_o 分压，在电阻 R_2 上分得电压从运放电路的同相输入端输入，实际就是参考电压 U_R，由分压原理可得：

$$U_R = \frac{R_2}{R_1 + R_2} U_Z$$

R_F 和 C 构成充放电电路，电容器两端电压 u_C 从反向输入端输入，u_C 和 U_R 的极性和大小决定了输出电压的极性。R_3 为限流电阻。

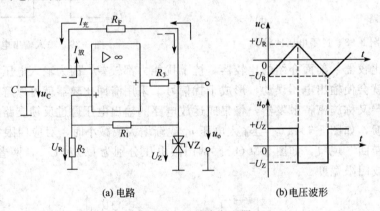

(a) 电路　　　　　　　　　(b) 电压波形

图 3-31　矩形波发生器

（2）振荡原理　设 $t = 0$ 时，$u_o = +U_Z$，电容器 C 上电压 $u_C = -U_R = -U_Z R_2/(R_1 + R_2)$。则 u_o 正电压经 R_F 给 C 充电，充电电流 $I_充$ 如图所示，u_C 按指数曲线（这里用斜线近似表示）上升。当 $u_C \geqslant U_R$ 时，输出电压从 $+U_Z$ 跳到 $-U_Z$，这时，电容器放电，u_C 下降，当 $u_C \leqslant -U_R$ 时，输出电压再次跳跃，从 $-U_Z$ 跳到 $+U_Z$。这样循环往复，电路产生自激振荡，输出电压波形为矩形波。波形如图 3-31（b）所示。

（3）振荡周期和频率　u_C 上的充放电电压在 $-U_R$ 到 $+U_R$ 之间变化，根据电容的充放电规律可推出电路的振荡周期公式为

$$T = 2R_F C \ln\left(1 + 2\frac{R_2}{R_1}\right)，则 f = \frac{1}{T}$$

若选择 $R_2 = 0.859 R_1$，则振荡周期可简化为

$$T = 2R_F C \qquad f = \frac{1}{2R_F C}$$

任务四 ●●● 集成功率放大器的典型应用

电子设备的放大器一般由输入级、中间级和输出级所组成。前面研究的都是输入级、中间级放大电路，其任务是实现电压放大。而输出级要推动负载工作，需要具有足够大的功率，能输出大功率的放大电路称为功率放大电路，简称为功放。

一、功率放大电路特点

1. 输出功率要足够大

最大输出功率 P_{om}：在输入为正弦波且输出基本不失真情况下，负载可能获得的最大交流功率。它是指输出电压 u_o 与输出电流 i_o 的有效值的乘积。

2. 效率要高

在输出功率比较大时，效率问题尤为突出。如果功率放大电路的效率不高，不仅造成能量的浪费，而且消耗在电路内部的电能将转换为热量，使管子、元件等温度升高。为定量反映放大电路效率的高低，定义放大电路的效率为

$$\eta = \frac{输出交流功率 \quad P_o}{电源提供的直流功率 \quad P_{DC}}$$

输出的交流功率实质上是由直流电源通过三极管转换而来的。在直流功率一定情况下，若向负载提供尽可能大的交流功率，必须减小损耗，以提高转换效率。

3. 尽量减小非线性失真

在功率放大电路中，晶体管处于大信号工作状态，因此输出波形不可避免地产生一定的非线性失真。在实际的功率放大电路中，应根据负载的要求来规定允许的失真度范围。

4. 晶体管常工作在极限状态

在功率放大电路中，为使输出功率尽可能大，要求晶体管工作在极限状态。在三极管特性曲线上，三极管工作点变化的轨迹受到最大集电极耗散功率 P_{CM}、最大集电极电流 I_{CM}、最大集射极电压 $U_{BR(CEO)}$ 三个极限参数的限制。为防止三极管在使用中损坏，必须使它工作在如图 3-32 所示的安全工作区域内。

5. 功率放大电路的分析方法

功率放大电路的输出电压和输出电流幅值均很大，功放管特性的非线性不可忽略，所以分析功放电路时，不能采用微变等效电路法，多采用图解分析法。在这里进行简单的介绍。

在三极管的特性曲线上，曲线描述的 i_c 与 u_{CE} 的关系是代表三极管的内部关系。而三极管接入外电路后还要满足外部回路的特性方程，依据回路的等效电路列出的特性方程中 i_c 与 u_{CE} 均为线性关系，在特性曲线的坐标中是一

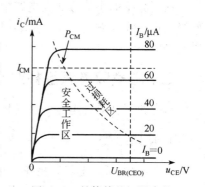

图 3-32 晶体管的极限参数

条直线，这条直线叫做负载线。因此当基极电流 I_{BQ} 确定后，$I_B = I_{BQ}$ 的那条输出特性曲线与负载线的交点正是静态工作点 Q。三极管的电压和电流的变化必然沿着直流负载线上下运动，所以负载线就能够表示静态或动态时工作点移动的轨迹。可以依据图形分析最大不失真电压与电流的情况。

这种方法能直观形象地反映信号频率较低时的电压、电流关系，但必须实测所用三极管的特性曲线。由于进行定量分析时误差较大，在此仅用来近似的分析功放的参数。

6. 常见低频功率放大电路的三种工作形态

功率放大电路按其晶体管导通时间的不同，可分为甲类、乙类、甲乙类和丙类等。

甲类功率放大电路的特征是在输入信号的整个周期内，晶体管均导通；乙类功率放大电路的特征是在输入信号的整个周期内，晶体管仅在半个周期内导通；甲乙类功率放大电路的特征是在输入信号的整个周期内，晶体管导通时间大于半周而小于全周；丙类功率放大电路的特征是管子导通时间小于半个周期。四类功放的工作状态示意图如图 3-33 所示。

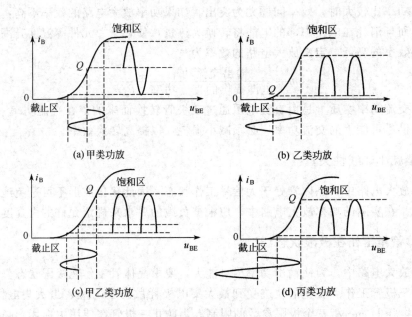

图 3-33   四类功率放大电路工作状态示意图

前面介绍的小信号放大电路中（如共射放大电路），在输入信号的整个周期内，晶体管始终工作在线性放大区域，故属甲类工作状态。本节介绍的 OCL、OTL 功放工作在乙类或甲乙类状态。

二、乙类双电源互补对称功率放大电路

对电源互补对称电路又称无输出电容电路，简称 OCL（Output Capacitor Less）。

1. 电路组成

如图 3-34 所示电路采用正、负双电源，三极管采用 NPN、PNP 型，管子的特性、参数对称。VT_1 与 R_L、VT_2 与 R_L 的连接形式为射极输出器，电路采用直接耦合方式。

2. 工作原理

（1）**静态分析** 令 $u_i = 0$，VT_1 和 VT_2 的发射结没有加正向偏压，VT_1、VT_2 截止，因为 $I_{B1Q} = 0$，$I_{B2Q} = 0$，所以 $I_{C1Q} \approx 0$，$I_{C2Q} \approx 0$ 只有很小的穿透电流，通过 R_L 的静态电流 $I_L = 0$，$u_o = 0$，电路工作在乙类状态。

（2）**动态分析** 设三极管为硅管，管子的死区电压为 0.5V，只有当输入信号 u_i 为三极管的发射结加正偏电压，当 $u_i > 0.5V$ 时，VT_1 导通，VT_2 截止，输出信号的正半周，$u_o \approx u_i$，输出电流 $i_o = i_{c1}$；当 $u_i < -0.5V$

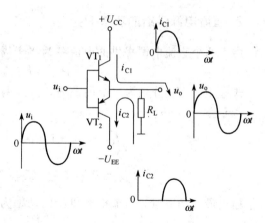

图 3-34　OCL 互补对称功率放大电路

时，VT_2 导通，VT_1 截止，输出负半周，$u_o \approx u_i$，$i_o = i_{c2}$，如图 3-34（c）所示输出电流方向。可见输出电压为两管轮流输出的合成波形。

由于在一个信号周期 T 内，两只特性相同的管子 VT_1 和 VT_2 交替导通，互相补充，故该电路称为乙类互补对称功率放大电路。乙类互补对称放大电路是由两个工作在乙类的射极输出器所组成的，故 $u_o \approx u_i$，输出电压具有恒压特性，所以互补对称放大电路具有较强的带载能力，音响设备中普遍采用该电路。

三、功率与效率

根据图 3-35 所示 OCL 功放的图解分析，可进行下列指标计算。

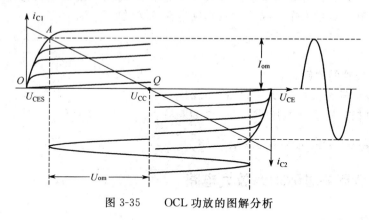

图 3-35　OCL 功放的图解分析

1. 输出功率 P_o

$$P_o = U_o I_o = \frac{U_{om}}{\sqrt{2}} \times \frac{I_{om}}{\sqrt{2}} = \frac{U_{om} I_{om}}{2} = \frac{U_{om} I_{om}}{2} = \frac{U_{om}^2}{2R_L}$$

式中　$I_{om} = \dfrac{U_{om}}{R_L}$，$U_{om}$、$I_{om}$ 分别为输出电压和电流的最大值。

若输入正弦波信号的幅值足够大，使三极管刚达饱和，忽略管子的饱和压降，则 R_L 上最大的输出电压幅值 $U_{ommax} = U_{CC} - U_{CES} \approx U_{CC}$

最大输出功率为：$P_{omax} \approx \dfrac{U_{CC}^2}{2R_L}$

2. 直流电源供给的功率 P_{DC}

由于两个直流电源提供的电流各为半个周期。则两个直流电源提供的总功率为：

$$P_{DC} = I_{C1}U_{CC1} + I_{C2}U_{CC2}$$

式中 I_{C1}、I_{C2} 分别为一个周期内，流经两个管子的平均电流值，用数学方法求平均值。若 $U_{CC1} = U_{CC2} = U_{CC}$，则

$$I_{C1} = I_{C2} = I_C = \frac{1}{2\pi} \int_0^\pi I_{om} \sin\omega t \, d(\omega t) = \frac{I_{om}}{\pi}$$

$$P_{DC} = 2U_{CC}I_C = 2U_{CC}\frac{I_{om}}{\pi} = \frac{2U_{CC}I_{om}}{\pi} = \frac{2U_{CC}U_{om}}{\pi R_L}$$

输出最大功率时，直流电源供给的功率为

$$P_{DC} = \frac{2U_{CC}^2}{\pi R_L} \left(\text{其中 } I_{om} = \frac{U_{CC}}{R_L} \right)$$

3. 效率 η

一般情况下效率 η 可用最大输出功率与直流电源供给的功率 P_{DC} 相比求出

$$\eta = \frac{\dfrac{U_{om}^2}{2R_L}}{\dfrac{2U_{CC}U_{om}}{\pi R_L}} = \frac{\pi}{4} \cdot \frac{U_{om}}{U_{CC}}$$

最大输出功率时的效率为：$\eta_{max} = \dfrac{\pi}{4} = 78.5\%$

由此可见，乙类互补对称功效电路比甲类状态得到的效率要高，可达 78.5%，但考虑各方面因素的影响，实际工作情况下的效率仅达 60% 左右。

4. 管耗

选择功率三极管的原则为：
① 三极管集电极最大耗散功率 $P_{CM} > 0.2 P_{om}$；
② 三极管基极开路击穿电压 $U_{(BR)CEO} > 2U_{CC}$；
③ 三极管集电极最大电流 $I_{CM} > \dfrac{U_{CC}}{R_L}$。

四、甲乙类互补对称功率放大电路

1. 电路结构与原理

乙类互补对称功放电路结构、原理简单，但从输出波形上看，u_o 与 i_o 波形产生失真，如图 3-36 所示，这是由于电路处于乙类状态造成的，即 u_i 的幅度在死区电压（$0.5V$）以下时，三极管截止，在这段区域内输出为零，导致输出波形失真，这种失真称为交越失真。克服这些失真可以给两管的发射结设置一个很小的静态偏压，使其处在微微导通状态，即电路工作在甲乙类，即可消除交越失真。

图 3-37 所示为甲乙类互补对称功率放大电路，可以看出，静态时调节 R_1 可以改变静态工作点，注意基极电流不能过大。用二极管 VD_1 和 VD_2 分别为互补管 VT_1 和 VT_2 发射结提供很小的正向偏压。动态时 u_i 先经前置放大的推动管，将输入电压幅值放大，可进一步

提高功率，二极管 VD_1、VD_2 对交流而言，动态电阻很小，可近似视为短路。其余分析同乙类功放电路。

以上电路中两个互补管应为特性及参数相同的异型对管。小功率时，异型管配对好选择，但输出功率较大时，难以制成特性相同的异型管，在实际中常采用复合管。

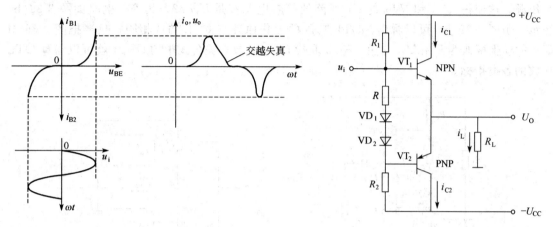

图 3-36　乙类功率放大电路的交越失真　　　　图 3-37　甲乙类互补对称功率放大电路

2. 实际应用中复合管的接法

复合管即把两个三极管按一定方式连接起来作为一个三极管使用，称为复合管。常用的复合管形式如图 3-38 所示。连接原则是一个管子的输出电流方向应满足另一个管子输入基极电流方向的要求，复合管的类型由第一个管子的类型所决定。显然复合管的电流放大系数 $\beta=\beta_1\beta_2$，电流放大能力大为提高。因此由它构成的电路输出功率大为提高。

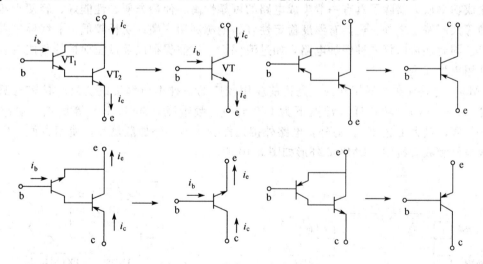

图 3-38　四种常见的复合管结构

五、甲乙类单电源互补对称放大电路

OCL 互补对称功放具有效率高等很多优点，但由于需要正负两个电源。当仅有一路电源时，可采用单电源互补对称电路，如图 3-39（a）所示，又称为无输出变压器电路 OTL（Output Transfomer Less）电路。

图 3-39(a) 中，VT_2 和 VT_3 两管的射极通过一个大电容 C 接到负载 R_L 上，二极管 VD_1、VD_2 及 R 用来消除交越失真，向 VT_2、VT_3 提供偏置电压，使其工作在甲乙类状态。静态时，调整电路使 VT_2、VT_3 的发射极节点电压为电源电压的一半，即 $U_{CC}/2$，则电容 C 两端直流电压为 $U_{CC}/2$。当输入信号时，由于 C 上的电压维持 $U_{CC}/2$ 不变，可视为恒压源。这使得 VT_2 和 VT_3 的 c-e 回路的等效电源都是 $U_{CC}/2$，其等效电路如图 3-39(b) 所示。由图 3-39(b) 可以看出，OTL 功放的工作原理与 OCL 功放相同。只要把图 3-35 中 Q 点的横坐标改为 $U_{CC}/2$，并用 $U_{CC}/2$ 取代 OCL 功放有关公式中的 U_{CC}，就可以估算 OTL 功放的各类指标。

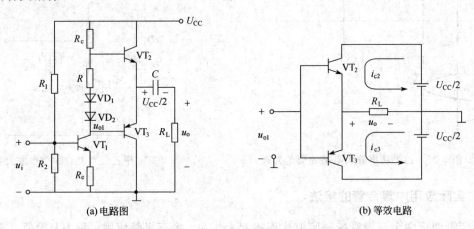

(a) 电路图 　　　　　　　　　　　　(b) 等效电路

图 3-39　典型 OTL 甲乙类互补对称功率放大电路

六、集成功率放大电路及其典型应用

集成功率放大器除了具有一般集成电路的可靠性高、使用方便、性能好、轻便小巧、成本低廉等共同特点之外，还具有温度稳定性好、电源利用率高、功耗较低、非线性失真较小等优点。同时还可以将各种保护电路，如过流保护、过热保护以及过压保护等集成在芯片内部，使用更加安全。

LM386 电路简单，通用性强，是目前应用较广的一种小功率集成功放。具有电源电压范围宽（4～16V）、功耗低（常温下为 660mW）、频带宽（300KHz）等优点，输出功率 0.3～0.7W，最大可达 2W。另外，电路外接元件少，不必外加散热片，使用方便，广泛应用于收录机和收音机中。LM386 外形如图 3-40 所示。

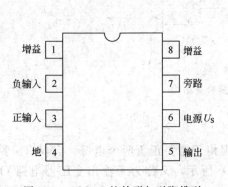

图 3-40　LM386 的外形与引脚排列

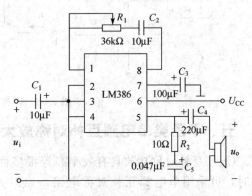

图 3-41　LM386 典型应用电路

图 3-41 是 LM386 的典型应用电路。图中，接于 1、8 两脚的 C_2、R_1 用于调节电路的电压放大倍数。因 LM386 为 OTL 电路，所以需要在 LM386 的输出端接一个大电容，图中外接一个 $220\mu F$ 的耦合电容 C_4。C_5、R_2 组成容性负载，以抵消扬声器音圈电感的部分感性，防止信号突变时，音圈的反电动势击穿输出管，在小功率输出时 C_5、R_2 也可不接。C_3 与内部电阻组成电源的去耦滤波电路。若电路的输出功率不大、电源的稳定性又好，则只需在输出端 5 外接一个耦合电容和在 1、8 两端外接放大倍数调节电路就可以使用。

任务五 ● ● ● 集成运放构成的波形产生电路调试

一、预习指导

1. 复习运算放大器的应用电路，熟悉滞回比较器的原理。
2. 预习方波发生器和三角波发生器的结构和原理。
3. 进一步熟练掌握各种仪器仪表的使用。

二、技能训练目的

1. 进一步训练动手连接电子电路的实际技能。
2. 熟悉运算放大器的性能特点
3. 掌握波形发生器工作原理和参数测量方法。

三、技能训练仪器及器材

1. 多功能模拟电子实验系统　一台
2. 稳压电源　　　　　　　　一台
3. 双踪示波器　　　　　　　一台
4. 频率计　　　　　　　　　一台
5. 万用表　　　　　　　　　一块
6. LM324 集成块　　　　　　一块

四、技能训练电路及原理

图 3-42 所示为一方波发生器电路，图 3-43 为三角波发生器电路。

1. 方波发生器

方波是数字电路中常用的一种信号，它是输出电压处于高电平 U_{OH} 的时间 T_{OH} 和处于低电平 U_{OL} 的时间 T_{OL} 相等的矩形波，图 3-42 所示是一种频率及幅度可调的方波发生器的电路图。

以上方波发生器可以看成是由一个 RC 充放电电路与一个反相输入的比较器电路组合而成，其中，RC 充放电电路为比较器提供输入信号，信号电压的大小将随着充放电的过程作周期性的变化，比较器采用的是一种改进型电路，其特点为：①输出有限幅功能，②参考电压通过同相输入端引入正反馈而获得，电压大小应为

$$U_+ = \frac{R_2}{R_1+R_2}U_{Om} = \frac{R_2}{R_1+R_2}U_Z = \frac{1}{6}U_Z$$

利用 RC 电路的充放电及其电压值和参考电压之间的大小和方向的周期性变化，即可获得方波输出。若改变充放电时间常数 $\tau = (RP_1 + R_4)C_1$ 即可改变方波发生器的输出频率，调整 RP_2 可改变输出电压幅度。

2. 三角波发生器

图 3-43 是一个三角波发生器电路，A_2、R_F 和 C 构成积分电路，它将前一级输出的矩形波转换为三角波，输出幅度在 $-\dfrac{R_1}{R_2}U_Z$ 到 $+\dfrac{R_1}{R_2}U_Z$ 之间，输出波形周期和频率为

$$T = \frac{4R_1(R_f + RP')C}{R_2}; \quad f = \frac{1}{T}$$

式中 RP' 为可调电阻的调整值，它变化时使输出频率随之改变。

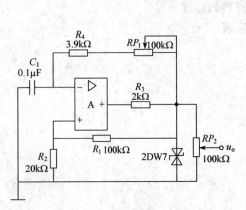

图 3-42　方波发生器电路

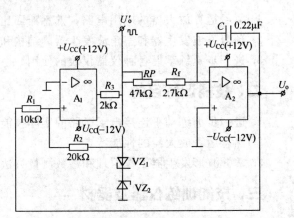

图 3-43　三角波发生器电路

五、技能训练步骤

1. 方波发生器

（1）按原理图 3-42 连线，LM324 使用 ±12V 双路对称直流电源，电源的零端必须接至线路板的地端。

（2）将示波器接至输出端，打开电源后调示波器应看到有矩形波输出。否则应检查接线是否正确。

（3）将 RP_1 分别调到最大、中间和最小，观察示波器波形变化，并用频率计和示波器分别测量频率值。计入表 3-2 中。

（4）调节 RP_2，观察输出电压变化。

表 3-2　方波发生器实验数据

RP_1 值	最　　大	居　　中	最　　小
u_o 波形			
f 数值			

2. 三角波发生器

（1）按图 3-43 接线，将 u_{o1} 和 u_o 分别接入双踪示波器。

（2）观察输出波形，并将 RP 调至最大、居中和最小，用频率计和示波器分别读出频率数值，计入表 3-3 中。

表 3-3　三角波发生器实验数据

RP_2 值	最　　大	居　　中	最　　小
u_{o1} 波形			
u_o 波形			
f 数值			

注：三角波电路还可以用第一项方波发生器电路再接一级积分电路来完成。若有时间，可以试试。若还有兴趣，可自己动手把三角波电路稍加改变接成锯齿波发生器电路。

六、思考与小结

1. 结果分析

2. 思考题

① 由运放构成的积分电路为什么线性特别好？

② 改变稳压二极管的稳压值对电路会有什么影响？

3. 收获与小结

 项目小结 ▶▶▶

1. 差动放大电路的主要特点是采用对称结构，两管的发射极接有大电阻或恒流源，具有对差模输入信号放大、抑制零漂和共模干扰信号的特性。

许多传感器产生的微弱信号，都能经差动放大器进行有效放大。它具有很高的差模电压放大倍数和很低的共模电压放大倍数。差动放大电路还可根据实际需要灵活地构成"双端输入双端输出"、"双端输入单端输出"、"单端输入双端输出"和"单端输入单端输出"四种连接方式。

2. 集成运算放大器是发展最早、应用很广泛的一种模拟集成电路，其内部由多级放大电路直接耦合而成。是一种能放大直流信号的高增益放大电路，具有极高的输入电阻、几乎为零的输出电阻和极高的共模抑制比 K_{CMR}。

3. 反馈是把输出信号返回到输入端，若反馈使得净输入信号减弱，称为负反馈。负反馈降低了电路的放大倍数，但它显著改善了电路性能，尤其解决了因电子元件参数不稳定造成的电路工作不稳定的问题。使得负反馈得到极为广泛的应用，是电子电路中一项非常重要的技术措施。负反馈还能减小失真，增宽通频带，改变输入和输出电阻。负反馈有交流反馈和直流反馈，根据电路具体结构还可分为电压串联负反馈、电压并联负反馈等四种类型。

4. 集成运算放大器加入深度负反馈后，可获得非常好的线性特征。根据理想运放的参数，可得出运放在线性放大状态下的两点结论，即"虚短"和"虚断"。根据这两点结论推出：反相放大器的放大系数为 $A_f = \dfrac{-R_f}{R_1}$；同相放大器的放大系数为 $A_f = 1 + \dfrac{R_f}{R_1}$，当 $R_f = 0$ 或 $R_1 = \infty$ 时，$A_f = 1$，为电压跟随器。

5. 集成运放在线性状态下可做信号运算电路用，如加法运算、减法运算、积分运算等。还可做信号处理用，如用作有源滤波器等。

6. 利用运算放大器，还可实现电压比较电路、矩形波振荡器等电路。

7. 集成功率放大器能使放大电路小型化，加上少量外部元件，可构成性能良好的音频

放大器，使用方便，工作稳定，适用电压范围广。

思考题与习题 ▶▶▶

3-1　差动放大电路有何优点？在多级阻容耦合放大电路中，为什么不考虑零漂？

3-2　差动放大电路中两个放大管的发射极共用电阻和共用恒流源对电路有什么不同的影响？

3-3　差动放大电路采用双端输出和单端输出方式对温漂和共模信号的抑制有何不同？

3-4　电路如图 3-44 所示，已知 $\beta=50$，$U_{BE}=0.7V$。

① 计算静态时的 I_{C1}、U_{CE1}。

② 若将 VT_1 的集电极电阻 R_C 短路，其他条件不变，计算 I_{C1}、I_{C2}、I_{CE1}、I_{CE2}。

③ 现将电路改为单端输入、单端输出方式（从 VT_1 基极输入，VT_2 集电极取出），则 u_o 与 u_i 的相位关系如何？请计算共模电压放大倍数 A_{ud1} 及共模抑制比 K_{CMR2}。

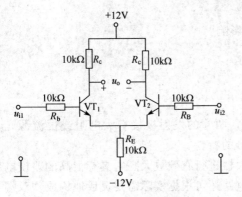

图 3-44　习题 3-4 用图

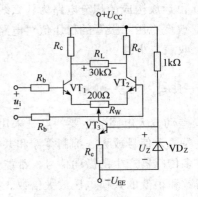

图 3-45　习题 3-5 用图

3-5　恒流源偏置的差放电路如图 3-45 所示。已知三极管的 $U_{BE}=0.7V$，$\beta=50$，稳压管的 $U_Z=6V$，$U_{CC}=12V$，$U_{EE}=12V$，$R_B=5k\Omega$，$R_C=100k\Omega$，$R_E=53k\Omega$，$R_L=30k\Omega$。要求：

① 简述该电路有什么优点；

② 计算电路的静态工作点 Q（I_{BQ}、I_{CQ}、U_{CEQ}）；

③ 求差模电压放大倍数 A_{ud}；

④求差模输入电阻 r_{id} 与输出电阻 r_{od}。

3-6　判断图 3-46 所示电路中哪些元件组成反馈通路？并指出反馈类型。

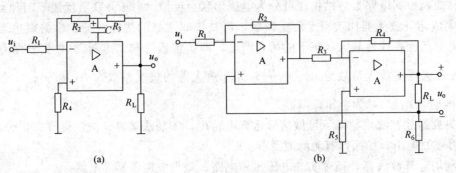

(a)　　　　　　　　　　　　　　(b)

图 3-46　习题 3-6 用图

3-7 图 3-47 所示各电路中，哪些是交流反馈支路？哪些可以稳定输出电压或输出电流？哪些可以提高或降低输入电阻？哪些可以提高或降低输出电阻？

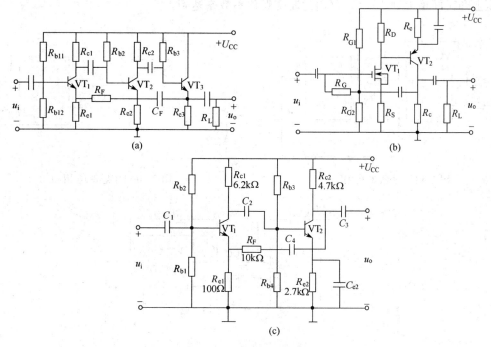

图 3-47 习题 3-7 用图

3-8 为了获得较高的电压放大倍数，又可避免采用高的电阻 R_F，将反向比例运算电路改为如图 3-48 所示的电路，若 $R_F \gg R_4$，

试证：

$$A_{uf} = \frac{u_o}{u_i} = -\frac{R_F}{R_1}\left(1 + \frac{R_3}{R_4}\right)$$

3-9 求图 3-49 所示电路的 u_o 与 u_i 的运算关系式。

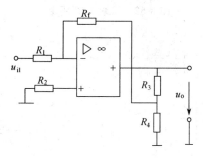

图 3-48 习题 3-8 用图

3-10 在图 3-50 的电路中，已知 $R_F = 2R_1$，$u_i = -2V$，试求输出电压 u_o。

3-11 求如图 3-51 所示电路中的输出电压与输入电压的关系式。

3-12 如图 3-52，用两个运算放大器构成的差动放大电路，试求 u_o 与 u_{i1}、u_{i2} 的运算关系式。

3-13 已知 $U_{i1} = 1.5V$，$U_{i2} = 1V$ 计算图 3-53 电路的输出电压 U_o。

3-14　在图 3-54 的积分电路中，$R_1 = 10\text{k}\Omega$，$C_F = 1\mu\text{F}$，$U_i = -1\text{V}$，求从 0V 上升到 10V（10V 为电路输出最大电压）所需时间；超过这段时间后，输出电压呈现怎样的规律？若电压上升时间增大到 10 倍，可通过改变哪些参数来达到。

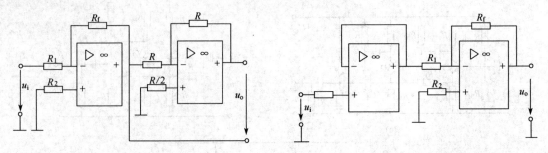

图 3-49　习题 3-9 用图　　　　图 3-50　习题 3-10 用图

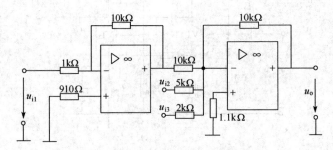

图 3-51　习题 3-11 用图

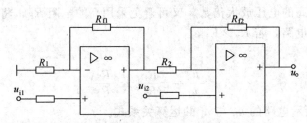

图 3-52　习题 3-12 用图

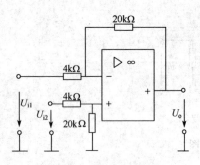
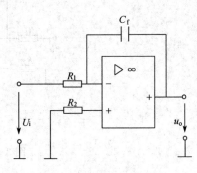

图 3-53　习题 3-13 用图　　　　图 3-54　习题 3-14 用图

3-15　按下列各运算关系式画出运放电路，并计算各电阻值：

① $u_o = -3u_i$（设 $R_F = 50\text{k}\Omega$）；

② $u_o = -(u_{i1} + 0.2u_{i2})$；（设 $R_F = 100\text{k}\Omega$）；

③ $u_o = 5u_i$（设 $R_F = 20\text{k}\Omega$）；

④ $u_o = 0.5u_i$；

⑤ $u_o = 2u_{i2} - u_{i1}$　（设 $R_F = 10k$）；

⑥ $u_o = -200 \int u_i dt$ （设 $C_F = 0.1\mu F$）。

3-16　图 3-54 中，若 $R_1 = 50k$，$C_F = 1\mu F$，u_i 的波形如图 3-55 所示，试画出输出电压波形。

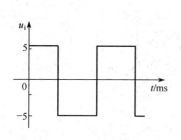

图 3-55　习题 3-16 用图

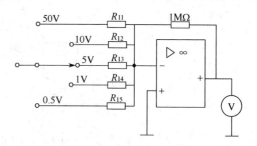

图 3-56　习题 3-17 用图

3-17　如图 3-56，应用集成电路制成的五挡电压测量电路，输出端接有满程为 5V、$500\mu A$ 的电压表，试计算 $R_{11} \sim R_{15}$ 的阻值。

3-18　图 3-57 为一基准电压电路，求其输出电压 u_o 的调节范围。

3-19　图 3-58 为一电阻测量电路，图中的伏特表参数同题 3-17，当伏特表满程时，电阻 R_F 的值为多少？

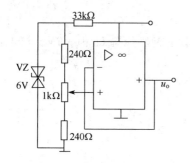

图 3-57　习题 3-18 用图

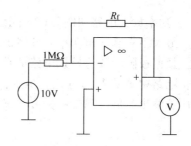

图 3-58　习题 3-19 用图

3-20　如图 3-59，已知电源电压为 12V，稳压管的稳定电压 $U_Z = 6V$，正向压降为 0.7V，输入电压 $u_i = 6\sin\omega t V$，试画出参考电压 U_R 分别为 +3V 和 -3V 时输出电压波形。

3-21　图 3-60 为一报警装置，可对某一参数（如温度、压力等）进行实时监控，u_i 为传感器送来的信号，U_R 为参考电压，当 u_i 超过正常值时，报警指示灯亮，试说明其工作原

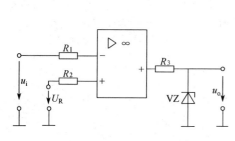

图 3-59　习题 3-20 用图

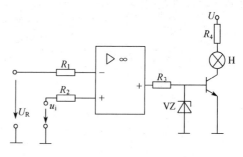

图 3-60　习题 3-21 用图

理。图中二极管 VZ 和电阻 R_3、R_4 有什么作用?

3-22 功率放大器与电压放大器的主要区别是什么?

3-23 互补对称功放电路,当输出功率最大时,是否管耗也最大?最大管耗与最大输出功率的关系是什么?

3-24 判别复合管是 NPN 还是 PNP 的原则是什么?图 3-61 所示接法的复合管中,试判断哪些接法是正确的,若不正确,请改正过来,并说明类型及 β 为多少?

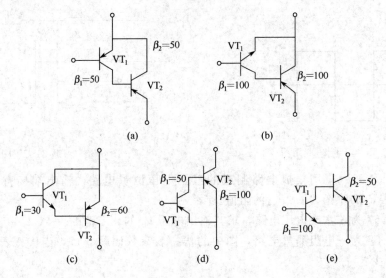

(a)   (b)

(c)   (d)   (e)

图 3-61 习题 3-24 用图

3-25 功率放大电路如图 3-62 所示,VT_1 和 VT_2 管的饱和压降 $U_{CES}=2V$,试求:

① 最大不失真输出功率,此时的管耗及效率;

② 根据极限参数选择该电路的功放管;

③ 电路中 A 点静态电位为多少?如何调整?

④ 若输出波形出现交越失真,又如何调整?

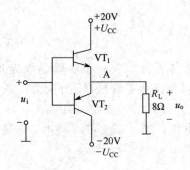

图 3-62 习题 3-25 用图

项目四
正弦波振荡器分析

【目的与要求】 学习正弦波振荡器的工作原理与分类，掌握其结构和起振条件，了解正弦信号的产生过程及选频电路的作用；会正确设计与使用 LC 振荡器、RC 振荡器和石英晶体振荡器等。

任务一 ●●● 正弦波振荡器的结构及振荡条件

所谓振荡器即为电路在无外输入信号的情况下，电路自动输出一个周期性的交变信号。各种类型的放大器，都可通过附加正反馈及选频网络构成振荡器。

在图 4-1 所示电路中，假设放大器输入端的正弦电压 $\dot{U}_i'$ 经放大使输出端产生正弦电压 $\dot{U}_o$，若 $\dot{U}_o$ 经反馈网络输出的反馈电压 $\dot{U}_f$ 刚好等于 $\dot{U}_i'$，即 $\dot{U}_f$ 与 $\dot{U}_i'$ 同相、同幅度。则输出电压仍然是 $\dot{U}_o$。这

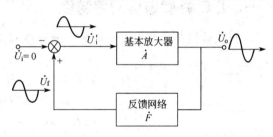

图 4-1　正弦波振荡器的结构框图

时无需外加输入信号，即 $\dot{U}_i=0$，电路仍可稳定持续地输出一个正弦波，即形成振荡。这种状态下，$\dot{U}_o$、$\dot{U}_f$ 与 $\dot{U}_i'$ 的关系为

$$\frac{\dot{U}_f}{\dot{U}_i'}=\frac{\dot{U}_o}{\dot{U}_i'}\times\frac{\dot{U}_f}{\dot{U}_o}=\dot{A}\dot{F}=1$$

可见 $\dot{A}\dot{F}=1$ 就是形成正弦振荡的条件。而 $\dot{A}\dot{F}=1$ 包含了两个条件：一是相位平衡条件，二是幅度平衡条件。

相位平衡条件是指放大器的相移 Φ_A 与反馈网络的相移 Φ_F 之和为 π 的偶数倍。即

$$\Phi_A+\Phi_F=2n\pi\quad(n=0,1,2,3,\cdots)$$

幅度平衡条件是指放大器的放大倍数 $\dot{A}$ 与反馈网络的反馈系数 $\dot{F}$ 的乘积的模等于1。

即 $$|\dot{A}\dot{F}|=1$$

正弦波振荡器还必须附加选频电路，选出一个特定的频率，保证电路中只有这个频率的

信号满足自激振荡的条件。才能使振荡器输出的波形为标准的正弦波，并保持一个稳定的频率。电工学中的 LC 串、并联电路就是常用的选频电路。

幅度平衡条件 $|\dot{A}\dot{F}|=1$ 只能表示振荡器已处于稳幅振荡状态。振荡电路在初始状态时 $\dot{U}_o=0$，因此要使电路自动起振（即自激振荡），必须使 $|\dot{A}\dot{F}|>1$。实际的振荡器在打开电源的瞬间，电路中各点的电位和电流都在一个瞬间从零跳到某个值，这个跳变的信号正是振荡器起振的初始信号源，它包含了非常丰富的频率成分，其中必有一个频率与振荡器选频电路的谐振频率 f_0 相同，则选频电路对这个频率信号产生最强的反应，即输出幅度最大，而其他频率的信号都被选频电路衰减下去。尽管选出的谐振频率的信号最初时也很微弱，但由于此时的 $|\dot{A}\dot{F}|>1$，所以被放大输出，经正反馈再回到输入，再放大输出，如此反复，使其幅度越来越大，增加到一定值时，放大电路进入非线性区域，放大倍数下降，使 $|\dot{A}\dot{F}|$ 的值也下降为 1，达到平衡条件。最终使输出的交流信号稳定在某个值上。当然，若 $|\dot{A}\dot{F}|$ 的值过大，也会造成输出信号的波形失真。因此，振荡电路一般还要加稳幅电路，即外接非线性元件构成稳幅电路，以防止波形失真。

综上所述，正弦波振荡器的结构必须包括基本放大电路、反馈网络、选频网络和稳幅电路四部分，许多振荡器电路的选频网络和反馈网络是合在一起的。

任务二 ●●● LC正弦波振荡器的分类及应用

一、LC并联谐振回路特性

LC 正弦波振荡电路由电感电容构成选频网络，它适用高频振荡器，可以产生数十兆赫甚至上千兆赫以上的信号。频率很高时，由于普通运放的频带有限，常采用分离元件电路。

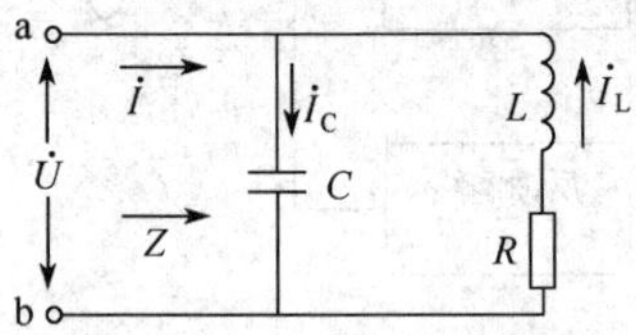

图 4-2 LC 并联谐振回路

LC 正弦波振荡电路分为变压器反馈式、电感三点式和电容三点式等。一般都采用 LC 并联谐振回路作为选频网络，如图 4-2 所示。其谐振频率为 $f_O \approx \dfrac{1}{2\pi\sqrt{LC}}$。谐振回路的品质因数 $Q=\dfrac{\omega_O L}{R}$，式中的 R 是电感线圈的损耗电阻，数值很小，所以 Q 的值一般很大，在数百以上。在谐振状态下，回路的输入电压与输入电流同相，回路的阻抗为 $Z_O=\dfrac{L}{RC}=Q\sqrt{\dfrac{L}{C}}$，输入电流与回路电流的关系为 $|\dot{I}_L|\approx|\dot{I}_C|=Q|\dot{I}|$。这说明电路在谐振时，若 Q 特别大，则 $|\dot{I}_L|$ 和 $|\dot{I}_C|$ 可以是 $|\dot{I}|$ 的几十倍、几百倍乃至成千上万倍。这时电感和电容支路的电流只在回路内周期性循环流动。这个特点对分析 LC 正弦波振荡电路是非常有用的。因为这种状态下可以认为 LC 并联回路内的电流已形成振荡。外加的电压 $\dot{U}$ 和很小的电流 $\dot{I}$ 只是用来弥补 R 上的微小损耗，以保持回路内的电流稳定持续地振荡下去。

二、变压器反馈式振荡器

图 4-3 所示为变压器反馈式正弦波振荡电路取代原电路中的 R_c。图中的放大电路是单

管共射放大电路，谐振时三极管 VT 集电极的 LC 并联回路相当于一个纯电阻取代原电路中的 R_c，则 VT 的基极信号与集电极信号反相。根据图中变压器的同名端位置看出，次级绕组 N_2 引入了 $180°$ 的相移，形成正反馈，满足了相位平衡条件，而幅度平衡条件一般都能满足。

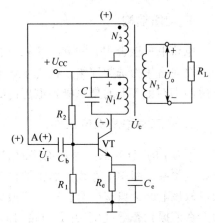

图 4-3　变压器反馈式
正弦波振荡电路

该电路的振荡频率 $f_o \approx \dfrac{1}{2\pi\sqrt{LC}}$。对于其他频率的信号（即 $f \neq f_o$），因 LC 并联回路不是纯阻性，则会对信号产生附加相移，不能满足相位平衡条件。同时 LC 回路对这些信号的幅度也大大衰减，使其不能满足幅度平衡条件。所以电路只能输出单一频率的正弦波信号。

变压器反馈式正弦波振荡电路的优点是调频方便，输出电压大，容易起振，而且因变压器有改变阻抗的作用，所以便于满足阻抗匹配。但其缺点是频率稳定性不好，输出波形较差，实用中还要确定同名端，而且由于变压器的漏感和寄生电容等分布参数的影响，其振荡频率只能在几兆赫以下。若要设计更高频率的振荡器，则应采用三点式振荡器。

三、三点式正弦波振荡电路

三点式振荡器是应用很广泛的一类 LC 振荡器，因不用区别线圈的同名端，而且制造工艺简单、振荡频率高，因此应用较为广泛。因为振荡器中的 LC 并联谐振回路有三个端点分别与三极管的三个电极相连，因此，称为三点式振荡器，分为电感三点式和电容三点式。

(一) 电感三点式正弦波振荡电路

图 4-4(a) 所示为电感三点式正弦波振荡电路。图中的电感线圈采用带中间抽头的自耦变压器，这样的线圈绕制方便，L_1 和 L_2 耦合紧密，容易起振。

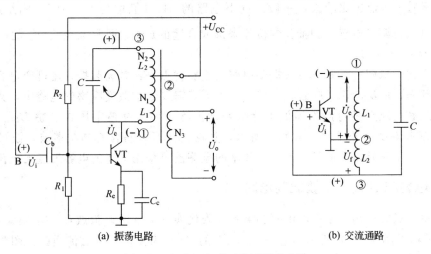

(a) 振荡电路　　　　　　　　　(b) 交流通路

图 4-4　电感三点式正弦波振荡电路

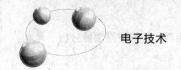

1. 电路结构

电路中三极管 VT 和 R_1、R_2、R_e 等元件构成了分压式偏置的共射极放大电路。LC 并联谐振回路作为选频网络，代替了集电极电阻。输出信号经电感的③端反馈到 VT 的基极，电感的①端接 VT 的集电极，电压的②端接直流电压源。显然，电路中的反馈元件为 L_2。

2. 交流通路及相位条件

图 4-4 的（b）图是振荡电路的交流通路，为分析方便省略了 R_1 和 R_2，因为它们不影响相位关系。图中电感线圈的①端接 VT 的集电极，②端接 VT 的发射极，③端接 VT 的基极，故该电路为典型的电感三点式振荡电路，也称哈特莱（Hartley）振荡器。

在谐振状态下，LC 并联回路内的电流是流入回路的电流的 Q 倍，可不考虑回路外界的影响。因此，②端的瞬时电位必然在①、③两端电位之间。图中②端交流接地，则电感的①端和③端的相位必然相反。此时可以形象地把电感线圈三个端点的电位关系看成一个跷跷板，②端相当于跷跷板的支点，①、③两端相当于跷跷板的两端，则①、③两点必然是一个高于支点，另一个低于支点。即相位相反（注：若电感的首端或尾端交流接地，则其他两个端点的相位相同）。

图中，设 B 点瞬间极性为（＋），则 VT 集电极（①端）瞬间极性为（－）。根据跷跷板的关系可知，③端瞬时极性应为（＋）。该信号反馈到 B 点与原输入信号同极性，故为正反馈，满足相位平衡条件。从该图中也明显地看到 $\dot{U}_o$ 与 $\dot{U}_i$ 反相，而 U_f 与 $\dot{U}_i$ 同极性。

显然，振荡器的输出信号频率约等于 LC 回路的谐振频率 f_O，即 $f_O = \dfrac{1}{2\pi\sqrt{LC}}$。式中 L 为回路总等效电感，$L = L_1 + L_2 + 2M$，M 是绕组 N_1 与 N_2 之间的互感，所以

$$f_O = \frac{1}{2\pi\sqrt{(L_1+L_2+2M)C}}$$

3. 幅值条件

该电路的起振条件是很容易满足的。因 LC 并联电路的 Q 值一般很大，谐振阻抗 Z_0 也很大，三极管的 β 值也比较大，一般情况下电路的 $|\dot{A}\dot{F}|$ 值均会远大于1，满足起振条件。另外还可以通过调节电感线圈抽头的位置来选取合适的 $\dot{F}$ 值。通常取绕组 N_2 的匝数为整个绕组匝数的 $1/4 \sim 1/8$。

综上所述，电感三点式正弦波振荡电路的主要优点是：容易起振；用可变电容能方便地调节振荡频率，广泛应用于收音机、信号发生器等需要经常改变频率的电路中，其振荡频率可达几十兆赫；缺点是对高次谐波不能很好地消除，因为反馈电压在电感 L_2 上，频率越高，L_2 的感抗越大，不能将其短路。所以，其输出波形容易含有高次谐波，波形较差，一般用于产生几十兆赫以下的频率。更高频率的振荡器可采用下述的电容三点式振荡电路。

(二) 电容三点式正弦波振荡电路

把电感三点式振荡电路中的电感和电容互为代换一下（即 L 换成 C，L_1 换成 C_1，L_2 换成 C_2），就形成图 4-5(a) 所示的电路。图 4-5 的（b）为振荡器的交流通路。图中电容的三个端点①、②、③分别接至三极管 VT 的三个电极，形成电容三点式电路，该电路又称考毕

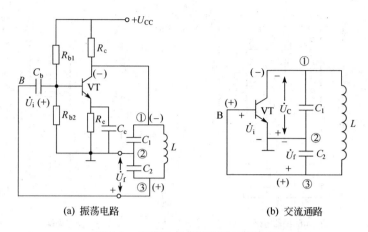

(a) 振荡电路　　　　　　　　(b) 交流通路

图 4-5　电容三点式正弦波振荡电路

兹（Colpitts）振荡电路。和电感三点式电路的分析方法相同，这里仍然可以形象地把两个串联电容三个端点的电位关系看成一个跷跷板的关系，即满足相位平衡关系。

LC 并联谐振回路的总电容 $C=\dfrac{C_1 C_2}{C_1+C_2}$。电路的振荡频率约等于 LC 并联的谐振频率。

即

$$f_0 \approx \frac{1}{2\pi\sqrt{LC}} = \frac{1}{2\pi\sqrt{L\dfrac{C_1 C_2}{C_1+C_2}}}$$

同前面的分析一样，起振的幅值条件是容易满足的。电容两端的电压与其容量成反比。只要适当选择 C_1 与 C_2 的比值，就能得到足够大的反馈电压 $|\dot{U}_f|$。一般情况下使 $\dfrac{C_1}{C_2} \leqslant 1$。准确数值可通过具体实验调试确定。

电容三点式振荡电路中高次干扰谐波可以被 C_2 短路掉，所以输出波形较好。C_1 和 C_2 的容量能选得很小，甚至和三极管的极间电容的数值相近，所以振荡频率可做得很高，能达到 100MHz 以上。但同时因极间电容的不稳定，使振荡频率不稳定。另外，其频率调节不方便，因调整 C_1 或 C_2 时，同时改变了反馈电压，影响到电路的起振条件。所以该电路适应于频率固定的电路。调整电感时，受 C_1 和 C_2 的影响，频率变化范围较小。可以对其进行改进。如图 4-6 所示，在电感 L 支路上串接一个电容 C，形成克拉泼（Clapp）振荡器。

改进后的电路的交流通路如图 4-6（b）所示，图中的 C_i 和 C_o 表示三极管的极间电容，它们分别与 C_2、C_1 并联，这里把 C_1、C_2 的值取得比 C_o 和 C_i 大得多。则 C_o 和 C_i 的微小变化量基本上被 C_1、C_2 的相对大容量所淹没。对 LC 回路的谐振频率影响甚小。那么 C_1、C_2 太大了又如何使振荡器保持较高的频率呢？很简单，在图中电感支路串联一个电容 C，C 的值取得很小。回路的总电容是 C_1、C_2 和 C 的串联等效电容。设总电容为 C'，则 $C' = \dfrac{1}{\dfrac{1}{C_1}+\dfrac{1}{C_2}+\dfrac{1}{C}}$。显然，电容串联的结果是总电容小于最小的电容，即总电容主要取决于最小的电容，若 C 的值远远小于 C_1 和 C_2 的值，则 $C' \approx C$。所以改进型电容三点式振荡器的振荡频率为：$f_O = \dfrac{1}{2\pi\sqrt{LC'}} \approx \dfrac{1}{2\pi\sqrt{LC}}$

上式表明，电路的振荡频率 f_O 基本上由 L 和 C 决定，三极管极间电容的影响极小，所以振荡频率非常稳定。因此该电路适合用于对波形和频率要求比较高的场合。

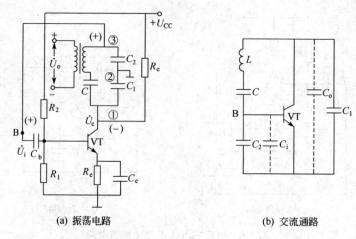

(a) 振荡电路   (b) 交流通路

图 4-6　改进型电容三点式正弦波振荡器

若对图 4-6 再稍加改进还可以得到振荡频率更高的振荡器，比如在电感 L 上并联一个小电容，即形成西勒振荡器，其振荡频率可高达上千赫。常用于电视机的本机振荡电路。

(三) 三点式振荡电路的特点及实例

总结电感三点式和电容三点式振荡电路的特点，可以从交流通路中看出它们的共同特点为：三极管的三个电极分别与谐振回路的三个端点连接，三个电极两两之间都接有一个电抗。与发射极相连的两个电抗是同性质的电抗，另一个电抗为反性质的电抗（接在基极与集电极间的电抗）。这就是三点式振荡电路的电抗连接规则。满足这种的接法必然满足相位平衡条件，否则，三点式振荡电路的连接是不正确的。

【例 4-1】　请判断图 4-7 所示各交流通路是否满足振荡器的相位平衡条件。

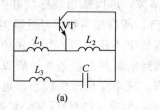 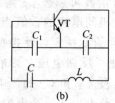 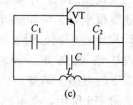

(a)   (b)   (c)

图 4-7　例题 4-1 的电路图

解　(1) 根据三点式振荡电路电抗的连接规则，(a) 图中三极管发射极连接的两个电抗都是感抗，则连接集电极与基极的电抗必须是容抗才能满足相位平衡条件。而连接集电极与基极的支路是 L_3 与 C 的串联电路，这就要求 L_3 与 C 串联的等效电抗呈容性。

即
$$\frac{1}{\omega C} > \omega L_3，\text{或} \omega < \frac{1}{\sqrt{L_3 C}}。$$

整个 LC 回路的谐振角频率为 $\omega_o = \dfrac{1}{\sqrt{(L_1 + L_2 + L_3)C}} < \dfrac{1}{\sqrt{L_3 C}}$。

(2) (b) 图就是克拉泼振荡器的交流通路。三极管发射极的两个电抗都是容抗，因此要求 LC 串联支路的等效电抗呈感性。

即 $\omega L > \dfrac{1}{\omega C}$，或 $\omega > \dfrac{1}{\sqrt{LC}}$。

回路谐振时，角频率为：

$$\omega_o = \cfrac{1}{\sqrt{L\cfrac{1}{\cfrac{1}{C_1}+\cfrac{1}{C_2}+\cfrac{1}{C}}}} > \frac{1}{\sqrt{LC}}$$

（3）（c）图中三极管 VT 的集电极和基极间连接的是 LC 并联回路，它必须呈感性才有可能形成振荡。即要求 $\omega L < \dfrac{1}{\omega C}$，或 $\omega < \dfrac{1}{\sqrt{LC}}$。

该三点式电路在谐振时频率应为

$$\omega_o = \cfrac{1}{\sqrt{L\left(C+\cfrac{C_1 C_2}{C_1+C_2}\right)}} < \frac{1}{\sqrt{LC}}$$

任务三 ●●● RC 振荡器分析与调试

LC 振荡器在产生很低频率的正弦信号时，电感 L 和电容 C 的取值很大，尤其 L 的数值很大时电感线圈的体积和重量增大、品质因数下降并且难以起振。所以在几百 kHz 以下的低频信号振荡电路中，广泛采用 RC 振荡器。

常用的 RC 振荡器有桥式、移相式和双 T 网络式等几种类型。本节只介绍 RC 桥式振荡电路。

一、RC 串并联网络的选频特性

由 RC 构成的选频网络如图 4-8 所示。图中：

$$Z_1 = R_1 + \frac{1}{j\omega C_1}$$

$$Z_2 = R_2 // \frac{1}{j\omega C_2} = \frac{R_2}{1+j\omega R_2 C_2}$$

输出电压 $\dot{U}_f$ 与输入电压 $\dot{U}_o$ 之比定义为 RC 并联网络传输系数，记为 $\dot{F}$，则

$$\dot{F} = \frac{\dot{U}_f}{\dot{U}_o} = \frac{Z_2}{Z_1+Z_2} = \frac{R_2/(1+j\omega R_2 C_2)}{R_1+(1/j\omega C_1)+R_2/(1+j\omega R_2 C_2)}$$

$$= \cfrac{1}{\left(1+\cfrac{R_1}{R_2}+\cfrac{C_2}{C_1}\right)+j\left(\omega R_1 C_2 - \cfrac{1}{\omega R_2 C_1}\right)}$$

通常使 $R_1 = R_2 = R$，$C_1 = C_2 = C$，则上式可简化为

$$\dot{F} = \cfrac{1}{3+j\left(\omega RC - \cfrac{1}{\omega RC}\right)}$$

其模值

$$|\dot{F}| = \cfrac{1}{\sqrt{3^2+\left(\omega RC - \cfrac{1}{\omega RC}\right)^2}}$$

相角

$$\Phi = -\arctan\frac{\omega RC - 1/\omega RC}{3}$$

显然 $\dot{F} = \dfrac{1}{3}$ 为其最大值，此时 $\omega RC = \dfrac{1}{\omega RC}$，即 $\omega = \dfrac{1}{RC}$。同时相角 $\Phi = 0$。这时的电路称

为谐振状态。此时的角频率记为 ω_0，频率记为 f_0。则谐振时 $\omega = \omega_0 = 2\pi f_0 = \dfrac{1}{RC}$，即 $f =$

$f_0 = \dfrac{1}{2\pi RC}$。当 f 不等于 f_0 时，传输系数 $|\dot{F}| < \dfrac{1}{3}$，相移 Φ 不为零。因此 RC 串并联网络具有明显的选频特性。其频率特性如图 4-9 所示。

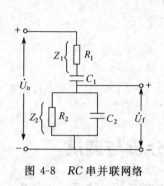

图 4-8 RC 串并联网络

(a) 幅频特性　　(b) 相频特性

图 4-9 RC 串并联网络的频率特性

二、RC 桥式振荡电路

1. 电路构成

前面分析过，正弦波振荡器必须要有放大电路、正反馈网络和选频网络构成。现在用

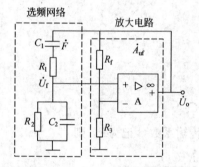

图 4-10 文氏电桥振荡器

RC 串并联网络兼作正反馈网络和选频网络，再加上一个适当的放大器即可构成正弦波振荡器。图 4-10 所示的正弦波振荡器采用一个运算放大器构成的同相放大器作为基本放大电路，将其输出电压接到 RC 串并联网络的输入端，再将 RC 串并联网络的输出端接到放大器的同相输入端，由此构成一个具有选频特性的正反馈放大电路。

图中所示电路就是 RC 桥式振荡电路，也称为文氏电桥振荡器。图中 RC 选频网络的 Z_1（R_1 与 C_1 的串联）和 Z_2（R_2 与 C_2 的并联）是电桥的两臂，构成正反馈网络，反馈电阻 R_f 和 R_3 构成文氏电桥的另外两臂，是负反馈电路，则振荡器的主要条件由这两个反馈电路决定。

一般情况下，为了电路分析设计方便与调试方便，通常取 $R_1 = R_2$；$C_1 = C_2$。以下分析都按这个取值进行。

2. 起振条件与振荡频率

图 4-10 中 RC 串并联网络的输出信号 $\dot{U}_f$ 直接加在运算放大器的同相输入端，则运算放大器的输出电压 $\dot{U}_o$ 与 $\dot{U}_f$ 同相。$\dot{U}_o$ 又加在 RC 串并联网络的输入端，当 RC 串并联网络在谐振状态时相移为零，因此电路满足相位平衡条件，即 $\Phi A + \Phi F = 2n\pi$。同时 RC 串并联网络在谐振时其反馈系数为 $|\dot{F}| = \dfrac{1}{3}$。则同相放大器的放大倍数 A_{uf} 只要略大于 3 就能满足幅度

平衡条件。由于同相放大器的放大倍数 $A_{uf} = 1 + \dfrac{R_f}{R_3}$，因此，只要 R_f 略大于 $2R_3$ 即能满足起振条件，显然这是很容易做到的。

以上起振条件都是在 RC 串并联网络谐振状态下（即 $f = f_o$ 时）满足的。其他频率信号的相移和幅度都不能满足振荡条件，因此电路只能产生一个单一频率的信号。集成运算放大器的参数可以按理想状态取值，即图4-10中的同相放大器的输入阻抗约为无穷大，输出阻抗约为零，则其对 RC 串并联网络的阻抗无任何影响，所以电路的振荡频率就是 RC 串并联网络的谐振频率 f_o，$f_o = \dfrac{1}{2\pi RC}$。

若取 $R_1 = R_2 = 10\text{k}\Omega$；$C_1 = C_2 = 0.1\mu\text{F}$，则

$$f_o = \frac{1}{2\pi RC} = \frac{1}{2\pi \times 10^4 \times 10^{-7}} \approx 159\text{Hz}$$

3. 稳幅措施

根据上面分析可知，为了使电路能从初始状态起振，希望 A_{uf} 大于3，A_{uf} 越大，电路越容易起振。但 A_{uf} 太大则容易使输出波形失真，形成削顶波形。若 A_{uf} 较小，一是电路不易起振，二是起振后由于温度变化和元件参数的离散性会使振荡条件被破坏使振荡器停振（即 $A_{uf} < 3$）。因此需要有一个自动稳幅电路来控制振荡器稳定工作。一个简单的方法是利用外接二极管的非线性特点来达到自动稳幅的目的。

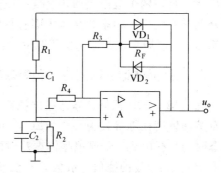

图4-11　采取稳幅措施的
文氏电桥振荡器

如图4-11所示电路，反馈电阻 R_f 上并联了两个对向的二极管（对输出电压的正负半周都能起反馈作用），用二极管电阻的非线性状态来达到自动稳幅的目的。例如，当振荡输出幅度过大时，二极管导通电流大，动态电阻值下降，使负反馈增强，电路放大倍数下降，可使输出幅度下降，防止振荡幅度继续上升。反之，二极管也能阻止振荡幅度下降完全达到了自动稳幅的目的。

应当指出：当频率过高时，电阻、电容的数值必将很小。但电阻太小会使放大电路的负载加重。电容太小会因寄生电容的干扰使振荡频率不稳定。同时，普通集成运算放大器的带宽也有限。所以 RC 正弦波振荡器的振荡频率一般不能超过 1MHz。

任务四 ●●● 石英晶体振荡器典型应用

一、石英晶体的特性

由石英晶体构成的振荡器（简称晶振），广泛应用于高精度频率的振荡器中。如电子钟表电路中、计算机的时钟信号电路中、通讯系统的射频振荡器中等。

前面介绍过的振荡器中，频率稳定度最高的就是克拉泼振荡器，即使采取各种措施，稳定度最多也只能达到 10^{-5} 的数量级（即十万分之一的误差）。而石英晶体振荡器的频率稳定度一般为 $10^{-6} \sim 10^{-8}$，最高的可达 10^{-11} 的稳定度，因此晶体振荡器得到了广泛应用。

1. 石英晶体的结构

石英晶体的化学成分是二氧化硅（SiO_2）。它可以按一定方位切成一定形状的薄片，在两个表面敷上一层银作极片，并引出两个电极，加上外封装就成为石英晶体谐振器（简称石英晶体）。如图 4-12 所示。它是一种金属外壳的晶片。

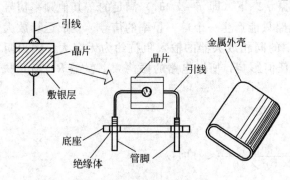

图 4-12　石英晶体谐振器的结构

2. 石英晶体的压电效应

当在晶体的两个极板上加一交变电场时，晶片会产生机械振动，反之，若在晶片两边加以机械压力，晶片相应方向上又会产生电场。这种机电转换的物理现象称为压电效应。该晶体片具有一个固有的谐振频率，其频率的大小取决于晶体片的几何尺寸。当在两个电极上加入交变电压时，晶片会产生机械振动，而振动又产生交变电场。当外加交变电压的频率和晶体的固有频率相同时，振幅明显增大，交变电场也最大。此时的现象与 LC 谐振现象类同。由于晶片的温度稳定性好，所以其谐振频率相当稳定。

3. 石英晶体谐振器的符号和等效电路

图 4-13（a）是石英晶体谐振器的符号。由于其谐振现象与 LC 谐振现象很类似，故可以把石英晶体谐振器等效为一个 RLC 串并联电路。如图 4-13（b）所示。图中 C_0 表示晶体在静态时的平板电容，L 模拟晶体振荡时的惯性，C 模拟晶体的弹性，晶体振动时的摩擦损耗用 R 来等效。C_0 的数值一般为几皮法至几十皮法；C 的数值很小，一般在 $0.0002 \sim 0.1pF$ 之间；L 的数值较大，有几十毫亨到几百亨；R 的数值一般为几十欧左右，因此回路品质因数 Q 的值高达 $10^4 \sim 10^6$。这意味着晶体内部谐振时的循环电流可以是外电路电流的几万倍至百万倍，这是 LC 谐振回路远远不能达到的。同时石英晶体的几何形状和尺寸都能做得很精确，故其频率稳定度极高。

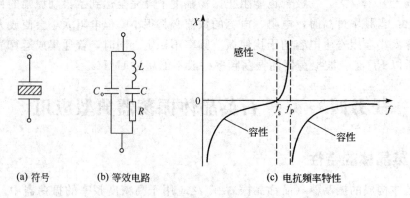

(a) 符号　　　(b) 等效电路　　　　　　(c) 电抗频率特性

图 4-13　石英晶体谐振器的符号、等效电路和电抗频率特性

4. 石英晶体谐振器的谐振频率和电抗频率特性

从石英晶体的等效电路看出，该电路有两个谐振频率，即 R、L、C 支路可产生串联谐

振，其频率为 f_s：$f_s=\dfrac{1}{2\pi\sqrt{LC}}$。此时，$R$、$L$、$C$ 支路的等效阻抗为纯电阻 R，阻值很小，由于 C_o 很小，容抗很大，故等效阻抗为 R，呈纯阻性。

整个等效电路还可产生并联谐振，其谐振频率为

$$f_p=\frac{1}{2\pi\sqrt{L\dfrac{CC_o}{C+C_o}}}=f_s\sqrt{1+\frac{C}{C_o}}$$

根据并联谐振的特性可知：此时，石英晶体等效为一个很大的纯电阻，上面表达式看出 $f_s<f_p$。由于石英晶体等效电路中，由于 $C\ll C_o$，所以 f_s 和 f_p 的数值非常接近。

如果设石英晶体在串联谐振时，R 约为 0，并联谐振时等效电阻接近无穷大。则可做出图 4-13(c) 中所示的电抗频率特性图。图中表示：石英晶体的工作频率在 f_s 至 f_p 之间的极小范围内呈感性。在此小范围以外都呈容性。

通常可在石英晶体的两端并接一个小电容器 C_L 来进行频率微调，但该 C_L 的容量不宜过大，否则将影响稳定性。在石英晶体的外壳上通常标有频率数值，这个数值一般是指 $C_L=30PF$ 时的 f_p。

二、石英晶体正弦波振荡电路

由于石英晶体谐振器有两个谐振频率 f_s 和 f_p，因此可用它构成串联型晶体振荡电路和并联型晶体振荡电路。当晶体处于串联谐振时，晶体两端的等效电阻最小。利用这个特性，可以构成正反馈选频网络，形成串联型振荡。当晶体工作在 f_s 和 f_p 之间时，晶体两端呈电感性，可用它与外接电容并联，形成并联振荡器。还可把外接电容分成两个串联电容而形成电容三点式正弦波振荡电路。这时外加电容和石英晶体的等效电容 C_o 并联，使石英晶体的 f_s 和 f_p 更加接近。所以谐振频率也非常稳定。

1. 串联型石英晶体正弦波振荡电路

电路如图 4-14 所示。是由三极管 VT_1 和 VT_2 构成的两级放大电路，由石英晶体和可调电阻 RP 构成正反馈电路。当电路中的频率为 f_s 时，石英晶体和 RP 产生串联谐振，反馈支路呈纯阻性，阻抗最小。因此正反馈信号最大，能满足起振条件。还可以通过调节 RP 来改变反馈信号的强弱，防止电路停振或失真。

该电路结构简单、调试方便。电路的振荡频率为石英晶体的固有频率 f_s，稳定度非常高。因此应用广泛。

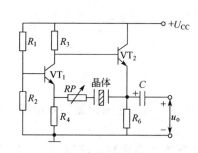

图 4-14　串联型石英晶体振荡电路

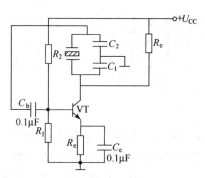

图 4-15　并联型石英晶体振荡电路

2. 并联型石英晶体正弦波振荡电路

电路结构如图 4-15 所示。图中可把石英晶体看成一个等效电感，则该电路显然是一个改进型电容三点式正弦波振荡电路。振荡频率取决于石英晶体与 C_1、C_2 构成的回路的并联谐振频率，由于石英晶体只有在 f_s 与 f_p 之间呈感性，电路才能形成电容三点式振荡，f_s 与 f_p 基本相等，故该电路的振荡频率基本取决于石英晶体的固有频率 f_s，即 $f_o \approx f_s$。所以振荡频率很稳定。

 项目小结 ▶▶▶

1. 带有选频网络的正反馈放大器可以构成正弦波振荡器。自激振荡的条件有两个：一个是相位平衡条件，一个是幅度平衡条件。

2. 根据选频网络的元件性质不同，正弦波振荡器分为 LC 振荡器、RC 振荡器和石英晶体振荡器等。

3. 各种正弦波振荡器的性能如下。

① LC 振荡器适用于高频振荡，频率稳定度可达 10^{-5}，一般振荡频率为几十兆至一百多兆赫，西勒振荡器的频率可高达上千兆赫，广泛应用于收音机和电视机的本机振荡电路中，通信系统中也广泛使用。

② RC 桥式振荡器结构比较简单，适用于低频振荡器，波形失真小，调频范围宽，是应用最广泛的低频振荡器。适用频率一般为几百千赫以下。RC 移相式振荡器结构简单，但稳定性较差，适用于频率固定的小型低频测试等设备中。适用频率一般为几赫至几十千赫。

③ 石英晶体振荡器适用于对频率稳定度要求特别高的电路中，振荡频率一般为几兆至一百兆赫，其频率稳定度高达 10^{-11}。在时钟系统和其他高精度电路中广泛应用。

 思考题与习题 ▶▶▶

4-1　RC 振荡器为什么适用于低频振荡电路？频率过高时 RC 振荡电路有什么问题？

4-2　判断图 4-16 所示各电路能否满足自激振荡的相位条件。

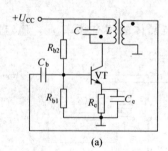 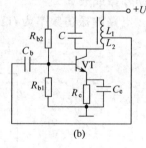 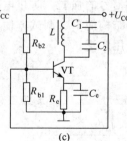

图 4-16　题 4-2 用图

4-3　图 4-17 所示电路为某电视机中的本机振荡电路，请画出它的交流等效电路，计算振荡频率，并指出该图是何种振荡电路。

4-4　在图 4-18(a) 和 (b) 中，请按正弦波振荡电路的连接规则正确连接 1、2、3、4 各点，并指出它们的电路类型。

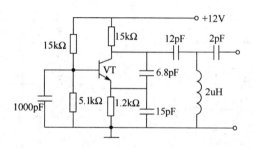

图 4-17 题 4-3 用图

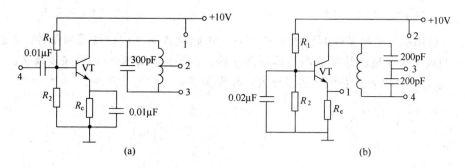

图 4-18 题 4-4 用图

4-5 请将图 4-19 电路连接成正弦波振荡电路，①估算 R_f 的阻值和振荡频率；②若电路做好后连接无误，工作点也合适，但电路不能起振，可能是什么原因？如何调整？

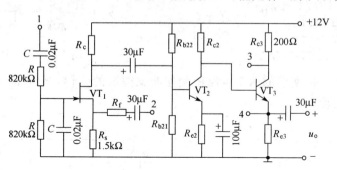

图 4-19 题 4-5 用图

4-6 请设计一个振荡频率为 $500\mathrm{Hz}$ 的 RC 桥式振荡器，选频网络的电容用 $0.022\mu\mathrm{F}$。

4-7 图 4-20 所示 RC 桥式正弦波振荡电路中，稳压二极管的稳压值为 $\pm 6\mathrm{V}$，R_1 为双连可调电阻，问：

① 电路在不失真状态下，输出电压的最大值是多少？

② 让电路的振荡频率在 $250\mathrm{Hz}$ 至 $1\mathrm{kHz}$ 间可调，则电容器 C 的数值和双联可调电阻的阻值应取多大？

4-8 在图 4-21 电路中，请按正弦波振荡的条件将石英晶体接在适当的位置？

4-9 在图 4-22 电路中，若要形成正弦波振荡，请分析：

① 石英晶体应接在何处？

② L、C_2 并联回路的谐振频率与石英晶体的谐振频率之间应当满足什么关系，电路才有可能振荡？

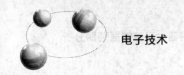

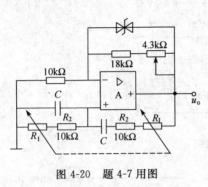

图 4-20　题 4-7 用图

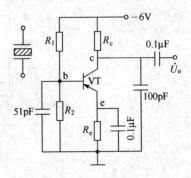

图 4-21　题 4-8 用图

4-10　请用相位平衡条件判别图 4-23 所示的电路能否满足正弦波振荡条件。若能满足，则指出它们属于串联型还是并联型晶体振荡电路；若不能满足条件，则加以改正。C_e 为旁路电容，C_c 为耦合电容，它们的容量较大，在振荡频率下相当于短路。

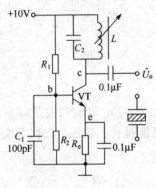

图 4-22　题 4-9 用图

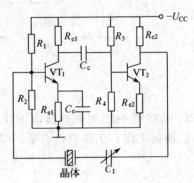

图 4-23　题 4-10 用图

4-11　请按图 4-24 所示的两个电路图制作两款简易的门铃，分别测试其振荡频率并与理论估算值进行比较。

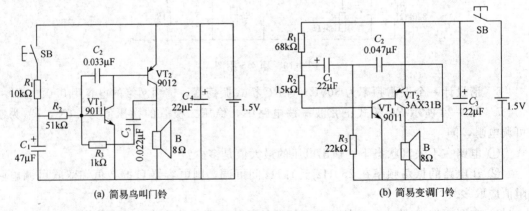

(a) 简易鸟叫门铃　　　　　　　　　　　　　(b) 简易变调门铃

图 4-24　题 4-11 用图

项目五
集成稳压电源与可控整流电路

【目的与要求】 学习集成稳压电源与可控整流电路的特点及其基本原理，了解串联型稳压电路的稳压过程；掌握集成稳压电源的分类与功能；掌握晶闸管的功能并分析由其组成的可控整流电路；了解单结晶体管的功能与由其组成的触发脉冲电路。

在项目一讨论的整流、滤波、稳压电路以及《电工基础》中的变压器是组成直流稳压电源的主要部分。随着集成电路的发展，集成稳压电源应用日益广泛。

电力电子技术是利用电力电子器件实现对电能的控制和转换，使半导体电子技术从弱电领域进入到了强电领域。1957 年晶闸管的问世，使得交流电压变换为直流电压的可控整流技术得到广泛应用。

任务一 ●●● 稳压电源的实现

一、串联型稳压电路

稳压电路的作用是当交流电源电压波动、负载或温度变化时，维持输出直流电压稳定。在小功率电源设备中，用得比较多的稳压电路有两种：一种是用稳压二极管组成的并联稳压电路，另一种是串联型稳压电路。

(一)串联型晶体管稳压电路及其稳压过程

最简单的串联型晶体管稳压电路如图 5-1 所示。

图中 U_I 是经整流滤波后的输入电压，VT 为调整管，VZ 为硅稳压管，用来稳定晶体管 VT 的基极电位 U_B，作为稳压电路的基准电压；R 既是稳压管 VZ 的限流电阻，又是晶体管 VT 的偏置电阻。

电路的稳压过程如下：

若电网电压变动或负载电阻变化使输出电压 U_o 升高，由于基极电位 U_B 被稳压管稳住不变，由图 5-1 可知 $U_{BE} = U_B - U_E$，这样 U_o 升高时，U_{BE} 必然减小，导致 I_B（I_E）减小，从而使 U_o 减小，达到输出电压保持不变的目的。上述稳压过程可表示如下：

$$U_o \uparrow \to U_{BE} \downarrow \to I_B \downarrow \to I_E \downarrow \to U_o \downarrow$$

(二)带有放大环节的串联型稳压电路

简单的串联型晶体管稳压电源是直接通过输出电压的微小变化去控制调整管来达到稳压的目的,其稳压效果不好。

若先从输出电压中取得微小的变化量,经过放大后再去控制调整管,就可大大提高稳压效果,其电路如图 5-2 所示。

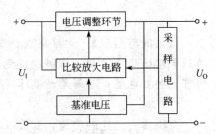

图 5-1 简单的串联型稳压电路

1. 电路组成

该电路由四个基本部分组成,其框图见图 5-3。

(1)采样电路 由分压电阻 R_1、R_2 组成。它对输出电压 U_0 进行分压,取出一部分作为取样电压给比较放大电路。

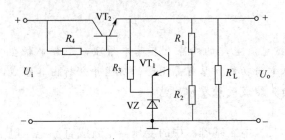

图 5-2 串联型稳压电路

图 5-3 串联型稳压电路框图

(2)基准电压电路 由稳压管 VZ 和限流电阻 R_3 组成,提供一个稳定性较高的直流电压 U_Z,作为调整、比较的标准,称作基准电压。

(3)比较放大电路 由晶体管 VT_1 和 R_4 构成,其作用是将采样电路采集的电压与基准电压进行比较并放大,进而推动电压调整环节工作。

(4)电压调整电路 由工作于放大状态的晶体管 VT_2 构成,其基极电流受比较放大电路输出信号的控制,在比较放大电路的推动下改变调整环节的压降,使输出电压稳定。

2. 稳压过程

假设 U_0 因输入电压波动或负载变化而增大时,则经采样电路获得的采样电压也增大,而基准电压 U_Z 不变,所以采样放大管 VT_1 的输入电压 U_{BE1} 增大,VT_1 管基极电流 I_{B1} 增大,经放大后,VT_1 的集电极电流 I_{C1} 也增大,导致 VT_1 的集电极电位 U_{C1} 下降,VT_2 管基极电位 U_{B2} 也下降,I_{B2} 减小,I_{C2} 减小,U_{CE2} 增大,使输出电压 U_0 下降,补偿了 U_0 的升高,从而保证输出电压 U_0 基本不变。这一调节过程可表示为:

$$U_I \uparrow \rightarrow U_O \uparrow \rightarrow U_{BE1} \uparrow \rightarrow I_{B1} \uparrow \rightarrow I_{C1} \uparrow \rightarrow U_{C1} \downarrow$$
$$U_O \downarrow \leftarrow U_{CE2} \uparrow \leftarrow I_{C2} \downarrow \leftarrow I_{B2} \downarrow \leftarrow U_{B2} \downarrow$$

同理,当 U_0 降低时,通过电路的反馈作用也会使 U_0 保持基本不变。

串联型稳压电路的比较放大电路还可以用集成运放来组成。由于集成运放的放大倍数高,输入电流极小,提高了稳压电路的稳定性,因而应用越来越广泛。

(三)稳压电路的过载保护措施

在串联型稳压电路中,负载电流全部流过调整管。当负载短路或过载会使调整管电流过大而损坏,为此必须设置过载保护电路。保护电路有限流型和截止型两种。下面仅介绍限流型保护电路，如图 5-4 所示。

图中 R_S 为检测电阻。正常工作时，负载电流 I_0 在 R_S 上的压降小于 VT_2 导通电压 U_{BE2}，VT_2 截止，稳压电路正常工作。当负载电流 I_0 过大超过允许值时，U_{RS} 增大使 VT_2 导通，比较放大器输出电流被 VT_2 分流，使流入调整管 VT_1 基极的电流受到限制，从而使输出电流 I_0 受到限制，保护了调整管及整个电路。

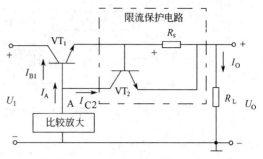

图 5-4　限流型保护电路

二、集成稳压电源

集成稳压电源，又称集成稳压器，是把稳压电路中的大部分元件或全部元件制作在一片硅片上而成为集成稳压块，是一个完整的稳压电路。它具有体积小、重量轻、可靠性高、使用灵活，价格低廉等优点。

集成稳压电源的种类很多。按工作方式可分为线性串联型和开关型，按输出电压方式可分为固定式和可调式，按结构可分为三端式和多端式。下面主要介绍国产 W7800 系列（输出正电压）和 W7900 系列（输出负电压）稳压器的使用。

(一)固定式三端稳压器

1. W7800 系列和 W7900 系列三端稳压器简介

W7800 系列和 W7900 系列三端稳压器输出固定的直流电压。

W7800 系列输出固定的正电压，有 5V、8V、12V、15V、18V、24V 等多种。如 W7815 的输出电压为 15V；最高输入电压为 35V；最小输入、输出电压差为 2V；加散热器时最大输出电流可达 2.2A；输出电阻为 $0.03\sim0.15\Omega$；电压变化率为 $0.1\%\sim0.2\%$。

W7900 系列输出固定的负电压，其参数与 W7800 系列基本相同。

三端稳压器的外形和管脚排列如图 5-5 所示，按管脚编号，W7800 系列的管脚 1 为输入端，2 为输出端，3 为公共端；W7900 系列的管脚 3 为输入端，2 为输出端，1 为公共端。使用时，三端稳压器接在整流滤波电路之后，如图 5-6 所示。电容 C_i 用于防止产生自激振荡，减少输入电压的脉动，其容量较小，一般小于 $1\mu F$。电容 C_o 用于削弱电路的高频噪声，可取小于 $1\mu F$ 的电容，也可取几微法甚至几十微法的电容。

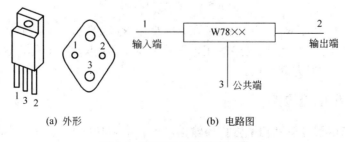

(a) 外形　　　　　　　　　(b) 电路图

图 5-5　W78×× 系列稳压器

在电子线路中，常需要将 W7800 系列和 W7900 系列组合连接，同时输出正、负电压的双向直流稳压电源，电路如图 5-7 所示。

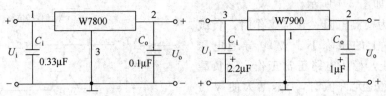

图 5-6　输出固定电压的稳压电路

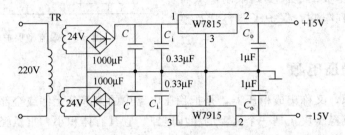

图 5-7　正、负电压同时输出的电路

2. 提高输出电压的电路

如果需要扩展三端稳压器的输出电压，可采用如图 5-8 的升压电路，设 $U_{\times\times}$ 为三端稳压器 $78\times\times$ 的标称输出电压，R_1 上的电压为 $U_{\times\times}$，产生的电流 $I_{R1}=U_{\times\times}/R_1$，在 R_1、R_2 串联电路上产生的压降为 $\left(1+\dfrac{R_2}{R_1}\right)U_{\times\times}$，$I_Q R_2$ 为稳压器静态工作电流在 R_2 上产生的压降。

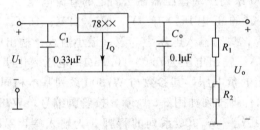

图 5-8　提高输出电压的电路

一般 $I_{R1}>5I_Q$，I_Q 约为几毫安，当 $I_{R1}\gg I_Q$，即 R_1、R_2 较小时，则有

$$U_o\approx\left(1+\frac{R_2}{R_1}\right)U_{\times\times}$$

即输出电压仅与 R_1、R_2、$U_{\times\times}$ 有关，改变 R_1、R_2 的数值，可达到扩展输出电压的目的。上述电路的缺点是，当稳压电路输入电压变化时，I_Q 也发生变化，这将影响稳压器的稳压精度，当 R_2 较大时尤其如此。

(二)扩展输出电流电路

三端固定式稳压器可借助功率管扩展输出电流，电路如图 5-9 所示。输出电流 I_o 为

$$I_o=I_{o\times\times}+I_C$$

由上式可知，输出电流由三端稳压器和晶体管共同提供，输出电流得以扩展，I_{omax} 决定于 I_{Cmax}。由图又可得：$I_{o\times\times}=I_R+I_B-I_Q$

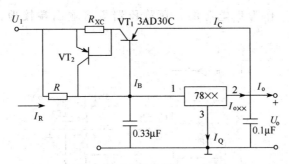

图 5-9　扩大输出电流的电路

$$I_{o\times\times}=I_R+I_C+I_B-I_Q=\frac{U_{BE1}}{R}+\frac{1+\beta}{\beta}I_C-I_Q\approx\frac{U_{BE1}}{R}+I_C-I_Q\quad(当\ \beta\gg1\ 时)$$

当晶体管 VT_1 截止时，即 $I_C=0$，设 $U_{BE1}\approx0.3V$，此时 $I_o=10mA$，由此可决定 R。

$\dfrac{U_{BE1}}{R}>I_Q$，$R<\dfrac{U_{BE1}}{I_Q}$，即 $R<30\Omega$。

为防止输出端短路造成调整管 VT_1 的损坏，可引入限流保护电路 VT_2。

(三)三端可调式集成稳压器

W317 为可调输出正电压稳压器，W337 为可调输出负电压稳压器。它们的输出电压分别为 $\pm1.2\sim37V$ 连续可调，其输出电流为 1.5A。

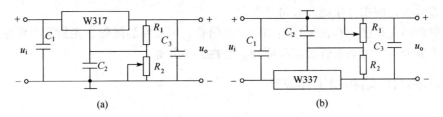

图 5-10　可调式集成稳压器

图 5-10(a)、(b) 分别是用 W317 和 W337 组成的可调输出电压稳压电路。

(四)具有正、负电压输出的稳压电源

当需要正、负两组电源输出时，可以采用 7800 系列正单片稳压器和 7900 系列负压单片稳压器各一块，接线如图 5-11 所示。由图可见，这种用正、负集成稳压器构成的正负两组电源，不仅稳压器具有公共接地端，而且它们的整流部分也是公共的。

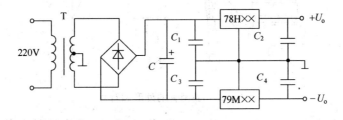

图 5-11　用 7800 系列和 7900 系列单片稳压器组成的正、负双电源

仅用 7800 系列正压稳压器也能构成正负两组电源，接法如图 5-12 所示，这时需两

个独立的变压器绕组，作为负电源的正压稳压器需将输出端接地，原公共接地端作为输出端。

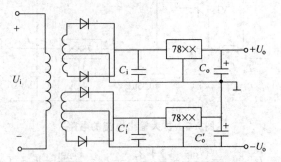

图 5-12 用两块 7800 系列单片正集成稳压器组成的正负双电源

* 任务二 ●●● 晶闸管可控整流电路

一、晶闸管

晶闸管的全称是晶体闸流管（Thyristor），又名可控硅（Silicon Controlled Rectifier），它是一种应用十分广泛的半导体功率器件。晶闸管是可用作可控整流、交流调压、无触点开关电路以及大功率变频和调速系统中的重要器件。它和大功率晶体三极管比较，具有效率高、电流容量大、使用方便而又经济等特点。

晶闸管的品种很多，有普通单向和双向晶闸管、可关断晶闸管、光控晶闸管等。

下面主要介绍普通晶闸管的工作原理、特性、参数等。

(一)晶闸管的结构和工作原理

1. 晶闸管的结构和等效电路

晶闸管的外形和符号如图 5-13 所示，内部结构如图 5-14 所示。它是由 P_1—N_1—P_2—N_2 四层半导体硅构成，共包含三个 PN 结：J_1、J_2 和 J_3，由 P_1 层引出的电极称为阳极 A，由 N_2 层引出的电极称为阴极 K，由 P_2 层引出的电极 G 称为控制极（或门极）。

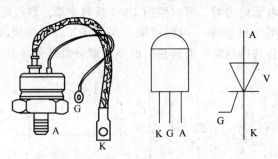

图 5-13 晶闸管的外形和符号

为了更好地了解晶闸管的工作原理，常将其 N_1 和 P_2 两个区域分解成两部分，使得 P_1—N_1—P_2 构成一只 PNP 型管，N_1—P_2—N_2 构成一只 NPN 型管，用晶体管的符号表示等效电路，如图 5-15。

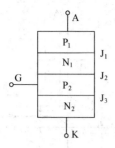

图 5-14 晶闸管的内部结构图

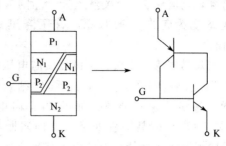

图 5-15 晶闸管的等效电路

2. 晶闸管的工作原理

晶闸管的工作原理如图 5-16 所示。

① 晶闸管加阳极负电压 $-U_A$ 时，J_1 和 J_3 处于反向偏置，管子不导通，处于反向阻断状态。

② 晶闸管加阳极正电压 U_A，控制极不加电压时，J_2 处于反向偏置，管子不导通，处于正向阻断状态。

③ 晶闸管加阳极正电压 U_A，晶体管 VT_1 和 VT_2 都承受正常工作的集射电压，同时也加控制极正电压 U_G，VT_2 具备放大条件而导通，流入 VT_2 的基极电流 I_{B2}（即 I_G）被放大后产生集电极电流 $\beta_2 I_{B2}$，

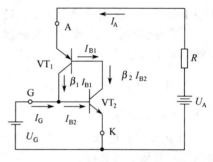

图 5-16 晶闸管的工作原理

它又作为输入 VT_1 的基极电流 I_{B1}，又经 VT_1 放大后产生 VT_1 的集电极电流 $\beta_1\beta_2 I_{B2}$，这个电流又反馈入 VT_2 的基极，再一次得到放大，如此循环不止，很快地，两个管子都饱和导通，晶闸管导通。

④ 晶闸管一旦导通，控制极就失去控制作用，管子依靠内部的正反馈始终维持导通状态。要使导通的晶闸管截止，必须将阳极电压降至零或为负，或使晶闸管阳极电流减小到小于一定数值 I_H，导致晶闸管不能维持正反馈过程，管子将关断，I_H 称为维持电流。

综上所述，可得如下结论。

① 晶闸管与硅整流二极管相似，都具有反向阻断能力，但晶闸管还具有正向阻断能力，即晶闸管正向导通必须具有一定的条件：阳极加正向电压，同时控制极也加正向触发电压。

② 晶闸管一旦导通，控制极即失去控制作用。要使晶闸管重新关断，必须至少具备以下条件之一：一是将阳极电流减小到小于维持电流 I_H；二是将阳极电压减小到零或使之反向。

(二)晶闸管的伏安特性和主要参数

1. 晶闸管的伏安特性

晶闸管的阳、阴极间电压和阳极电流的关系（伏安特性）如图 5-17 所示。当控制极不加电压（$I_G = 0$）时，从图 5-16 的结构图可以看出，尽管晶闸管的阳、阴极间加上正向电压，由于 J_2 结处于反向偏置，因此，晶闸管只能流过很小的正向漏电流 I_{DR}（图 5-17）。称晶闸管处于"正向阻断状态"，当正向电压增大到特性上的正向转折电压 U_{BO} 值时，J_2 结

被击穿，电流由 I_{DR} 值突然上升，晶闸管就由阻断状态变为正向导通状态，管压降迅速降为 U_F 值。

当对晶闸管的阳极、阴极加反向电压时，从图 5-14 的结构图可以看出，J_1 和 J_3 结处于反向偏置，晶闸管也只能流过很小的反向电流 I_R（见图 5-17）。称晶闸管处于"反向阻断状态"，当反向电压增大到特性上的反向转折电压 U_{BR} 值时，J_1、J_3 结被击穿，电流由 I_R 值突然上升，晶闸管反向导通，此时功耗很大（击穿电压 U_{BR} 很大），晶闸管可能损坏。

图 5-17 的特性还反映出，当控制极加有电压使 $I_G > 0$ 时，晶闸管承受的正向转折电压要比 $I_G = 0$ 时的小得多，晶闸管一旦被触发导通，管压降迅速下降至 U_F 值（约 1V 左右），功耗很小，晶闸管可以安全工作。

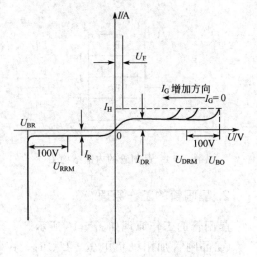

图 5-17　晶闸管的伏安特性

2. 主要参数

(1) 电压参数

① 正向转折电压 U_{BO}。指在额定结温和控制极断开的条件下，使晶闸管直接导通的正向电压，其值愈大愈好。

② 断态重复峰值电压 U_{DRM}。又称正向阻断峰值电压，这是安全工作的正向最大电压，其值规定为：$U_{DRM} = U_{BO} - 100V$。

③ 反向转折电压 U_{BR}。又称为反向击穿电压。

④ 反向重复峰值电压 U_{RRM}。又称反向阻断峰值电压，这是安全工作的反向最大电压，其值规定为：$|U_{RRM}| = |U_{BR}| - 100V$。

⑤ 晶闸管额定电压 U_T。通常把 U_{DRM} 和 U_{RRM} 中较小者的标准值作为器件的标称额定电压。为了防止工作中的晶闸管遭受瞬态过电压的损害，在选用晶闸管的额定电压时要留有余量。通常取电压安全系数为 2～3，即取额定电压为电路正常峰值电压的 2～3 倍。

⑥ 正向平均电压 U_F 或 $U_{T(AV)}$。晶闸管导通时管压降的平均值，一般在 0.4～1.2V 范围内，分为 A～I 九个等级。器件发热的管耗由 U_F 和 I_T 乘积决定。

(2) 电流参数

① 额定通态平均电流 $I_{T(AV)}$（额定电流）。指在规定环境温度及散热条件下，允许通过的正弦半波电流的平均值。为了安全工作起见，一般取 $I_{T(AV)}$ 为电路正常工作平均电流的 1.5～2 倍，即电流安全系数为 1.5～2。

② 擎住电流 I_{La}。晶闸管从断态到通态，去掉控制极电压，能使它保持导通所需的最小电流。

③ 维持电流 I_H。晶闸管从通态到断态的最小电流，当晶闸管导通后，必降低所加的正向电压，直至阳极电流 $I_A < I_H$ 时，晶闸管才会关断。一般有 $I_H \approx \frac{1}{4} \sim \frac{1}{2} I_{La}$。

(3) 控制极参数

① 控制极触发电压 U_{GT} 和电流 I_{GT}。指环境温度不高于 40℃，阳阴极间所加正向电压

为 6V（直流），触发晶闸管使其从阻断到导通所需的最小控制极直流电压和电流。

② 控制极反向电压峰值 U_{RGM}。一般控制极所加反向电压应小于其允许电压峰值，通常安全电压为 5V 左右。

二、晶闸管可控整流电路

可控整流电路的作用是将交流电变换为电压大小可以调节的直流电，以供给直流用电设备，如电池充电器、直流电机无级调速、电解或电镀用直流电源等。它主要利用晶闸管的单向导电性和可控性构成。为满足不同的生产需要，可控整流电路有多种类型，其中最基本、应用最多的是单相和三相桥式可控整流电路。下面介绍单相可控整流的几种典型电路及其分析方法。

(一) 单相半波可控整流电路

1. 电路组成及工作原理

图 5-18 是单相半波可控整流电路，当交流电压 u 输入后，在正半周内，晶闸管承受正向电压，如果在 t_1 时刻给控制极加入一个适当的正向触发电压脉冲 u_G，晶闸管就会导通，于是负载上就会得到如图 5-18(d) 所示的单向脉动电压 u_O，并有相应电流流过。当交流电压 u 经过零值时，流过晶闸管的电流小于维持电流，晶闸管便自行关断。当交流电压 u 进入负半周时，晶闸管因承受反向电压而保持关断状态。

当输入交流电压 u 的第二个周期来到后，在相应的时刻 t_2 加入触发正脉冲，于是晶闸管又导通……，这样负载上就得到有规律的直流电压输出。电路各处的电压波形如图 5-18 所示。

如果在晶闸管承受正向电压期间，改变控制极触发电压 u_G 加入的时刻（称为触发脉冲的移相），显然负载上得到的直流电压波形和大小也都随之改变，这样就实现了对输出电压的调节。由于触发电压 u_G 数值很小，而负载上得到的电流和电压要大得多，因此这是一种以弱控制强的调节过程。

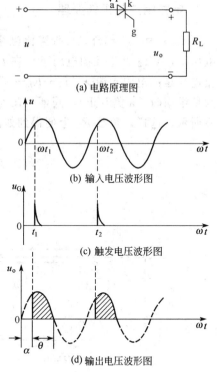

(a) 电路原理图

(b) 输入电压波形图

(c) 触发电压波形图

(d) 输出电压波形图

图 5-18　单相半波可控整流电路

2. 控制角 α 与导通角 θ

晶闸管在正向阳、阴极电压下，半个周期内，不导通的范围称为控制角，用"α"表示，导通的范围称为导通角，用"θ"表示，如图 5-18(d) 所示。单相半波可控整流的 α 与 θ 变化范围为 $0\sim180°$，并且 $\alpha+\theta=180°$。

3. 输出电压 U_o 的计算

由图 5-18(d) 的输出电压波形图可求得输出电压的平均值为

$$U_{o(AV)} = \frac{1}{2\pi}\int_{\alpha}^{\pi} \sqrt{2}U\sin\omega t\, d\omega t = 0.45U\frac{1+\cos\alpha}{2}$$

当控制角 $\alpha = 0°$ 时，成为半波整流电路。

4. 晶闸管承受的最大正、反向电压

由图 5-18 可以看出，当控制角 $\alpha \geqslant 90°$ 时，晶闸管在正、负半周中所承受的正向和反向截止电压最大值，都可达到输入交流电压的峰值，即 $\sqrt{2}U$。如果交流输入电压 $U = 220\text{V}$，则承受的峰值电压为 $\sqrt{2}U = 312\text{V}$，再考虑到安全系数 $2 \sim 3$ 倍，则要选额定电压为 600V 以上的晶闸管。

5. 单相半波可控整流电路的特点

单相半波可控整流电路的优点是电路简单，元件用的少，调整安装方便，缺点是输出电压低、脉动大。适用于小容量、电容滤波的可控直流电源。

(二)单相桥式(全波)可控整流电路

1. 电路组成与工作原理

图 5-19 为一单相桥式可控整流电路。当输入电压为正半周时（a 正 b 负），VT_1 处于正向电压下，VT_2 处于反向电压下。在 t_1 时刻加上控制极触发脉冲，只有 VT_1 被触发导通，电流途径是：电源 a 端→VT_1→R_L→VD_1→电源 b 端，如图 5-19(a) 中实线所示。当输入电压为负半周时（a 负 b 正），同理，在 t_2 时刻，VT_2 和 VD_2 导通，电流途径如图 5-19(a) 中虚线所示。这样，负载 R_L 上便得到如图 5-19(d) 所示的全波输出电压 u_O。

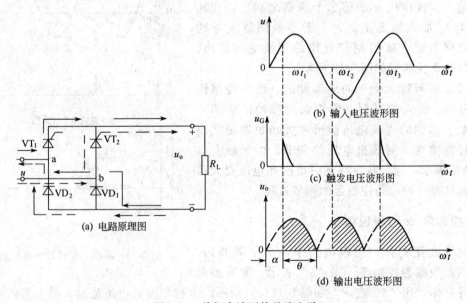

图 5-19　单相全波可控整流电路

2. 输出电压 U_o 计算

对照图 5-19(d) 和图 5-18(d)，可见单相桥式可控整流电路的直流输出电压平均值为单

相半波的两倍，即

$$U_{o(AV)} = 0.45U(1+\cos\alpha)$$

3. 晶闸管和二极管上承受的最大正、反向电压

由图 5-19（d）不难看出，当控制角 $\alpha \geqslant 90°$ 时，两只晶闸管承受的正、反向电压也为 $\sqrt{2}$ U；二极管 VD_1、VD_2 上承受的最大反压也是 $\sqrt{2}U$。

4. 晶闸管的额定电压和电流选择

按照前面介绍的参数含义，可按下列条件选择晶闸管的额定电压

$$U_T \geqslant (2\sim3)\sqrt{2}U$$

流过晶闸管的电流为负载电流 I_o 的一半，故按下列条件选择晶闸管的额定正向平均电流

$$I_{T(AV)} = (1.5\sim2)\frac{I_{o(AV)}}{2}$$

必须指出，上式是一个估算电流定额的近似式。因为使晶闸管发热的是有效值电流，而不是电流的平均值。当晶闸管的控制角 α 不同时，流过晶闸管的电流波形也不同。计算各种导通角 θ 下的电流有效值是相当繁琐的工作。工程实用上采用查表（或曲线）法，表 5-1 列出了在电阻性负载下，不同导通角时的电流有效值 I 与平均值 I_T 之比；输出电压平均值 U_o 与输入电压有效值 U 之比的数据。

表 5-1　晶闸管导通角与电流电压关系（电阻性负载）

	θ	30°	60°	90°	120°	150°	180°
半波	U_o/U	0.03	0.113	0.225	0.338	0.420	0.45
	I/I_T	3.99	2.78	2.22	1.88	1.66	1.57
桥式	U_o/U	0.06	0.226	0.45	0.676	0.84	0.9
	I/I_T	3.99	2.78	2.22	1.88	1.66	1.57

应用表 5-1 时，应先计算流过晶闸管的实际电流平均值 I_T 和导通角 θ，查表得电流比 I/I_T，从而求出流过晶闸管的电流有效值 I，最后按下式选择晶闸管的正弦半波电流平均值的定额，即

$$I_{T(AV)} \geqslant (1.5\sim2)\frac{I}{1.57}$$

式中，I 为流过晶闸管的电流有效值，1.57 为正弦半波全导通时（$\theta = 180°$）的有效值与平均值之比，1.5～2 为安全系数。

【例 5-1】　有一单相全波可控整流电路，采用图 5-19 的电路，$R_L = 5\Omega$，负载两端的电压平均值 $U_o = 100V$，交流电源电压 $U = 220V$，试

① 计算晶闸管的导通角 θ；

② 选择晶闸管的额定电压 U_T 和电流 $I_{T(AV)}$。

解　① 计算导通角 θ

根据单相全波可控整流电路输出电压平均值公式：

$$U_{o(AV)} = 0.45U(1+\cos\alpha)$$

可得：$100 = 0.45 \times 220(1+\cos\alpha)$

则　　$\cos\alpha = \dfrac{100}{0.45 \times 220} - 1 \approx 0.01$

故　　$\alpha \approx \dfrac{\pi}{2}$

因此得到导通角　$\theta = 180° - \alpha \approx \dfrac{\pi}{2}$

② 选择晶闸管

负载电流平均值　$I_{\mathrm{o}} = \dfrac{U_{\mathrm{o}}}{R_{\mathrm{L}}} = \dfrac{100}{5} = 20\mathrm{A}$

流过晶闸管的电流 $I_{\mathrm{T}} = \dfrac{1}{2} I_{\mathrm{o}} = 10\mathrm{A}$

查表 5-1，当 $\theta = 90°$，电流比 $I/I_{\mathrm{T}} = 2.22$，取安全系数为 1.5，代入：

$I_{\mathrm{T(AV)}} \geqslant (1.5 \sim 2) \dfrac{I}{1.57}$ 可得晶闸管额定电流：

$$I_{\mathrm{T(AV)}} \geqslant 1.5\,\dfrac{I}{1.57} = \dfrac{1.5 \times 2.22 I_{\mathrm{T}}}{1.57} = \dfrac{1.5 \times 2.22 \times 10}{1.57} \approx 21.2\mathrm{A}$$

取安全系数为 2，可求得晶闸管的额定电压为：

$$U_{\mathrm{T}} \geqslant 2\sqrt{2}U = 2 \times 1.41 \times 220 \approx 620\mathrm{V}$$

查产品手册 KP30-7 型晶闸管，$I_{\mathrm{T(AV)}} = 30\mathrm{A}$，$U_{\mathrm{T}} = 700\mathrm{V}$。

*三、单结晶体管触发电路

晶闸管可控整流电路中，要实现可控目的，就需要将一个相位可以移动的触发信号加到晶闸管的控制极，以改变晶闸管的导通角 θ，调节输出电压的大小。

根据晶闸管的性能，对触发电路提出下列要求。

① 触发信号要满足晶闸管控制极参数的电压 U_{GT} 和电流 I_{GT} 要求，一般触发电压幅值为 $4 \sim 10\mathrm{V}$。

② 触发脉冲上升沿要陡，对于触发时间要求严格的其触发脉冲上升前沿要小于 $10\mu\mathrm{s}$。

③ 触发脉冲要有足够的宽度，因为晶闸管的开通时间为 $6\mu\mathrm{s}$ 左右，故触发脉冲的宽度不能小于 $6\mu\mathrm{s}$，特别是电感性的负载，其触发脉冲宽度最好在 $20 \sim 50\mu\mathrm{s}$ 以上。

④ 不触发时，触发电路的输出电压应小于 $0.15 \sim 0.2\mathrm{V}$，以免误触发。

⑤ 触发脉冲必须与主电路的交流电源同步，以保证晶闸管在每个周期的同一时刻触发，导通角 θ 保持相对稳定。

⑥ 触发脉冲应能平稳地移相，控制角 α 的移动范围要求接近或大于 $150°$。

下面介绍一种最简单的触发电路。

用单结晶体管 UJT（Unijunction Transistor）组成的触发电路，线路简单，具有工作可靠、调整方便等优点，因此应用相当广泛。

(一)单结晶体管的结构、特性

1. 结构

它的外形很像晶体三极管，它也有三个电极，称为发射极 E，第一基极 $\mathrm{B_1}$，第二基极 $\mathrm{B_2}$，所以又叫双基极二极管。内部结构如图 5-20(a)，在一块高电阻率的 N 型硅片两端，制作两个镀金欧姆接触电极（接触电阻非常小），分别叫做第一基极 B_1 和第二基极 B_2，硅片的另一侧靠近第二基极 B_2 处制作了一个 PN 结，在 P 型半导体上引出的电极叫做发射极 E。为了便于分析单结晶体管的工作特性，通常把两个基极 B_1 和 B_2 之间的 N 型区域等效为一个纯电阻 R_{bb}，R_{bb} 又可看成是由两个电阻 R_{b1} 和 R_{b2} 串联组成的，如图 5-20（b）所示，其导电情况就用图 5-20（b）的等效电路来分析。图 5-20（c）为单结晶体管的符号。

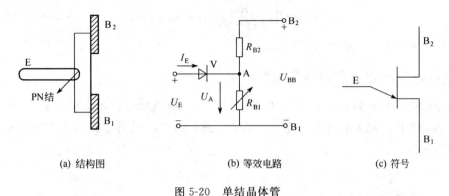

| (a) 结构图 | (b) 等效电路 | (c) 符号 |

图 5-20　单结晶体管

2. 单结晶体管的伏安特性

图 5-21 为单结晶体管的伏安特性 $u_E = f(i_E)$。

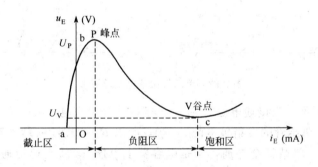

图 5-21　单结晶体管的伏安特性

当 u_E 很小时，PN 结截止，$U_A = U_{BB}R_{b1}/(R_{b1}+R_{b2})$：

① u_E 从 $0 \rightarrow U_P$ 的过程，e、b_1 间不导通，$i_E \approx 0$，因为 $u_E < U_A$，PN 结反偏，这是图 5-21 特性的 ab 段。

② 当 $u_E \geqslant U_P$ 时，PN 结导通，i_E 突然增大，相当于 e、b_1 间电阻 R_{b1} 忽然变小，这个电压 U_P 称为峰值电压（图中为 12.7V），对应电流为峰值电流 I_P（为微安数量级）。

③ 继续增大电压 u_E，过了 b 点，i_E 上升，u_E 反而下降，这种现象叫做负阻特性，如图 5-21 的 bc 段特性所示。到了 c 点，负阻特性结束，恢复 $i_E \uparrow$，$u_E \downarrow$ 的关系，c 点的电压 U_V 称为谷点电压（图中为 3V），对应电流为谷点电流 I_V（图中为 9mA）。

④ 若此时将外加电压 U 降低，当 $u_E < U_V$ 后，电路又迅速恢复阻断状态，PN 结截止，$I_E \approx 0$。

按照上述分析，图 5-21 的特性可划分为三个区域，即截止区、负阻区及饱和区（该区 u_E 变化不大）。

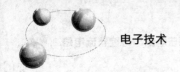

3. 单结晶体管的主要参数

除了峰值电压 U_P 和谷点电压 U_V 外，单结晶体管的另一重要参数就是分压比 η。从图 5-20 可知，当 b_1、b_2 间加有电压 U_{BB} 后，在等效电路中若不计 PN 结压降 U_D，则 A 点电压为

$$u_A = U_{BB}\frac{R_{B1}}{R_{B1}+R_{B2}} = \eta U_{BB} \approx U_P$$

式中　η 称为分压比，一般为 0.3～0.9。

(二) 单结晶体管的自激振荡电路

利用单结管的负阻特性构成自激振荡电路，产生控制脉冲，用以触发晶闸管。图 5-22 就是一个典型的产生触发脉冲的电路和它的波形图，图中，利用电容 C 上的电压 u_C 控制单结晶体管的 u_E。

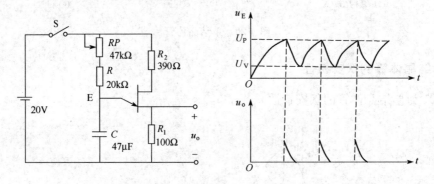

图 5-22　单结管振荡电路及波形

由图 5-22(a) 可见，当接通电源 U 后，电容 C 就开始充电，u_E（即 u_C）按指数曲线上升。当 $u_E < U_P$ 时，单结管的发射极电流 $i_E \approx 0$，所以 R_1 两端没有脉冲输出。当 u_E 上升到 $u_E \geqslant U_P$ 时，$i_E \uparrow\uparrow$，单结管全导通，于是电容器上电压 u_E 就迅速地通过 R_1 放电，故 R_1 便输出一个脉冲去触发晶闸管。放电结果 u_E 下降，到 $u_E \leqslant U_V$（谷点电压）时，单结管便又截止。$i_E = 0$，R_1 上触发脉冲消失。紧接着电源又向电容 C 充电，重复上述过程。单结管自激振荡输出的触发脉冲波形如图 5-22(b) 所示，若充电电阻 R 用可变电阻取代，则晶闸管得到的是频率可调的尖脉冲。

 项目小结 ▶▶▶

1. 经过整流滤波后的直流电压，会随交流电源电压的波动以及负载或温度的变化而变化，为了使输出直流电压保持稳定，需在整流滤波电路和负载之间连接稳压电路．用稳压二极管可组成简单的稳压电路，可用于对稳压度要求不高的场合；对稳压度要求较高时，广泛采用带有放大环节的串联型稳压电路，串联型稳压电路的输出电压可以调节。

2. 随着集成电路的发展，已生产出各种型号的集成稳压电源，它具有许多优点，目前已获得广泛应用。三端集成稳压器，除可直接应用外，还可根据需要连接成各种功率扩展电路。

3. 晶闸管是一种大功率的半导体器件。要使晶闸管导通，除了必须在阳极间加正向电压外，控制极还需要加正向电压，同时要求阳极电流大于维持电流。晶闸管导通后，控制极即失去控制作用。只有当阳极与阴极间正向电压降到一定值、或断开、或反向、或使阳极电流小于维持电流时，才又恢复阻断。

4. 可控整流电路可以把交流电变换为电压大小可调的直流电压（电流）。控制加入触发脉冲的时刻来控制导通角的大小，从而改变输出的直流电压值。晶闸管组成的可控整流电路，不同的负载具有不同的特点。

5. 晶闸管可控整流电路，对触发电路有一定的要求，要求触发电路要与主电路同步，有一定的移相范围等。利用电容充放电的单结晶体管触发电路，工作可靠，移相范围较宽，应用广泛。

 思考题与习题 ▶▶▶

5-1 串联型稳压电路主要包括哪些部分？各部分起什么作用？

5-2 晶闸管的导通和关断条件是什么？

5-3 晶闸管导通后，流过晶闸管的电流大小取决于什么？负载上的电压（忽略管压降）等于什么？晶闸管阻断时，承受的电压等于什么？

5-4 晶闸管与二极管、三极管有什么不同？能否像三极管那样构成电压放大电路？

5-5 如何用万用表的电阻挡去判断一个三端半导体器件是普通三极管还是单结晶体管？

5-6 试选用同一型号的 W7800 系列稳压器，实现下列要求，画出电路图。

① 输出电压 $U_o = +12\text{V}$；

② 输出电压 $U_o = \pm 12\text{V}$；

③ 输出电压 $U_o = +24\text{V}$。

5-7 图 5-23 所示串联型稳压电源，求：

① U_o 可调范围；

② 已知 2CW13 的 $U_s = 6\text{V}$，各极三极管的 $U_{be} = 0.3\text{V}$，当电位器调到中点时，求 A、B、C、D、E 各点对地电压值；

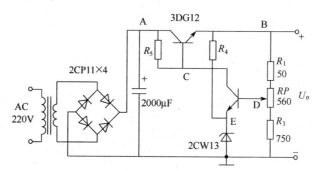

图 5-23　习题 5-7 用图

③ 电网电压升高或降低时，用箭头表示该电路的稳压过程。

5-8 一纯电阻负载，要求可调直流电压 $U_o = 0 \sim 00\text{V}$ 连续可调，负载电阻 $R_1 = 20\Omega$，采用单项半控桥式整流电路，试求：

① 电源变压器副边电压有效值；

② 画出该电路图；

③ 画出 $\alpha=90°$ 时的输出电压波形。

5-9 某单相桥式半控整流电路中，由电压 220V 交流电源直接供电，电阻性负载 $R_1=60\Omega$，触发控制角在 30°～150°间连续可调。

① 计算出直流电压的调节范围；

② 计算晶闸管和二极管在 $\alpha=30°$ 时的工作电流平均值。

5-10 图 5-24 所示电路，已知：$R_2=R_3=R_4=R_s$，运放的反相端接上稳压管，求：

① 按正确方向补画上稳压管及调整管的射极方向；

② 若 $U_2=6V$，求输出电压可调范围；

③ 标出电容 C_1、C_2 极性，并指出 C_3 的耐压规格为多少？（电容耐压比一般规格为 15V，25V，50V，100V……

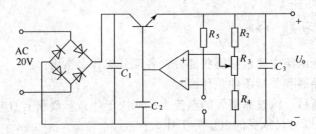

图 5-24 习题 5-10 用图

项目六
基本数字逻辑器件认知与检测

【目的与要求】 学习数字逻辑的基本概念、数字电路的特点，掌握数制与码制和数字逻辑的基本运算；熟悉基本逻辑门符号、表达式；掌握逻辑函数的化简方法；熟悉 TTL、CMOS 集成逻辑芯片使用常识。

任务一 ●●● 数字电路基础知识

一、数字电路和数字信号特点

数字信号——时间上和幅值上均是离散的信号。这些信号的变化发生在一系列离散的瞬间，其值也是离散的（如电子表的秒信号、生产流水线上记录零件个数的计数信号等）。

数字信号在电路中往往表现为突变的电压或电流，如图 6-1 所示。该信号有两个特点：

① 数字信号具有二值特性，电路只有高、低两个电压值，故常被称为逻辑电平，用数字 0

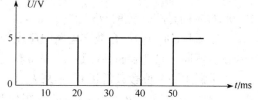

图 6-1 典型的数字信号

和 1 来表示，通常用逻辑 1 表示高电平值，用逻辑 0 表示低电平值；当然也可以作相反的规定。注意，这里的 0 和 1 没有大小之分，只代表两种互相对立的状态，也称为二值数字逻辑。

② 信号从高电平变为低电平，或者从低电平变为高电平是一个突变的过程，这种信号又称为脉冲信号。

二、器件工作状态

数字电路中，二极管和三极管作为基础器件，均工作在开关状态。

1. 二极管的开关特性

图 6-2 所示为二极管的开关特性。可见，二极管在电路中表现为一个受外加电压 u_I 控制的开关。当外加电压 u_I 为脉冲信号作用时，二极管将随着脉冲电压的变化在"开"态与"关"态之间转换。这个转换过程就是二极管开关的动态特性。

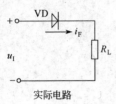

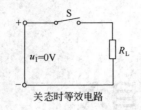

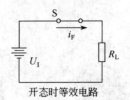

| 实际电路 | 关态时等效电路 | 开态时等效电路 |

图 6-2　二极管开关特性

2. 三极管的开关特性

三极管开关电路如图 6-3 所示。

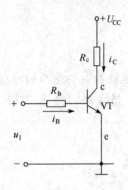

图 6-3　三极管开关电路

与项目二中介绍的三极管放大电路相比较，该电路无直流偏置；在数字信号作用下，三极管在截止区和饱和区交替工作，放大区只是作为一个过渡区。

三、数制和码制

1. 几种常用的计数体制

① 十进制（Decimal）：日常生活中应用最广泛的计数方法。在十进制中，每一位数用 0～9 十个数码表示，基数为 10。每一位数码处在不同数位时所代表的数值是不同的。相邻位间的关系为逢十进一、借一当十。一个含有 n 位整数和 m 位小数的正十进制数 $(N)_D$ 可表示为：

$$(N)_D = K_{n-1} \times 10^{n-1} + \cdots + K_1 \times 10^1 + K_0 \times 10^0 + K_{-1} \times 10^{-1} + \cdots + K_{-m} \times 10^{-m}$$

式中 10^n 对应的是第 n 位的权。

② 二进制（Binary）：在数字电路中应用最广泛的计数体制。二进制与十进制的区别在于基数和权值不同。二进制的基数是 2，第 n 位的权值是 2^n，相邻位间的关系为逢二进一、借一当二。二进制中每一位数只需用 0、1 来表示。任何一个二进制数 $(N)_B$ 都可以表示为：

$$(N)_B = K_{n-1} \times 2^{n-1} + \cdots + K_1 \times 2^1 + K_0 \times 2^0 + K_{-1} \times 2^{-1} + \cdots + K_{-m} \times 2^{-m}$$

③ 十六进制（Hexadecimal）与八进制（Octal）：十六进制采用 0～9、A(10)、B(11)、C(12)、D(13)、E(14)、F(15) 十六个数码，其基数为 16，第 n 位的权值是 16^n。一位十六进制相当于四位二进制。

八进制采用 0～7 八个数码，其基数为 8，第 n 位的权值是 8^n。一位八进制相当于三位二进制。

2. 不同数制之间的相互转换

① 二进制转换成十进制。

【例 6-1】 将二进制数 $(10011.101)_B$ 转换成十进制数。

解 将每一位二进制数乘以位权，然后相加，可得其对应的十进制数。

$$(10011.101)_B = 1 \times 2^4 + 0 \times 2^3 + 0 \times 2^2 + 1 \times 2^1 + 1 \times 2^0 + 1 \times 2^{-1} + 0 \times 2^{-2} + 1 \times 2^{-3}$$
$$= (19.625)_D$$

② 十进制转换成二进制。

【例 6-2】 将十进制数 $(23.562)_D$ 转换成误差 ε 不大于 2^{-6} 的二进制数。

解 （1）整数部分：根据"除 2 取余"法的原理，按如下步骤转换：

（2）小数部分：用"乘 2 取整"法，按如下步骤转换取整

整数部分："除 2 取余"

$$2\,\underline{|23}\quad\cdots\cdots\text{余 }1\quad b_0$$
$$2\,\underline{|11}\quad\cdots\cdots\text{余 }1\quad b_1$$
$$2\,\underline{|5}\quad\cdots\cdots\text{余 }1\quad b_2$$
$$2\,\underline{|2}\quad\cdots\cdots\text{余 }0\quad b_3$$
$$2\,\underline{|1}\quad\cdots\cdots\text{余 }1\quad b_4$$

读取次序

小数部分"乘 2 取整"

$$0.562\times2=1.124\cdots1\cdots b_{-1}$$
$$0.124\times2=0.248\cdots0\cdots b_{-2}$$
$$0.248\times2=0.496\cdots0\cdots b_{-3}$$
$$0.496\times2=0.992\cdots0\cdots b_{-4}$$
$$0.992\times2=1.984\cdots1\cdots b_{-5}$$

读取次序

$(23)_D=(10111)_B$ 由于最后的小数 $0.984>0.5$，根据"四舍五入"的原则，b_{-6} 应为 1。

因此 $(0.562)_D=(0.100011)_B$

所以：$(23.562)_D=(10111.100011)_B$

其误差 $\varepsilon<2^{-6}$。

【例 6-3】 将 $(1001.1011\ 0101\ 0011)_B$ 分别转换成十六进制数和八进制数。

解 $(1001.1011\ 0101\ 0011)_B=(9.B53)_H$

$(1001.10110\ 1010\ 011)_B=(11.5523)_O$

当要求将八进制和十六进制相互转换时，可借助二进制来完成。

3. 码制

数字系统是以二值数字逻辑为基础的，数字系统中的信息（包括数值、文字、控制命令等）都是用若干位二进制码表示的，这个二进制码称为代码。编排二进制代码的方式有多种。其中，二-十进制码，又称 BCD 码（Binary-Coded-Decimal），是其中常用的有权码。BCD 码是用四位二进制代码来表示一位十进制的 0～9 十个数。4 位二进制数有 16 种组合，可从这 16 种组合中选择 10 种组合分别来表示十进制的 0～9 十个数。选哪 10 种组合，有多种方案，这就形成了不同的 BCD 码。常用的 BCD 码见表 6-1。注意，BCD 码用 4 位二进制码表示的只是十进制数的一位。如果是多位十进制数，应先将每一位用 BCD 码表示，然后再组合起来。

【例 6-4】 将十进制数 83 用 8421BCD 码表示。

解 由表 6-1 可得

$$(83)_D=(10000011)_{8421BCD}$$

常见的无权码有格雷码（Gray），其编码如表 6-1 所示。这种码是按照"相邻性"原则进行编码的，即相邻两码之间只有一位数字不同。格雷码常用于模拟量的转换中，当模拟量发生微小变化而可能引起数字量发生变化时，格雷码仅改变 1 位，这样与其他码同时改变两位或多位的情况相比更为可靠，可减少出错的可能性。

表 6-1　常见编码对照表

十进制数	有权码			无权码	
	8421BCD	2421BCD 码	5421BCD 码	余 3 码	格雷码
0	0000	0000	0000	0011	0000
1	0001	0001	0001	0100	0001
2	0010	0010	0010	0101	0011
3	0011	0011	0011	0110	0010

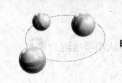

十进制数	编码	有　权　码			无　权　码	
		8421BCD	2421BCD 码	5421BCD 码	余 3 码	格雷码
4		0100	0100	0100	0111	0110
5		0101	1011	1000	1000	0111
6		0110	1100	1001	1001	0101
7		0111	1101	1010	1010	0100
8		1000	1110	1011	1011	1100
9		1001	1111	1100	1100	1101
10						1111
11						1110
12						1010
13						1011
14						1001
15						1000

任务二 ●●● 基本逻辑关系与逻辑门

逻辑关系是指某事物的条件（或原因）与结果之间的关系。逻辑关系常用逻辑函数来描述。能够实现逻辑关系运算的电路称为（数字）逻辑电路，简称逻辑门。

逻辑代数中有三种基本逻辑关系：与逻辑、或逻辑、非逻辑。

一、"与"逻辑及"与"门

"当决定某一事件的条件全部具备时，这一事件才发生；有任一条件不具备，事件就不发生"，把这种因果控制关系称为"与"逻辑（Logic And）。

图 6-4 所示的串联开关电路是"与"逻辑的一个实例，只有当开关 S_1、S_2 都闭合，灯才亮；否则，灯不亮。

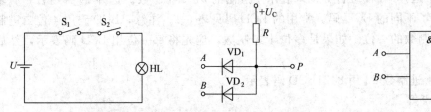

图 6-4　与逻辑实例　　　图 6-5　二极管与门电路　　　图 6-6　与逻辑符号

能够实现与逻辑功能的电路称为与门。图 6-5 所示为由两个二极管组成的与门电路，输入信号分别加在输入端 A、B 上，输出端为 P。假设输入信号在高电平 U_{IH}（3.6V）和低电平 U_{IL}（0.3V）间变化，若忽略二极管的正向管压降，分析可得该电路的输入-输出电位关系如表 6-2 所示。

表 6-2　与门输入-输出电位关系　　　　　　表 6-3　与逻辑真值表

A/V	B/V	P/V		A	B	P
0.3	0.3	0.3		0	0	0
0.3	3.6	0.3		0	1	0
3.6	0.3	0.3		1	0	0
3.6	3.6	3.6		1	1	1

如果将表 6-2 中的高电平用逻辑"1"表示，低电平用逻辑"0"表示，则可转换得到表 6-3 所示的逻辑真值表。

所谓真值表，就是将逻辑变量（用字母 A、B、C…来表示）的各种可能的取值（在二值逻辑中只能有 0 与 1 两种取值）和相应的函数值 P 排列在一起所组成的表。由真值表可看出：只有当输入全为"1"时输出为"1"；只要有一个输入为"0"则输出为"0"。图 6-5 所示电路可以实现与逻辑功能。

与逻辑可由逻辑表达式来描述，写成：$P = A \cdot B$

当有多个输入变量时可写成： $\qquad P = A \cdot B \cdot C\cdots$

式中，符号"·"读作逻辑"与"或逻辑"乘"，在不致混淆的情况下，"·"可省略，写成 $P = AB$。在逻辑代数中，"与逻辑"也称作"与运算"或"逻辑乘"（Logic Multiplication）

与逻辑的基本运算规则为：

$0 \cdot 0 = 0$ $\qquad 0 \cdot 1 = 0$ $\qquad 1 \cdot 0 = 0$ $\qquad 1 \cdot 1 = 1$

显然，与逻辑的运算规则可归纳为：有 0 得 0，全 1 得 1。

与门的逻辑符号如图 6-6 所示，其中符号"&"表示"And"，即"与"逻辑。

二、"或"逻辑及"或"门

"在决定某一事件的各条件中，只要具备一个以上的条件，这一事件就会发生；条件全部不具备时，事件不发生"。把这种因果控制关系称为"或"逻辑。

"或"逻辑又称"或运算"、"逻辑加"（Logic Addition）

图 6-7 所示为或逻辑的实例，显然只要开关 S₁ 或 S₂ 中有一个以上闭合，灯就会亮。

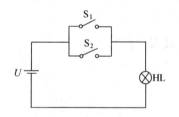

图 6-7　或逻辑实例

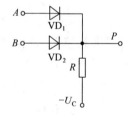

图 6-8　或门电路

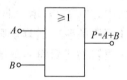

图 6-9　或逻辑符号

表 6-4　或门输入-输出电位关系

A/V	B/V	P/V
0.3	0.3	0.3
0.3	3.6	3.6
3.6	0.3	3.6
3.6	3.6	3.6

表 6-5　或逻辑真值表

A	B	P
0	0	0
0	1	1
1	0	1
1	1	1

按照前述方法可以列出图 6-8 所示电路的输入-输出电压关系如表 6-4 所示，将表中的高电平用逻辑"1"表示、低电平用逻辑"0"表示，则可得到表 6-5 所示的逻辑真值表。

由真值表可见：只要输入有一个为"1"则输出为"1"；只有当输入全为"0"时输出才为"0"。图 6-8 所示电路可以实现或逻辑功能。

或逻辑表达式可写成：$P = A + B$

当有多个输入变量时：$P = A + B + C\cdots$

符号"+"表示"或逻辑"，也称为"或运算"或"逻辑加"，读作"或"或者"加"。

或逻辑的基本运算规则为：

$0+0=0$　　$0+1=1$　　$1+0=1$　　$1+1=1$

显然，或逻辑的运算规则可归纳为：有 1 得 1，全 0 得 0。

必须指出的是，二进制加法运算和逻辑或运算有本质的区别，二者不能混淆：

① 二进制加法运算中，存在进位关系，所以：$1+1=10$。

② 或逻辑运算研究的是逻辑"加"，所以有：$1+1=1$。

或门的逻辑符号如图 6-9 所示。

三、"非"逻辑及"非"门

"某一事件的发生，以另一事件不发生为条件。"这种逻辑关系称为"非"逻辑。"非"逻辑又称"非运算"、"反运算""逻辑否"（Logic Negation）。

图 6-10 所示为非逻辑的实例，当开关 S 闭合时，灯不亮，当开关 S 断开时，灯亮。灯亮以开关 S 不闭合为条件。

图 6-11 所示为一个晶体管非门电路，实际上是一个晶体管反相器，当 U_I 输入为高电平（如 U_{CC}）时，三极管处于饱和状态，输出 $U_O \approx U_{CES} \approx 0$；当输入为低电平时，三极管截止，$U_O \approx U_{CC}$。由此可列出该电路的输入-输出电压对应关系如表 6-6 所示，对应的真值表如表 6-7 所示。由表可见，图 6-11 所示电路可以实现非逻辑功能。

表 6-6　非门输入-输出关系

U_I	U_O
0	U_{CC}
U_{CC}	0

表 6-7　非逻辑真值表

A	P
0	1
1	0

非逻辑表达式可写成：$P = \overline{A}$

式中，"—"表示"非"逻辑也称"非运算"，读作"非"或者"反"。

非逻辑的基本运算规则为：$\overline{0}=1$　　$\overline{1}=0$

非逻辑的逻辑符号如图 6-12 所示。

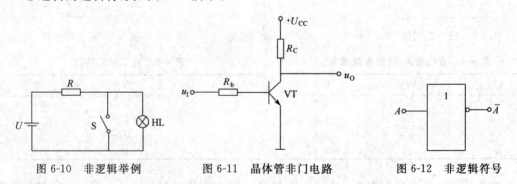

图 6-10　非逻辑举例　　　　图 6-11　晶体管非门电路　　　　图 6-12　非逻辑符号

四、复合逻辑门

在逻辑代数中，除了基本的"与"、"或"、"非"逻辑外，还常由这三种基本逻辑组合构成复合逻辑，如"与非"、"或非"、"与或非"、"异或"等，统称为"复合"逻辑，并构成相应的与非门、或非门、与或非门、异或门等复合门电路，它们的逻辑符号、逻辑表达式等如表 6-8 所示。

表 6-8　常用复合门

名称	与非门	或非门	与或非门	异或门	同或门
逻辑符号	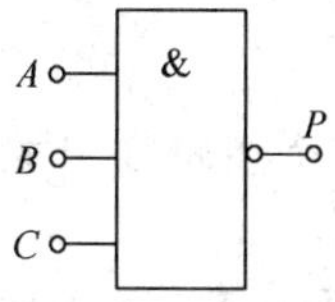	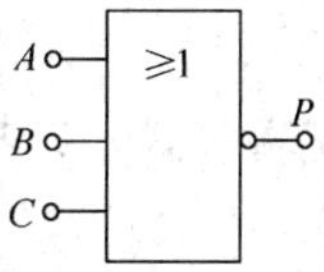	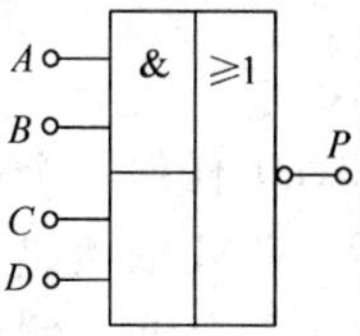	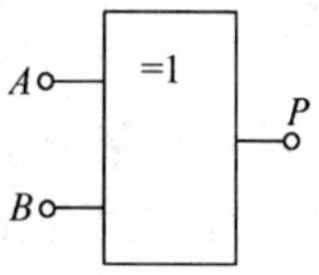	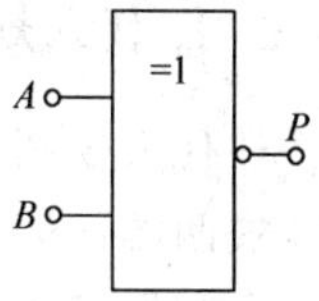
逻辑表达式	$P=\overline{ABC}$	$P=\overline{A+B+C}$	$P=\overline{AB+CD}$	$P=A\oplus B$ $=\overline{A}B+A\overline{B}$	$P=A\odot B$ $=AB+\overline{A}\,\overline{B}$
逻辑口诀	有 0 得 1 全 1 得 0	全 0 得 1 有 1 得 0	先与再或后非	相异得 1 相同得 0	相同得 1 相异得 0

在国外资料中，数字逻辑门符号与国内标准不一致，为了方便使用，将常见的逻辑符号在表 6-9 中列出以便对照。

表 6-9　常用逻辑门符号对照表

类别	与逻辑	或逻辑	非逻辑	与非逻辑
国家标准	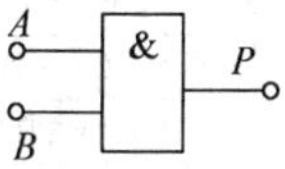	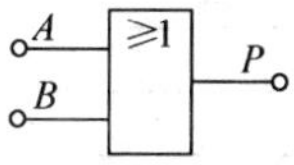	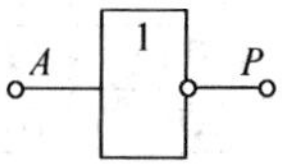	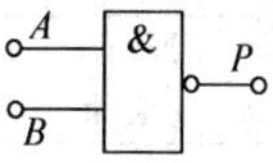
国外资料	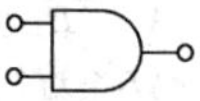	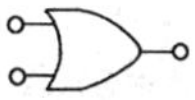	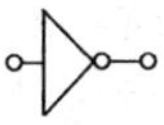	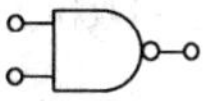

类别	或非逻辑	与或非逻辑	异或逻辑	同或逻辑
国家标准	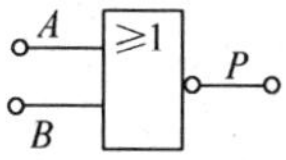	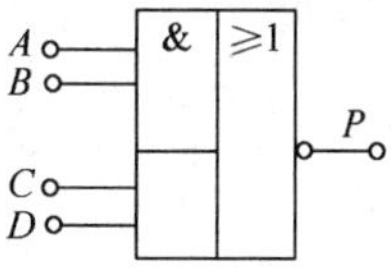	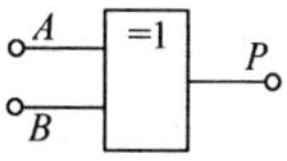	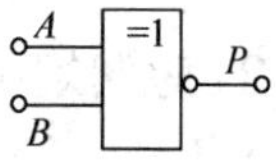
国外资料	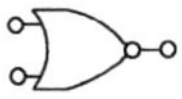	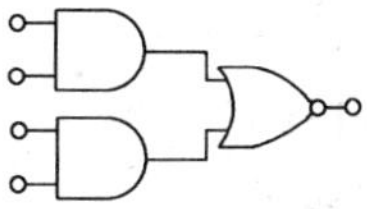	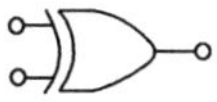	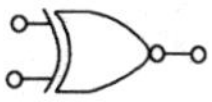

任务三 ●●● 逻辑函数化简

研究逻辑关系的数学称为逻辑代数，又称为布尔代数，是分析设计逻辑电路的数学工具。利用逻辑代数可以进行逻辑函数的化简和变换，完成逻辑电路的分析与设计。

(一) 逻辑函数的基本公式

逻辑函数的定义：如果输入逻辑变量 A、B、C…的取值确定后，对应输出逻辑变量 P 的值也是唯一地确定，那么，就说 P 是 A、B、C…的函数，记作

$$P=f(A、B、C…)$$

逻辑代数的基本定律和公式如表 6-10 所示，其中有些与普通代数相似，有些与普通代数不同，使用时切勿混淆。

(二) 逻辑函数的基本规则

1. 代入规则

代入规则的基本内容是：对于任何一个逻辑等式，以某个逻辑变量或逻辑函数同时取代等式两端任何一个逻辑变量后，等式依然成立。

利用代入规则可以方便地扩展公式。例如，在反演律 $\overline{AB}=\overline{A}+\overline{B}$ 中用 BC 去代替等式中的 B，则新的等式仍成立：

$$\overline{ABC}=\overline{A}+\overline{BC}=\overline{A}+\overline{B}+\overline{C}$$

表 6-10 逻辑代数的基本公式

名　称	公　式　1	公　式　2
0-1 律	$A \cdot 1 = A$ $A \cdot 0 = 0$	$A+0=A$ $A+1=1$
互补律	$A \cdot \overline{A} = 0$	$A+\overline{A}=1$
重叠律	$AA=A$	$A+A=A$
交换律	$AB=BA$	$A+B=B+A$
结合律	$A(BC)=(AB)C$	$A+(B+C)=(A+B)+C$
分配律	$A(B+C)=AB+AC$	* $A+BC=(A+B)(A+C)$
反演律	* $\overline{AB}=\overline{A}+\overline{B}$	* $\overline{A+B}=\overline{A}\,\overline{B}$
吸收律	* $A(A+B)=A$ $A(\overline{A}+B)=AB$ $(A+B)(\overline{A}+C)(B+C)=(A+B)(\overline{A}+C)$	$A+AB=A$ * $A+\overline{A}B=A+B$ * $AB+\overline{A}C+BC=AB+\overline{A}C$
否定律	* $\overline{\overline{A}}=A$	

注：* 表示在逻辑代数中特有的定律。

2. 对偶规则

将一个逻辑函数 L 进行下列变换：

$$\left.\begin{array}{c} \cdot \to +,\ + \to \cdot \\ 0 \to 1,\ 1 \to 0 \end{array}\right\} \to L'$$

所得新函数表达式叫做 L 的对偶式，用 L' 表示。

对偶规则的基本内容是：如果两个逻辑函数表达式相等，那么它们的对偶式也一定相等。

利用对偶规则可以减少公式的记忆量。例如，表 6-2 中的公式 1 和公式 2 就互为对偶，只需记住一边的公式就可以了。因为利用对偶规则，不难得出另一边的公式。

3. 反演规则

将一个逻辑函数 L 进行下列变换：

$$\left.\begin{array}{c} \cdot \to +,\ + \to \cdot \\ 0 \to 1,\ 1 \to 0 \\ \text{原变量} \to \text{反变量} \\ \text{反变量} \to \text{原变量} \end{array}\right\} \to \overline{L}$$

所得新函数表达式叫做 L 的反函数，用 $\overline{L}$ 表示。利用反演规则，可以非常方便地求得一个函数的反函数。

【例 6-5】 求函数 $L=\overline{A}C+B\overline{D}$ 的反函数。

解 $\overline{L}=(A+\overline{C})\cdot(\overline{B}+D)$

(三) 逻辑函数的代数化简法

1. 逻辑函数式的常见形式

假设，两个具有相同输入变量的逻辑函数 $F(A_1, A_2, \cdots, A_n)$ 和 $G(A_1, A_2, \cdots, A_n)$，若对应输入变量 $A_1, A_2, \cdots, A_n$ 的任一组状态组合，F 和 G 的值都完全相同，则称 F 和 G 是等值的，或者说 F 和 G 相等，记为：$F=G$。也就是说，要证明两个含有相同逻辑变量的函数相等，只要验证它们的真值表是否相同。如果 $F=G$，那么它们就应该有相同的真值表；如果 F 和 G 的真值表相同，则一定是 $F=G$。

一个逻辑函数的表达式不是唯一的，可以有多种形式。表达式越简单，实现时所需的元器件就越少，这样既可以降低成本，又可以减少故障源，这就是逻辑函数化简的意义。常见的逻辑式主要有 5 种形式，例如：

$$
\begin{aligned}
L &= AC+\overline{A}B & \text{与-或表达式}\\
&= (A+B)(\overline{A}+C) & \text{或-与表达式}\\
&= \overline{\overline{AC}\cdot\overline{\overline{A}B}} & \text{与非-与非表达式}\\
&= \overline{\overline{A+B}+\overline{\overline{A}+C}} & \text{或非-或非表达式}\\
&= \overline{A\,\overline{C}+\overline{A}\,\overline{B}} & \text{与-或非表达式}
\end{aligned}
$$

在上述多种表达式中，与-或表达式是逻辑函数的最基本表达形式。因此，在化简逻辑函数时，通常是将逻辑式化简成最简与-或表达式，然后再根据需要转换成其他形式。

2. 最简与-或表达式的标准

① 与项的个数最少，即表达式中"+"号最少，使实现逻辑函数所需的器件最少。

② 每个与项中的变量数最少，即表达式中"·"号最少，使电路中的连线最少。

3. 逻辑函数的化简

利用逻辑函数的基本定律和公式可实现逻辑函数的公式法化简。

【例 6-6】 化简 $F=AB+A\overline{B}$

解 $$F=AB+A\overline{B}$$

$$\xrightarrow{\text{分配律}}=A\,(B+\overline{B})$$

$$\xrightarrow{\text{互补律}}=A$$

【例 6-7】 化简 $F=AB+\overline{A}C+BC$

解 $$F=AB+\overline{A}C+BC$$

$$\xrightarrow{\text{互补律}}=AB+\overline{A}C+(A+\overline{A})\,BC$$

$$\xrightarrow{\text{分配律}}=AB+\overline{A}C+ABC+\overline{A}BC$$

$$\xrightarrow{\text{分配律}}=AB\,(1+C)\,+\overline{A}C\,(1+B)$$

$$\xrightarrow{\text{0-1定律}} = AB + \overline{A}C$$

【例 6-8】 化简 $F = \overline{(\overline{A} + A\overline{B})\overline{C}}$

解
$$F = \overline{(\overline{A} + A\overline{B})\overline{C}}$$

$$\xrightarrow{\text{反演律}} = \overline{\overline{A} + A\overline{B}} + \overline{\overline{C}}$$

$$\xrightarrow{\text{结合律}} = \overline{(A + \overline{A})(A + \overline{B})} + C$$

$$\xrightarrow{\text{互补律}} = \overline{A + \overline{B}} + C$$

$$\xrightarrow{\text{反演律}} = AB + C$$

任务四 ●●● TTL 集成逻辑门特性及典型器件认知

用二极管、三极管构成的门电路称为分立元件门电路，其缺点是使用元件多、体积大、工作速度低、可靠性欠佳、带负载能力差等，所以，数字电路广泛采用的是集成电路。TTL（晶体管-晶体管逻辑门）电路在中、小规模集成电路中应用最为普遍，而其基本单元电路大多由与非门组成。目前国产的集成 TTL 电路有：①CT54/74 系列（标准通用系列，与国际上 SN54/74 系列相当）；②CT54H/74H 系列（高速系列，与国际上 SN54H/74H 系列相当）；③CT54S/74S 系列（肖特基系列，与国际上 SN54S/74S 系列相当）；④CT54LS/74LS 系列（低功耗肖特基系列，与国际上 SN54LS/74LS 系列相当）。

TTL 与非门是采用双极型的晶体管-晶体管形式集成的与非逻辑门电路。

一、TTL 与非门电路组成

图 6-13 是 TTL 与非门（CT54/74 系列）的典型电路，它由三部分组成。

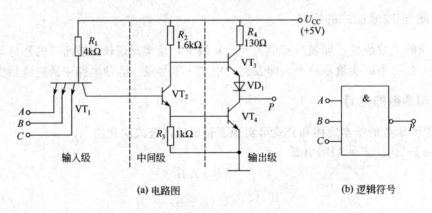

(a) 电路图　　　　　(b) 逻辑符号

图 6-13　TTL 与非门的典型电路

（1）输入级　由多发射极管 VT_1 和电阻 R_1 组成，完成"与"逻辑功能。

（2）中间级　由 VT_2 和电阻 R_2、R_3 组成，从 VT_2 的集电极和发射极同时输出两个相位相反的信号，作为 VT_3、VT_4 输出级的驱动信号，使 VT_3、VT_4 始终处于一管导通而另一管截止的工作状态。

（3）输出级　由 VT_3、VD_1、VT_4 构成，采用"推拉式"输出电路。当输出低电平时，VT_4 饱和、VT_3 截止，输出电阻 $r_0 = r_{ces4}$，其值很小。当输出为高电平时，VT_4 截止，

VT_3、VD_1 导通，VT_3 工作为射随器，输出电阻 r_0 的阻值也很小。可见，无论输出是高电平还是低电平，输出电阻 r_0 都较小，电路带负载的能力较强。

二、逻辑功能分析

1. 输入端有低电平（0.3V）输入时

当输入信号 A、B、C 中至少有一个为低电平（0.3V）时，多发射极晶体管 VT_1 的相应发射结导通，导通压降 U_{BE1} 约为 0.7V，VT_1 的基极电流 i_{B1} 约为 1mA，VT_1 处于深饱和状态，$u_{CE1} \approx U_{CES1} = 0.1V$。此时，$VT_2$ 管基极电位 $u_{B2} = u_{C1} = 0.3V + 0.1V = 0.4V$，因此 VT_2、VT_4 均截止；U_{CC} 通过 R_2 驱动 VT_3 和 VD_1，使 VT_3 和 VD_1 处于导通状态。VT_3 发射结和 VD_1 的导通压降各为 0.7V。因此输出电压 u_O 为：

$$u_O = U_{CC} - i_{B3}R_2 - U_{BE3} - U_{D1} \approx U_{CC} - U_{BE3} - U_{D1} = 5 - 0.7 - 0.7 = 3.6V$$

输出为高电平 $U_{OH} = 3.6V$，此时的状态称作 TTL 与非门的"关"态。

2. 输入全接高电平（3.6V）时

当输入信号 A、B、C 均为高电平（3.6V）时，VT_1 截止输出高电平，在电路设计上使 VT_2 和 VT_4 管均能饱和导通，$U_{CES4} = 0.3V$，此时 $u_{C2} = U_{CES2} + U_{BE4} = 0.3V + 0.7V = 1V$，$VT_3$ 和二极管 VD_1 截止。因此输出电压为：

$$u_O = U_{OL} = U_{CES4} = 0.3V$$

此时的状态称为与非门的"开"态。

综上所述，图 6-13 所示电路可实现与非逻辑功能，$P = \overline{A \cdot B \cdot C}$。

三、集成 TTL 与非门的主要参数

(一) 电压传输特性

TTL 与非门电压传输特性是指输出电压 u_O 随输入电压 u_I 变化的关系曲线。按图 6-14（a）所示测试电路，可得图 6-14(b) 所示的电压传输特性曲线。由图可见，TTL 与非门电压传输特性可分为 ab、bc、cd 三段。

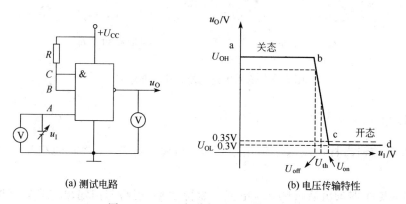

(a) 测试电路　　　　(b) 电压传输特性

图 6-14　TTL 与非门的电压传输特性

① ab 段：与非门处于"关态"，$u_O = 3.6V$。
② bc 段（转折区）：u_O 线性下降。

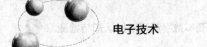

③ cd 段：与非门处于"开态"，$u_O = 0.3V$。

(二) 主要参数

1. 电压电流参数

(1) 输出高电平 U_{OH} 当输入端至少有一个接低电平时，与非门处于关态时输出端得到的高电平值。典型值为 3.6V。

(2) 输出低电平 U_{OL} 当输入全为高电平时，与非门处于开态时输出端得到的低电平值。典型值为 0.3V。

(3) 关门电平 U_{off} 在保证输出电压为额定高电平 3.6V 的 90% 时，允许的最大输入低电平值。一般 $U_{off} \geqslant 0.8V$。

(4) 开门电平 U_{on} 在保证输出电压 $U_{OL} = 0.35V$（即额定低电平）时，允许的最小输入高电平值。一般 $U_{on} \leqslant 1.8V$。关门电平 U_{off} 和开门电平 U_{on}，能反映出电路的抗干扰能力。

(5) 阈值电压 U_{th} 在转折区内，TTL 与非门处于急剧的变化中，通常将转折区的中点对应的输入电压称为 TTL 门的阈值电压 U_{th}。一般 $U_{th} \approx 1.4V$。

(6) 输入短路电流 I_{IS} 当与非门任一输入端接地（$u_1 = 0V$ 时）（其他输入端悬空）时，流经该输入端的电流（以流出输入端为正）。如图 6-15(a) 所示，其典型值为

$$I_{IS} = \frac{U_{CC} - U_{BE1}}{R_1} = \frac{5 - 0.7}{4k\Omega} \approx 1.08mA$$

(7) 输入漏电流 I_{IH} 当与非门任意一个输入端接高电平（其他输入端接低电平）时，流经该输入端的反向电流。如图 6-15(b) 所示，通常要求 $I_{IH} \leqslant 70\mu A$。

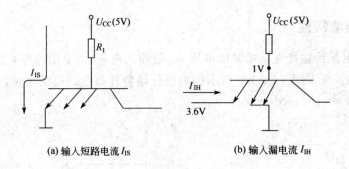

(a) 输入短路电流 I_{IS} (b) 输入漏电流 I_{IH}

图 6-15 输入短路电流和输入漏电流

2. 负载能力

TTL 与非门的输出特性反映了输出电压 u_O 和输出电流 i_O 之间的相互关系，即负载特性。

(1) 输出高电平时的负载特性（拉电流负载特性） 当与非门输出为高电平时，与非门处于关态，此时 VT_4 截止，VT_3、VD_1 导通。它向后面的负载门提供电流，相当于后面负载从与非门中拉出电流，此输出电流称为拉电流。

(2) 输出低电平时的负载特性（灌电流负载特性） 当与非门输出为低电平时，与非门

处于开态，此时 VT_4 饱和，负载电流可以灌入 TTL 与非门的 VT_4 管，此输出电流称为灌电流。

（3）扇出系数 N_0　扇出系数 N_0 是指一个与非门能够驱动同类型门的个数。

$$N_0 = \frac{I_0 \max}{I_{IS}}$$

其中，$I_0 \max$ 是指与非门输出低电平带灌电流负载时的最大电流（即 $I_0 \max$），I_{IS} 为 TTL 与非门的输入短路电流。

3. 平均传输延迟时间 t_{pd}（pass delay）

由于电荷的存储效应，晶体管作为开关应用时其输出和输入之间存在延迟，通常用 t_{p1} 表示导通延迟时间，用 t_{p2} 表示截止延迟时间。平均延迟时间为它们的平均值，即：

$$t_{pd} = 1/2(t_{p1} + t_{p2})。$$

平均传输延迟时间是衡量门电路开关速度的重要参数，通常所说的低、中、高、甚高速逻辑门都是以 t_{pd} 的大小来区分的。

四、集成与非门芯片介绍

常用的 TTL 与非门集成电路有 74LS00 和 74LS20 等芯片，采用双列直插式封装。74LS00 是 2 输入端四与非门的集成电路，其外引线端子图如图 6-16(a) 所示；74LS20 是 4 输入端双与非门的集成电路，其外引线端子图如图 6-16(b) 所示。

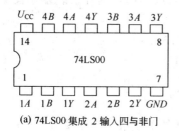
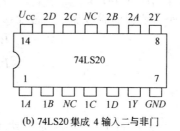

(a) 74LS00 集成 2 输入四与非门　　(b) 74LS20 集成 4 输入二与非门

图 6-16　常用的集成 TTL 与非门

五、其他功能的 TTL 门电路

集成 TTL 门电路除与非门之外，还有"与"门、"或"门、"或非"门、"与或非"门、"异或"门等不同的逻辑功能的集成器件，这里只简单列出几种常用的 TTL 集成门电路的芯片。同时将介绍两种计算机中常用的特殊门电路：集电极开路门（OC 门）和三态门（TS 门）。

(一) 常见的集成逻辑门

1. 非门

常用的 TTL 集成非门电路有六反相器芯片 74LS04 等，实现非逻辑运算 $Y = \overline{A}$，74LS04 的外引线端子图如图 6-17(a) 所示。

2. 或非门

常用 TTL 或非门集成芯片有 74LS02-2 输入端四或非门，实现或非运算：$Y = \overline{A+B}$，

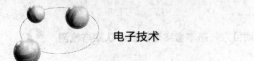

74LS02 的外引线端子图如图 6-17（b）所示。

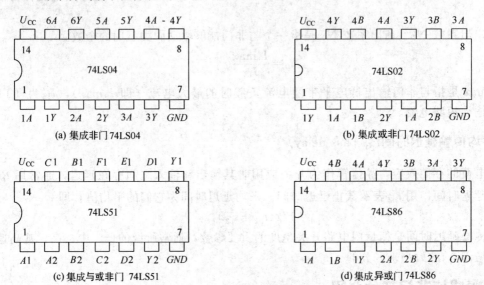

图 6-17　常用集成逻辑门芯片

3. 与或非门

集成与或非门芯片 74LS51 是一个 $3\times2/2\times2$ 与或非门，其外引线端子图如图 6-17(c) 所示。图中每个与或非门完成如下与或非运算：

$$Y_1 = \overline{A_1 B_1 C_1 + D_1 E_1 F_1}$$
$$Y_2 = \overline{A_2 B_2 + C_2 D_2}$$

4. 异或门

集成 TTL 异或门芯片 74LS86 为四异或门，其外引线端子图如图 6-17(d) 所示。每个异或门完成异或运算：$Y = A \cdot \overline{B} + B \cdot \overline{A} = A \oplus B$

（二）两种特殊的门电路

1. OC 门（Open Collector）

TTL 与非门由于采用推拉式输出电路，则无论输出是高电平还是低电平，输出电阻都比较低，因此输出端是不允许接地或直接接高电平的，如图 6-18(a)、（b）所示；若将电路两输出端直接相连，同样是不允许的，如图 6-18(c) 所示。因为如果门 1 输出为高电平，门 2 输出为低电平时，则会构成一条自 $+U_{CC}$ 到地的低阻通路，将有一很大的电流从门 1 的 R_4、VT_3、VD 经输出端 P_1 流入 P_2 至门 2 的 VT_4 管到地。这个大电流不仅会使门 2 的输出低电平抬高，而且还可能因功耗太高而烧毁两个门的输出管。

所以，一般的 TTL 逻辑门的输出端是不允许直接接地、接高电平或直接并联的。

为了克服一般 TTL 门不能直接相连的缺点，专门设计了一种输出端可相互连接的特殊的 TTL 门电路，即集电极开路的 OC（Open Collector）门。

（1）OC 与非门的电路结构及逻辑符号　在集成 TTL 与非门的基础上，将负载管 VT_3

去除，形成 TTL 集成 OC 与非门，其电路结构及逻辑符号如图 6-19 所示。

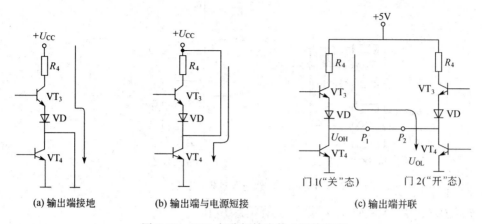

(a) 输出端接地　　　　(b) 输出端与电源短接　　　　(c) 输出端并联

图 6-18　TTL 与非门输出禁止连接状态

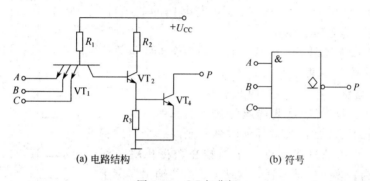

(a) 电路结构　　　　　　　(b) 符号

图 6-19　OC 与非门

OC 门在实际运用时，它的输出端必须如图 6-20 所示外接上拉电阻 R_P 和外接电源 U_P。此时 OC 门仍具有"全 1 得 0；有 0 得 1"的输入、输出电平关系，是一个正逻辑的与非门。

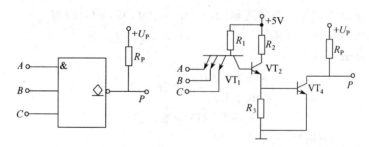

图 6-20　OC 门的使用连接方法

（2）OC 门的典型应用　　OC 门在计算机中应用广泛，下面分别予以介绍。

① 实现"线与"逻辑：用导线将两个或更多个 OC 门输出端连接在一起，其总的输出为各个 OC 门输出的逻辑"与"，这种用"线"连接而实现的"与"逻辑的方式称作"线与"（Wire AND）。

如图 6-21 所示为两个 OC 与非门用导线连接而实现"线与"逻辑的电路图。

在图（a）中，若 P_1、P_2 输入为全 1 时，则通过导线连接的总的输出端 P 为 1；若 P_1、P_2 输入有一个为 0 时，则通过导线联接的总的输出端 P 也为低电平。

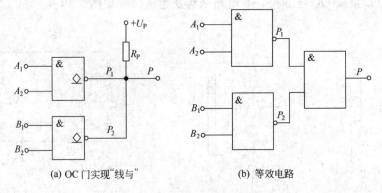

(a) OC 门实现"线与"　　　　(b) 等效电路

图 6-21　"线与"逻辑电路图

此逻辑为：$P = P_1 P_2 = \overline{A_1 A_2} \cdot \overline{B_1 B_2} = \overline{A_1 A_2 + B_1 B_2}$

即总的输出 P 为两个 OC 门单独输出 P_1 和 P_2 的"与"，等效电路如图 6-21（b）所示。可见，OC 与非门的"线与"可以用来实现与或非逻辑功能。

② 实现"总线"（BUS）传输：如果将多个 OC 与非门按图 6-22 所示连接，当某一个门的选通输入 E_i 为"1"，其他门的选通输入皆为"0"时，这时只有这个 OC 门被选通，它的数据输入信号 D_i 就经过此选通门被送上总线（BUS）。为确保数据传送的可靠性，规定任何时刻只允许一个门的输出数据被选通，也就是只能允许一个门挂在数据传输总线（BUS）上，因为若多个门被选通，这些 OC 门的输出实际上会构成"线与"，就将使数据传送出现错误。

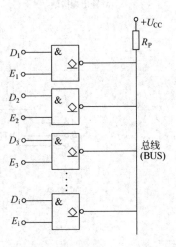

图 6-22　用 OC 门实现总线传输

2. 三态输出门（TS 门）

三态门是指输出有三种状态的逻辑门（Three State Gate），简称 TS 门。它也是在计算机中得以广泛应用的特殊门电路。

三态门有三种输出状态：

$$\left.\begin{array}{l} \text{高电平 } U_{\text{OH}} \\ \text{低电平 } U_{\text{OL}} \end{array}\right\} \rightarrow \text{正常工作状态}$$

$$\text{高阻状态} \rightarrow \text{禁止态}$$

它与一般 TTL 门电路的不同点在于：

输出端除了有高电平、低电平两种状态外，还增加了一个"高阻态"，或称"禁止态"。而禁止态不是一个逻辑值，它表示输出端悬浮，此时该门电路与其他门电路无电路联系，相当于断路状态。

在输入极增加了一个"控制端"$\overline{EN}$，常称为"使能端"，用 EN 表示。

（1）三态门的电路结构及性能　三态与非门电路如图 6-23（a）所示，图 6-23（b）是它的逻辑符号。其工作原理为：当控制端 $\overline{EN} = 0$ 时，VT_6 管截止，VT_5、VT_6、VD_2 构成的电路对于基本的 TTL 与非门无影响，与非门处于正常工作状态，即输出 $P = \overline{A \cdot B}$。当控制端 $\overline{EN} = 1$ 时，VT_6 管饱和导通，VT_6 集电极电压 $U_{C6} \approx 0.3\text{V}$，相当于在基本与非门一个输入端加上低电平，因此 VT_2、VT_4 管截止，同时，二极管 VD_2 因 VT_6 管饱和而导通，使

VT_2 集电极电位 U_{C2} 箝位在 $U_{b4}=U_{CE6}+U_{D2}=0.3+0.7=1V$，使 VT_3 和 VD_1 无导通的可能。此时的输出端 P 处于高阻悬浮状态，此时三态门为禁止态。

可见，$\overline{EN}$ 为三态门的使能控制信号，当 $\overline{EN}=0$ 时，使能有效，逻辑门处于正常工作状态，输出 $P=\overline{A \cdot B}$；$\overline{EN}=1$ 时，使能无效，禁止工作，输出处于高阻态。这种三态门的逻辑功能真值表如表 6-11 所示。

表 6-11　三态与非门的真值表

控制端	输入		输出
$\overline{EN}$	A	B	P
0	0	0	1
0	0	1	1
0	1	0	1
0	1	1	0
1	×	×	高阻态

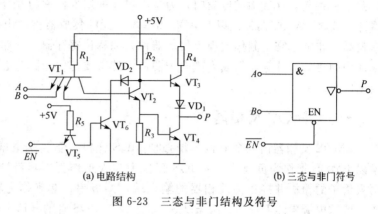

(a) 电路结构　　　　　　(b) 三态与非门符号

图 6-23　三态与非门结构及符号

（2）三态门的典型应用　三态门主要应用于总线传送，它即可以进行单向数据传送，也可进行双向数据传送。

① 用三态门构成单向总线。当多个门利用一条总线来传输信息时，在任何时刻，只允许一个门处于工作态，其余的门均应处于高阻态，相当于与总线断开，不应影响总线上传输的信息。如图 6-24 所示为用三态门构成的单向数据总线。当且仅当控制输入端 $\overline{EN_i}=0$ 对应的三态门处于工作态；如果令 $\overline{EN_1}$、$\overline{EN_2}$、$\overline{EN_3}$ 等轮流接低电平 0，那么 A_1、A_2；A_3、A_4；A_5、A_6 这三组数据就会轮流地按与非关系送到总线上。

② 用三态门构成双向总线。如图 6-25 所示为用三态门构成的双向总线。

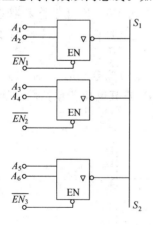

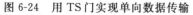

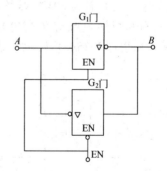

图 6-24　用 TS 门实现单向数据传输　　　　图 6-25　用 TS 门实现数据的双向传输

当控制输入信号 $EN=1$ 时，G_1 三态门处于工作态，G_2 三态门处于禁止态（即高阻态），信号 A 经 G_1 门反相后传输到 B；

当控制输入信号 $EN=0$ 时，G_1 三态门处于禁止态，G_2 三态门处于工作态，则信号由 B 经 G_2 门传输到 A。

这样就可以通过改变控制信号 EN 的状态，实现数据在同一条总线上进行分时的双向传

送，而互不干扰。

任务五 ●●● CMOS集成逻辑门特性及典型器件认知

CMOS集成电路是用增强型P沟道MOS管和增加型N沟道MOS管串联互补（构成反相器）和并联互补（构成传输门）为基本单元的组件，称为互补型（Complementary）MOS器件，简称CMOS器件。以CMOS为基本单元的集成器件，由于工艺简单、集成度和成品率较高，非常适宜于制作大规模集成器件，如移位寄存器、存储器、微处理器及微型计算机中常用的接口器件等，而成为微电子器件中的重要部件。因此近年来CMOS器件发展迅速，应用广泛。

一、CMOS反相器

CMOS反相器由一个P沟道增强型MOS管和一个N沟道增强型MOS管串联组成。通常以PMOS管作为负载管、NMOS管作为输入工作管，其跨导相等，如图6-26(a)所示。两只管子的栅极并接作为反相器的输入端，漏极串接起来作为输出端。为保证电路正常工作，要求电源电压$U_{DD} > U_{TN} + U_{TP}$（U_{TN}为NMOS管的开启电压，U_{TP}为PMOS管的开启电压）。

CMOS反相器的工作原理如下。

① 当输入u_I为低电平，如$u_I = 0V$（为逻辑0）时：因为VT_2的$u_{GS2} = u_I < U_{TN}$，所以VT_2截止；同时，负载管VT_1的$u_{GS1} = u_I - U_{DD} = -U_{DD} < -U_{TP}$，所以负载管$VT_1$导通，电路输出为高电平$u_O \approx +U_{DD}$（$u_O$为逻辑1），此时无电流流过，$i_D \approx 0$，静态功耗很小。

② 当输入u_I为高电平，如$u_I = U_{DD}$（u_I为逻辑1）时，因为输入VT_2的$u_{GS2} = U_{DD} > U_{TN}$，则$VT_2$导通；而$VT_1$负载管的$u_{GS1} = u_I - U_{DD} = 0V > -U_{TP}$，所以负载管$VT_1$截止，电路输出为低电平，$u_O \approx 0V$（$u_O$为逻辑0）。同样$i_D \approx 0$，静态功耗很小。

③ 当输入u_I处于：$u_O - U_T \leqslant u_I < u_O + U_T$时，$VT_1$和$VT_2$均处于饱和状态，此时，输出$u_O$由高电平$+U_{DD}$向低电平0V过渡，电路中有$i_D$流过，且在$u_I = \pm U_{DD}/2$处$i_D$为最大值，其间动态功耗较大，该时段称为过渡区域。

由上述分析可知，当u_I为高电平时，u_O为低电平；u_I为低电平时，u_O为高电平。u_O与u_I反相，所以图6-26(a)所示电路称为反相器，图（b）是其电压传输特性曲线。

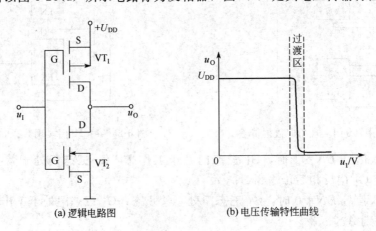

(a) 逻辑电路图　　　　(b) 电压传输特性曲线

图6-26　CMOS反相器

二、集成 CMOS 与非门和或非门

(一) CMOS 与非门

两输入端 CMOS 与非门电路是由两个 CMOS 反相器构成的，如图 6-27 所示，其中两个 PMOS 管相并联、两个 NMOS 管相串联，其工作原理是：

① 输入 $A=B=1$ 时，VT_{N1}、VT_{N2} 导通，VT_{P1}、VT_{P2} 截止，输出为低电平，$P=0$。

② 当输入 A 或 B 中有一个为 0 时，总有一个 VT_N 截止、一个 VT_P 导通，输出 $P=1$。

电路符合与非门的逻辑关系：$P=\overline{A \cdot B}$

常见的集成 CMOS 与非门有：2 输入端四与非门 CC4011B 和 4 输入端双与非门 CC4012B，型号、外引线排列如图 6-28 所示。

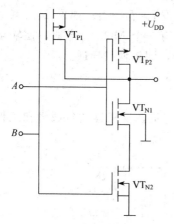

图 6-27　CMOS 与非门电路

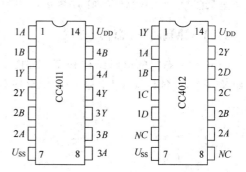

图 6-28　集成 CMOS 与非门器件

(二) CMOS 或非门

两输入端或非门电路如图 6-29 所示。其中两个 NMOS 管并联、两个 PMOS 管串联。

① 当输入 $A=B=0$ 时，VT_{N1}、VT_{N2} 截止，VT_{P1}、VT_{P2} 导通，输出高电平 $P=1$。

② 输入 A 或 B 中有一个为 1 时，总有一个 VT_N 导通、一个 VT_P 截止，输出 $P=0$。电路符合或非门的逻辑关系：$P=\overline{A+B}$

常见的集成 CMOS 或非门有：2 输入端四或非门 CC4001 和 4 输入端双或非门 CC4002，型号、外引线排列如图 6-30 所示。

三、CMOS 传输门和三态门

(一) CMOS 传输门 (Transmission Gate)

CMOS 传输门是由 PMOS 和 NMOS 管并联组成。图 6-31 所示为 CMOS 传输门的基本形式和逻辑符号。PMOS 管的源极与 NMOS 管的漏极相连作为输入端，PMOS 管的漏极与 NMOS 管的源极相连作为输出端，两个栅极受一对控制信号 C 和 $\overline{C}$ 控制。由于 MOS 器件的源极和漏极是对称的，所以信号可以双向传输。

当 $C=0V$、$\overline{C}=+U_{DD}$ 时，则 VT_N 和 VT_P 都截止，输出和输入之间呈现高阻抗，其值一般大于 $10^9\Omega$，此时，u_I 不能传输到输出端，相关于开关断开，所以传输门截止工作。

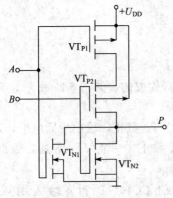

图 6-29　CMOS 或非门电路

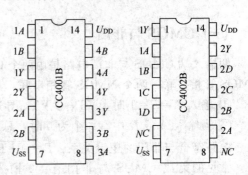

图 6-30　集成 CMOS 或非门器件

当 $C=U_{DD}$、$\overline{C}=0V$ 时，如果 $0 \leqslant u_I \leqslant U_{DD}-U_T$ 则 VT$_N$ 管导通；如果 $|U_T| < u_I \leqslant U_{DD}$，则 VT$_P$ 导通，因此当 u_I 在 0 到 $+U_{DD}$ 之间变化时，总有一个 MOS 管导通，使输出和输入之间呈低阻抗（$<10^3\,\Omega$），则 $u_O \approx u_I$，相当于开关闭合，即传输门导通。

（二）CMOS 三态门

CMOS 三态门的电路结构和符号如图 6-32 所示。它是在反相器的负载管和工作管上分别串接一个 PMOS 管 VT$_P$ 和一个 NMOS 管 VT$_N$ 构成的。

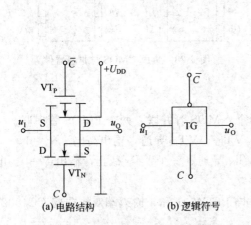

(a) 电路结构　　　　(b) 逻辑符号

图 6-31　CMOS 传输门及其逻辑符号

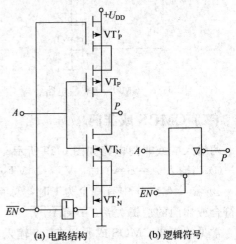

(a) 电路结构　　　　(b) 逻辑符号

图 6-32　CMOS 三态门及其逻辑符号

当 $\overline{EN}=1$ 时，VT$_P$、VT$_N$ 均截止，输出处于高阻态。

当 $\overline{EN}=0$ 时，VT$_P$、VT$_N$ 均导通，电路处于工作态，即 $P=\overline{A}$。所以这是 $\overline{EN}$ 低平有效的三态输出非门。当然，CMOS 三态门也有高电平使能的电路，在此不再赘述。

任务六　●●● 集成逻辑门使用注意事项

一、COMS 逻辑门和 TTL 间的接口电路

为了发挥各类逻辑门电路的特点，有些数字系统是由不同类型的逻辑门组成的，从而达

到数字系统的最佳配合。这里存在一个不同类型逻辑门之间连接，即接口问题。

1. CMOS 到 TTL 的接口电路

CMOS 逻辑门高、低电平分别为 10V 和 0V，若驱动 TTL 逻辑门，所需高、低电平分别为 3.6V 和 0V。通常采用 NPN 管反相器构成接口电路，如图 6-33(a)、(b) 所示。它不仅可以使 CMOS 逻辑电平降低到适合 TTL 逻辑电平的要求，而且能够提供驱动 TTL 负载电流的要求，图 6-33(c) 则是一个专门的 CMOS 双电源反相接口电路 CH4009。图 6-33(d) 则是将两个相同的 CMOS 电路并联使用，降低电源电压为 5V，除基本满足 CMOS 和 TTL 的逻辑电平要求外，还可以对 TTL 提供较大的负载电流。

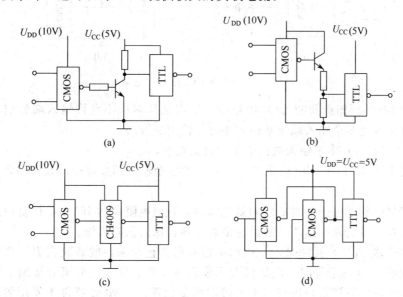

图 6-33　COMS 到 TTL 接口电路

2. TTL 到 CMOS 接口电路

从 TTL 到 CMOS 接口电路则主要考虑逻辑电平的转换，因为 TTL 驱动 CMOS 的负载能力通常是可以不考虑的，图 6-34(a)、(b) 分别利用 OC 门和 NPN 管反相器作接口电路。6-34(c) 则是一个双电源反相集成接口电路 SG004。图 6-34(d) 仅采有一只提升电阻 R_C（<5kΩ）将 TTL 直接接到 CMOS。当 TTL 输出高电平时，可从 3.6V 提高到 5V。因为 TTL 推拉输出级处于关态，输出端通过 RC 接 5V 就可以提升到近 5V，而不因射极跟随输出 3.6V。而基本满足了 CMOS 输入逻辑 1 电平的需要。

二、集成逻辑门电路的使用注意事项

1. 多余输入端处理

① 与非门（与门）多余输入端原则上应接高电平。

对于 TTL 逻辑门来说，多余端可以悬空也可以通过 1 个电阻（1~3kΩ）接至电源 U_{CC} 端或将多余输入端与某输入端并联使用。

对于 CMOS 逻辑门来说，由于输入阻抗高达 $10^{12}\,\Omega$，稍有静电感应电荷，就会产生很

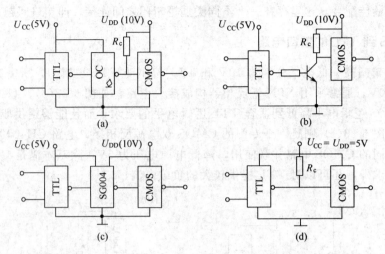

图 6-34　TTL 到 COMS 接口电路

高电压而击穿 MOS 管栅源间的 SiO_2 绝缘层，所以使用时决不允许输入端悬空，只能采用通过电阻接电源或将多余输入端与某输入端并联使用的方法。

② 或非门（或门）多余输入端原则上应接低电平。

在使用时可将 TTL 和 CMOS 或非（或门）的多余输入端直接接地或将多余端与某输入端并联使用。

③ 由于 MOS 管的栅极与衬底之间是绝缘的，直流电阻高达 $10^{12}\,\Omega$，极易感应静电而使栅极氧化层击穿，然后永久损坏，所以应采取一些特殊的预防措施。

在储存和运输 CMOS 器件时，一般用铝箔将器件包起来，或者放在铝饭盒内进行静电屏蔽；安装调试 CMOS 器件时，电烙铁及示波器等工具、仪表均要可靠接地；焊接 CMOS 器件最好在铬铁断电时用余热进行；不要带电插接元器件。MOS 器件不使用的输入端不能悬空，必须进行适当处理（接高电平或低电平，或与其他输入端相并连）；

2. 对输出端的处理

使用时应注意以下两点：除 OC 门外，一般门的输出端不允许线与连接，也不能直接接电源或地。逻辑门带负载的多少应符合门电路扇出指标的要求。

3. TTL 与 CMOS 门电路性能比较

一般中速逻辑电路只在 TTL 和 CMOS 两大类型中挑选。TTL 门电路工作速度高，带负载能力强。CMOS 门电路静态电流小，功耗低；输入阻抗高，对输入信号的影响小，抗干扰能力强；电压适应范围宽、使用方便。集成电路型号含义如表 6-12 所示。

表 6-12　集成电路型号含义

国外型号	国产型号	含　义
40××	CC40××	CMOS 系列
74××	CT10××	一般 TTL 系列
74H××	CT20××	高速 TTL 系列，H 代表高速
74S××	CT30××	肖特基高速 STTL 系列
74LS××	CT40××	低功耗高速 STTL 系列

注：型号中的第一个"C"代表"China"。

项目小结 ▶▶▶

1. 数字信号在时间上和数值上均是离散的。对数字信号进行传送、加工和处理的电路称为数字电路。

2. 数字电路以二值数字逻辑为基础，电路器件均工作在开关状态。当数字电路二进制位数较多时，常用十六进制或八进制作为二进制的简写。生活中常用的十进制数通常用二-十进制编码表示，常用的 BCD 码有 8421 码、2421 码、5421 码、余 3 码等，其中 8421 码使用最广泛。另外，格雷码（Gray）由于可靠性高，在信息传输和校验中得到广泛应用。

3. 逻辑代数最基本的三种逻辑运算是与、或、非逻辑。分析数字电路或数字系统的数学工具是逻辑代数。描述逻辑关系的表达式称为逻辑函数，逻辑函数中的变量和函数值都只能取 0 或 1 两个值。

4. 描述逻辑关系的常用方法有真值表、函数表达式、逻辑图、波形图等，它们之间可以相互转换。

5. TTL 集成逻辑门是双极型集成逻辑门，具有电流驱动能力强、高速特性，应用广泛。OC 门和三态门是两种特殊的 TTL 逻辑门，广泛应用于系统控制和总线数据传输系统。

6. CMOS 逻辑门是单极型集成逻辑门，具有电路组成简单、低功耗、电源范围宽、抗干扰能力强的特点，在数字系统中广泛应用。CMOS 传输门和三态门在控制系统和数据传输系统应用广泛。

 思考题与习题 ▶▶▶

6-1　选择题

① 对于 CMOS 与非门来说，多余输入端不允许悬空的原因是（　　）

　A. 浪费芯片管脚资源

　B. 由于输入阻抗很高，稍有静电感应，就会烧坏管子

　C. 输入端悬空相当于接高电平

　D. 当输入信号频率较高时，会产生干扰信号

② 欲将与非门作反相器使用，其多余输入端接法错误的是（　　）

　A. 接高电平

　B. 接低电平

　C. 并联使用

③ 欲将或非门作反相器使用，其输入端接法不对的是（　　）

　A. 将逻辑变量接入某一输入端，多余端子接电源

　B. 将逻辑变量接入某一输入端，多余端子接地

　C. 将逻辑变量接入某一输入端，多余输入端子并联使用

④ 异或门作反相器使用时，其输入端接法为（　　）

　A. 将逻辑变量接某一输入端，多余端子接地

　B. 将逻辑变量接入某一输入端，多余端接高电平

　C. 将逻辑变量接入某一输入端，多余端子并联使用

⑤ 有两个 TTL 与非门 G_1 和 G_2，测得它们的输出高电平和低电平相等，关门电平分别为 $U_{OFF1}=1.1V$，$U_{OFF2}=1.2V$；开门电平分别为 $U_{ON1}=1.9V$，$U_{ON2}=1.5V$，则其性能

( )

    A. G_1 优于 G_2

    B. G_2 优于 G_1

    C. G_1 与 G_2 相同

6-2 简答题

    ① 简单叙述数字信号的特点。

    ② TTL 与非门电路的主要参数有哪些?

    ③ 什么是 OC 门，OC 门应用在什么地方?

    ④ 集成逻辑门电路的使用注意事项是什么?

    ⑤ 什么是三态门，三态门应用在什么地方?

6-3 完成下列各数值之间的转换。

    ① $(110010111)_B = ($ $)_D = ($ $)_H = ($ $)_O$

    ② $(127.815)_D = ($ $)_B = ($ $)_H = ($ $)_O$

    ③ $(456)_D = ($ $)_{8421BCD} = ($ $)_{余3}$

    ④ $(58.09)_D = ($ $)_{8421BCD} = ($ $)_{余3}$

6-4 将下列逻辑函数化简成最简与-或表达式形式

    ① $F = A + AB$

    ② $F = A + \overline{A}B$

    ③ $\overline{F = A + \overline{A}B}$

    ④ $F = \overline{A + \overline{BC} + \overline{CD} + \overline{AD} + \overline{B}}$

6-5 判断图 6-35 所示各电路输出逻辑表达式是否正确。

6-6 判断图 6-36 所示各电路输出逻辑表达式是否正确。

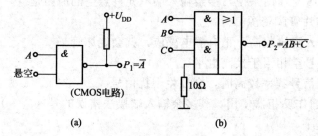

图 6-35 题 6-5 用图

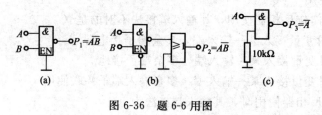

图 6-36 题 6-6 用图

项目七
组合逻辑电路的设计与实现

【目的与要求】 学习组合逻辑电路的基本概念、电路的特点，掌握组合逻辑电路的分析与设计方法；掌握用集成译码器和数据选择器构成组合逻辑电路的方法；会利用集成电路手册查询数字集成电路功能并根据实际问题的需要合理选用集成器件。

任务一 ●●● 组合逻辑电路的分析和设计

组合逻辑电路是数字电路中最常见的逻辑电路，其特点是电路无记忆功能，即电路任一时刻的输出状态只决定于该时刻各输入状态的组合，而与电路的原状态无关，电路结构上无反馈回路。

一、组合逻辑电路的分析方法

组合逻辑电路分析的任务是在给定逻辑电路的基础上，通过分析、归纳，确定其逻辑功能。一般需要经过以下几个步骤。

组合逻辑电路 → 逻辑表达式 —化简变换→ 最简表达式 → 真值表 → 逻辑功能

【例 7-1】 分析图 7-1 所示电路的逻辑功能。

表 7-1 例 7-1 真值表

A	B	C	L
0	0	0	0
0	0	1	1
0	1	0	1
0	1	1	1
1	0	0	1
1	0	1	1
1	1	0	1
1	1	1	0

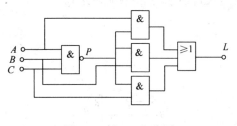

图 7-1 例 7-1 电路图

解 ①由逻辑图逐级写出逻辑表达式。为了写表达式方便，借助中间变量 P

$$P = \overline{ABC}$$
$$F = AP + BP + CP$$
$$= A\,\overline{ABC} + B\,\overline{ABC} + C\,\overline{ABC}$$

② 化简与变换。一般变换成与-或表达式。

$$F = \overline{ABC} \ (A+B+C) = \overline{\overline{ABC} + \overline{A} + \overline{B} + \overline{C}} = \overline{\overline{ABC} + \overline{A}\,\overline{B}\,\overline{C}}$$

③ 由表达式列出真值表，见表 7-1。

④ 分析逻辑功能。由真值表可知，当 A、B、C 三个变量不一致时，电路输出为"1"，所以这个电路称为"不一致判别电路"。

上例中输出变量只有一个，对于多输出变量的组合逻辑电路，分析方法完全相同。

二、组合逻辑电路的设计方法

组合逻辑电路设计的任务是根据给定的要求，找出实现该功能的逻辑电路，其步骤为：

实际逻辑问题 → 真值表 → 逻辑表达式 →(化简变换)→ 最简(或最合理)表达式 → 逻辑图

首先对实际问题进行分析，确定什么是输入逻辑变量、什么是输出函数，即把一个实际问题归结为一个逻辑问题，合理地设置变量，并建立起它们之间正确的逻辑关系。

组合逻辑电路的设计一般应以电路简单、所用器件最少为目标，并尽量减少所用集成器件的种类，因此在设计过程中常需进行逻辑函数的化简或转换。

【例 7-2】 设计一个三人表决电路，结果按"少数服从多数"的原则决定。

解 ① 根据设计要求建立该逻辑函数的真值表。

设三人的意见为变量 A、B、C，表决结果为函数 F。对变量及函数进行如下状态赋值；对于变量 A、B、C，设同意为逻辑"1"；不同意为逻辑"0"。对于函数 F，设事情通过为逻辑"1"；没通过为逻辑"0"。

列出真值表如表 7-2 所示。

② 由真值表写出逻辑表达式：$F = \overline{A}BC + A\overline{B}C + AB\overline{C} + ABC$

③ 化简。

$$F = AB\overline{C} + A\overline{B}C + \overline{A}BC + ABC$$
$$= AB\overline{C} + A\overline{B}C + \overline{A}BC + ABC + ABC + ABC$$
$$= AB(\overline{C}+C) + BC(\overline{A}+A) + CA(\overline{B}+B)$$
$$= AB + BC + AC$$

④ 画出逻辑图如图 7-2 所示。

如果要求用与非门实现该逻辑电路，就应将表达式转换成与非-与非表达式：

$$L = AB + BC + AC = \overline{\overline{AB} \cdot \overline{BC} \cdot \overline{AC}}$$

画出逻辑图如图 7-3 所示。

表 7-2　例 7-2 真值表

A	B	C	L
0	0	0	0
0	0	1	0
0	1	0	0
0	1	1	1
1	0	0	0
1	0	1	1
1	1	0	1
1	1	1	1

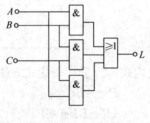

图 7-2　例 7-2 逻辑图

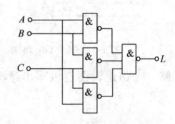

图 7-3　例 7-2 用与非门实现的逻辑图

【例 7-3】 设计一个半加器。

半加器是一种不考虑低位进位实现两个一位二进制数相加的数字逻辑器件。半加器的真值表如表 7-3 所示。表中的 A 和 B 分别表示被加数和加数输入，S 为本位和输出，C 为向相邻高位的进位输出。由真值表可直接写出输出逻辑函数表达式：

$$S = \overline{A}B + A\overline{B} = A \oplus B$$
$$C = AB$$

可见，可用一个异或门和一个与门组成半加器，如图 7-4（a）所示。

表 7-3　半加器的真值表

输入		输出	
被加数 A	加数 B	和 S	进位 C
0	0	0	0
0	1	1	0
1	0	1	0
1	1	0	1

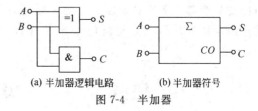

(a) 半加器逻辑电路　　(b) 半加器符号

图 7-4　半加器

【例 7-4】 设计一个全加器。

同时考虑相邻低位进位的两个一位二进制数加法运算单元称为全加器。

在计算机的运算器中加法器是最重要而又最基本的运算部件，全加器则是构成加法器的基础。

全加器的真值表如表 7-4 所示。表中的 A_i 和 B_i 分别表示第 i 位的被加数和加数输入，C_{i-1} 表示来自相邻低位的进位输入。S_i 为本位和输出，C_i 为向相邻高位的进位输出。

由真值表直接写出 S_i 和 C_i 的输出逻辑函数表达式，再经代数法化简和转换得：

$$S_i = \overline{A}_i\overline{B}_iC_{i-1} + \overline{A}_iB_i\overline{C}_{i-1} + A_i\overline{B}_i\overline{C}_{i-1} + A_iB_iC_{i-1}$$
$$= \overline{(A_i \oplus B_i)}C_{i-1} + (A_i \oplus B_i)\overline{C}_{i-1} = A_i \oplus B_i \oplus C_{i-1}$$
$$C_i = \overline{A}_iB_iC_{i-1} + A_i\overline{B}_iC_{i-1} + A_iB_i\overline{C}_{i-1} + A_iB_iC_{i-1}$$
$$= A_iB_i + (A_i \oplus B_i)C_{i-1}$$

根据上式画出全加器的逻辑电路如图 7-5（a）所示。图 7-5（b）所示为全加器的逻辑符号。

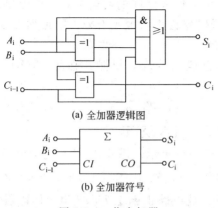

(a) 全加器逻辑图

(b) 全加器符号

图 7-5　一位全加器

表 7-4　全加器的真值表

输入			输出	
A_i	B_i	C_{i-1}	S_i	C_i
0	0	0	0	0
0	0	1	1	0
0	1	0	1	0
0	1	1	0	1
1	0	0	1	0
1	0	1	0	1
1	1	0	0	1
1	1	1	1	1

若有多位二进制数相加，则可以利用全加器采用串行进位的方式来完成。例如有两个四位二进制数 $A_3A_2A_1A_0$ 和 $B_3B_2B_1B_0$ 相加，可以用 4 个全加器构成，如图 7-6 所示。由于任

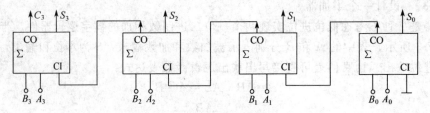

图 7-6　串行进位加法器

一位相加运算必须等到低一位的进位产生以后才能进行，所以称为串行进位。这种加法器的电路比较简单，但运算速度慢。为了提高运算速度，必须设法减少或消除由于进位信号逐级传递所消耗的时间，进而设计了多位超前进位加法器。4 位超前进位全加器集成电路有 74LS283、CC4008 等。

任务二 ●●● 集成译码器典型应用

译码是将输入的一组代码译成与之相对应的信号输出，能完成这种功能的逻辑电路称为译码器。若译码器有 n 个输入信号，表示输入为 n 位的二值信息编码，输出线有 M 条信号线，则 $M \leqslant 2^n$。当在输入端出现某种编码时，经译码后，相应的一条输出线为有效电平，而其余的输出线为无效电平（与有效电平相反）。若 $M = 2^n$，则称为全译码；反之，$M < 2^n$，则称为部分译码。

译码器种类很多，可归纳为二进制译码器、二-十进译码器和显示译码器等。

一、二进制译码器

二进制译码器有 2 线-4 线译码器、3 线-8 线译码器和 4 线-16 线译码器等。

下面以 3 位二进制译码器为例，介绍其原理。

(一) 3 位二进制译码器

① 列出译码器的真值表，输入三位代码 $A_2 A_1 A_0$，共有 $2^3 = 8$ 种组合，$A_2 A_1 A_0$ 取值范围为 $000 \sim 111$。每一种组合对应一个输出，根据输出与输入之间的逻辑关系，可列出二进制译码器的真值表，如表 7-5(a) 所示。如果要求译码器输出低电平有效，则可列出表 7-5(b) 所示的真值表。

② 在低电平有效的全译码电路中，输出共有 8 条线 $\overline{Y}_0 \sim \overline{Y}_7$，根据真值表 7-5(b) 可写出各输出的逻辑函数表达式，输出函数分别为：

$$\overline{Y}_0 = \overline{\overline{A}_2 \overline{A}_1 \overline{A}_0} \qquad \overline{Y}_1 = \overline{\overline{A}_2 \overline{A}_1 A_0} \qquad \overline{Y}_2 = \overline{\overline{A}_2 A_1 \overline{A}_0} \qquad \overline{Y}_3 = \overline{\overline{A}_2 A_1 A_0}$$

$$\overline{Y}_4 = \overline{A_2 \overline{A}_1 \overline{A}_0} \qquad \overline{Y}_5 = \overline{A_2 \overline{A}_1 A_0} \qquad \overline{Y}_6 = \overline{A_2 A_1 \overline{A}_0} \qquad \overline{Y}_7 = \overline{A_2 A_1 A_0}$$

③ 根据逻辑表达式可画出逻辑电路图如图 7-7(a) 所示。图中增加了使能端 ST_A、$\overline{ST_B}$、$\overline{ST_C}$。选通端 $EN = ST_A \overline{(\overline{ST_B} + \overline{ST_C})}$。当 $ST_A = 1$，$\overline{ST_B} = \overline{ST_C} = 0$ 时，$EN = 1$ 允许译码器工作，否则，禁止译码，$\overline{Y}_0 \sim \overline{Y}_7$ 全为高电平。此电路也就是 74138 集成译码器的内部逻辑电路。译码输入为 $A_2 A_1 A_0$，输出端为 $\overline{Y}_0 \sim \overline{Y}_7$，低电平有效。例如，$A_2 A_1 A_0 = 000$ 时，$\overline{Y}_0 = 0$，而其余未被译中的输出线（$\overline{Y}_1 \sim \overline{Y}_7$）均为高电平，其功能见表 7-6。另外，利用使能控制端可扩展其译码功能。这种译码器又称为 3 线-8 线译码器。

表 7-5（a） 3 位二进制译码器真值表

输入			输出							
A_2	A_1	A_0	Y_0	Y_1	Y_2	Y_3	Y_4	Y_5	Y_6	Y_7
0	0	0	1	0	0	0	0	0	0	0
0	0	1	0	1	0	0	0	0	0	0
0	1	0	0	0	1	0	0	0	0	0
0	1	1	0	0	0	1	0	0	0	0
1	0	0	0	0	0	0	1	0	0	0
1	0	1	0	0	0	0	0	1	0	0
1	1	0	0	0	0	0	0	0	1	0
1	1	1	0	0	0	0	0	0	0	1

表 7-5（b） 低电平有效的 3 位二进制译码器真值表

输入			输出							
A_2	A_1	A_0	$\overline{Y_0}$	$\overline{Y_1}$	$\overline{Y_2}$	$\overline{Y_3}$	$\overline{Y_4}$	$\overline{Y_5}$	$\overline{Y_6}$	$\overline{Y_7}$
0	0	0	0	1	1	1	1	1	1	1
0	0	1	1	0	1	1	1	1	1	1
0	1	0	1	1	0	1	1	1	1	1
0	1	1	1	1	1	0	1	1	1	1
1	0	0	1	1	1	1	0	1	1	1
1	0	1	1	1	1	1	1	0	1	1
1	1	0	1	1	1	1	1	1	0	1
1	1	1	1	1	1	1	1	1	1	0

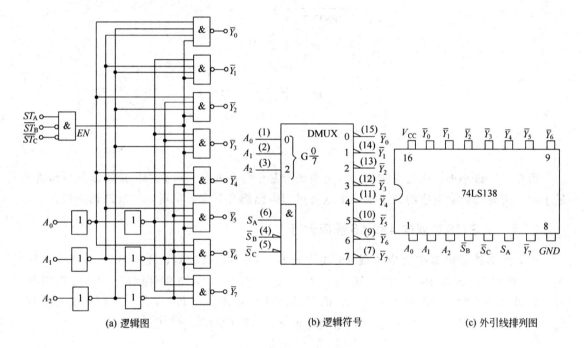

(a) 逻辑图　　　　　　　　　　　(b) 逻辑符号　　　　　　　　　　　(c) 外引线排列图

图 7-7　3 线-8 线译码器 74LS138

表 7-6　74LS138 的功能表

输入					输出							
ST_A	$\overline{ST_B}+\overline{ST_C}$	A_2	A_1	A_0	$\overline{Y_0}$	$\overline{Y_1}$	$\overline{Y_2}$	$\overline{Y_3}$	$\overline{Y_4}$	$\overline{Y_5}$	$\overline{Y_6}$	$\overline{Y_7}$
1	0	0	0	0	0	1	1	1	1	1	1	1
1	0	0	0	1	1	0	1	1	1	1	1	1
1	0	0	1	0	1	1	0	1	1	1	1	1
1	0	0	1	1	1	1	1	0	1	1	1	1
1	0	1	0	0	1	1	1	1	0	1	1	1
1	0	1	0	1	1	1	1	1	1	0	1	1
1	0	1	1	0	1	1	1	1	1	1	0	1
1	0	1	1	1	1	1	1	1	1	1	1	0
0	X	X	X	X	1	1	1	1	1	1	1	1
X	1	X	X	X	1	1	1	1	1	1	1	1

(二) 74LS138 应用

74LS138 译码器的应用很广，如在微型计算机中用 74LS138 作为地址译码器使用；用译码器输出 $\overline{Y}_0 \sim \overline{Y}_7$ 控制存储器或 I/O 接口芯片的片选端；用来实现组合逻辑函数等。

1. 用 74LS138 译码器表示逻辑函数

【例 7-5】 试用 74LS138 实现函数 $F = \overline{A}BC + A\overline{B}\,\overline{C} + AB\overline{C}$。

解 将变量 A、B、C 分别接到 74LS138 的三个输入端 A_2、A_1、A_0，则有

$$F = \overline{A}BC + A\overline{B}\,\overline{C} + AB\overline{C} = \overline{A}_2 A_1 A_0 + A_2 \overline{A}_1 \overline{A}_0 + A_2 A_1 \overline{A}_0$$

$$= Y_3 + Y_4 + Y_6 = \overline{\overline{Y}_3 \cdot \overline{Y}_4 \cdot \overline{Y}_6}$$

由上述表达式可画出逻辑图，如图 7-8 所示。

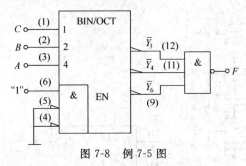

图 7-8 例 7-5 图

可见，用最小项译码器来实现组合逻辑函数是十分简便的。可先求出逻辑函数所包含的最小项，再将译码器对应的最小项输出端通过门电路组合起来，就可以实现逻辑函数。

2. 用 74LS138 扩展成 4 线-16 线译码器

用 3 线-8 线译码器扩展成 4 线-16 线译码器，4 条输入线 A_3、A_2、A_1、A_0 中的 A_2、A_1、A_0 接到 74LS138 的三个输入端 A_2、A_1、A_0，利用 74LS138 的使能端扩展 A_3 如图 7-9 所示。当 $A_3 = 0$ 时，使芯片 IC_1 工作；而当 $A_3 = 1$ 时，使芯片 IC_2 工作。所以，A_3 分别控制 IC_1 的 $\overline{ST}_B$、$\overline{ST}_C$ 端（令 $ST_A = 1$）和 IC_2 的 ST_A 端（令 $\overline{ST}_B = \overline{ST}_C = 0$）。

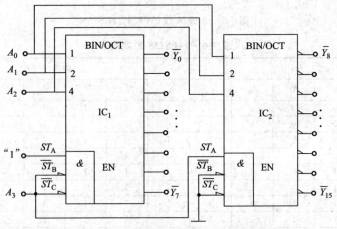

图 7-9 用 2 片 74LS138 扩展成 4 线-16 线译码器

二进制译码器除上述用途外，还可用作脉冲分配器、数据分配器等。目前市场上有

74139/74LS139（2 线-4 线译码器）、74138/74LS138（3 线-8 线译码器）、74154/74LS154（4 线-16 线译码器）、CC4514（4 线-16 线译码器，输出高电平有效）、CC4515（4 线-16 线译码器，输出低电平有效）等集成译码器可供选用。

二、二-十进制译码器

二-十进制译码器输入的是 4 位 BCD 码，用 $A_3A_2A_1A_0$ 表示；译成 10 个对应的输出信号，分别对应一位十进制数的十个数码 0～9，故称为二-十进制译码器、或 4 线-10 线译码器。因为 $10<2^4$，所以这种译码属于部分译码。

① 根据二-十进制译码器的逻辑功能列出真值表，如表 7-7 所示，这里，译码器输出为低电平有效。

表 7-7　8421 BCD 译码器的真值表

A_3	A_2	A_1	A_0	Y_9	Y_8	Y_7	Y_6	Y_5	Y_4	Y_3	Y_2	Y_1	Y_0
0	0	0	0	0	0	0	0	0	0	0	0	0	1
0	0	0	1	0	0	0	0	0	0	0	0	1	0
0	0	1	0	0	0	0	0	0	0	0	1	0	0
0	0	1	1	0	0	0	0	0	0	1	0	0	0
0	1	0	0	0	0	0	0	0	1	0	0	0	0
0	1	0	1	0	0	0	0	1	0	0	0	0	0
0	1	1	0	0	0	0	1	0	0	0	0	0	0
0	1	1	1	0	0	1	0	0	0	0	0	0	0
1	0	0	0	0	1	0	0	0	0	0	0	0	0
1	0	0	1	1	0	0	0	0	0	0	0	0	0

② 根据真值表可写出十个输出逻辑函数表达式：

$$\overline{Y_0}=\overline{\overline{A_3}\,\overline{A_2}\,\overline{A_1}\,\overline{A_0}} \quad \overline{Y_1}=\overline{\overline{A_3}\,\overline{A_2}\,\overline{A_1}A_0} \quad \overline{Y_2}=\overline{\overline{A_3}\,\overline{A_2}A_1\overline{A_0}} \quad \overline{Y_3}=\overline{\overline{A_3}\,\overline{A_2}A_1A_0}$$

$$\overline{Y_4}=\overline{\overline{A_3}A_2\overline{A_1}\,\overline{A_0}} \quad \overline{Y_5}=\overline{\overline{A_3}A_2\overline{A_1}A_0} \quad \overline{Y_6}=\overline{\overline{A_3}A_2A_1\overline{A_0}} \quad \overline{Y_7}=\overline{\overline{A_3}A_2A_1A_0}$$

$$\overline{Y_8}=\overline{A_3\overline{A_2}\,\overline{A_1}\,\overline{A_0}} \quad \overline{Y_9}=\overline{A_3\overline{A_2}\,\overline{A_1}A_0}$$

③ 根据上述十个逻辑函数表达式，可画出逻辑电路图，如图 7-10 所示。它实际上是 4 线-10 线集成译码器系列产品 7442/74LS42 的逻辑电路图。此电路为全译码电路，没有使用约束项。当输入出现 1010～1111 无效码时，输出恒定为 1，不会出现乱码干扰。

另外 7443/74LS43、7444/74LS44、CC4028 等也可实现 4 线-10 线译码。

三、显示译码器

在数字系统中，经常需要将数字、文字和符号的二进制编码翻译并显示出来，以便直接观察。由于显示器件和显示方式不同，其译码电路也不同。显示器件有半导体数码管（LED）、液晶数码显示器（LCD）和荧光数码管等，目前荧光数码管在数字系统中用得比较少。

1. 半导体数码管（LED）

LED 是用发光二极管组成的字形显示器件。发光二极管是用磷砷化镓等半导体材料制成。发光二极管的工作电压为 1.5～3V，工作电流为几毫安到十几毫安，颜色丰富（有红、绿、黄及双色等），寿命很长。

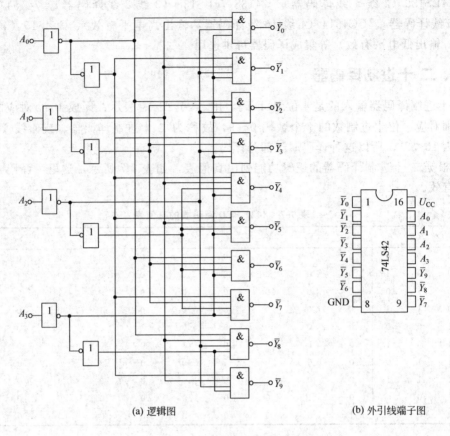

(a) 逻辑图   (b) 外引线端子图

图 7-10 二-十进制译码器的逻辑图

半导体数码管分成七个字段，每段为一发光二极管，其段排列及其显示字形如图 7-11 所示。选择不同字段发光，可组合显示出不同字形。半导体数码管有共阴极和共阳极两种接法，如图 7-12 所示。图（a）是共阴极七段发光数码管的原理图，译码器需要输出高电平来驱动各显示段发光；图（b）是共阳极七段发光数码管的原理图，译码器输出低电平来驱动显示段发光；图（c）是共阴型数码管的外引线端子图。

半导体数码管的每段发光二极管，既可用半导体三极管驱动，也可直接用 TTL 门电路驱动。

2. 液晶显示器（LCD）

液态晶体简称液晶，是一种有机化合物。在一定的温度范围内，它既具有液体的流动性，又具有晶体的某些光学特性，其透明度和颜色随外界电场、磁场、光和温度等的变化而变化。液晶显示器是一种被动显示器件，本身不发光，在黑暗中不能显示数字，只有当外界光线照射时靠调制外界光线，使液晶的不同部位呈现明与暗或透光与不透光来达到显示目的。液晶显示器件从结构上说，属于平板显示器件。

3. 七段字形译码器

七段字形译码器的功能是把"8421" BCD 码翻译成对应于数码管的七个字段信号，驱动数码管显示出相应的十进制数码，属于代码转换译码器。如果直接驱动共阴极数码管，则

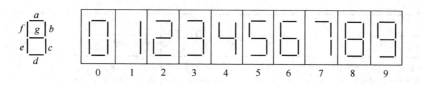

图 7-11　七段显示器的显示字形

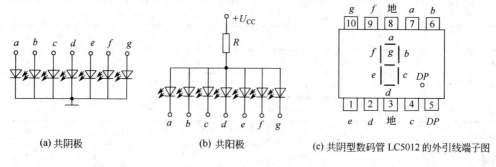

(a) 共阴极　　　　　　　　(b) 共阳极　　　　　(c) 共阴型数码管 LC5012 的外引线端子图

图 7-12　LED 的两种结构

该译码器输出应为高电平有效。按此功能设计的七段字形译码器 74LS48 的功能表如表 7-8 所示，其逻辑符号和外引线排列图如图 7-13 所示。由功能表可看出，辅助控制端的功能如下：

① $\overline{LT}$ 灯测试输入端：当 $\overline{LT}=0$ 且 $\overline{BI}=1$（无效）时，无论 A_3、A_2、A_1、A_0 为何状态，输出均为 1，数码管七段全亮，显示"8"字。用来检验数码管的七段是否能正常工作。

② $\overline{RBI}$ 为动态灭 0 输入端：当 $\overline{LT}=1$，$\overline{BI}=1$，$\overline{RBI}=0$ 时，若 $A_3 \sim A_0$ 为 0000，则此时 $Y_a \sim Y_g$ 均为低电平，不显示"0"字；但如 $A_3 \sim A_0$ 不全为 0 时，仍照常显示。

③ $\overline{BI}/\overline{RBO}$ 是"灭灯输入/动态灭灯输出"双重功能端口。作为输入端使用时，在该端输入低电平，则不论其他端为何种状态，输出均为低电平，各段均为消隐；如果在该端加一个控制脉冲，则各字将按控制脉冲的频率闪烁显示数字。该端作为动态灭零输出端时，用作串行灭零输出，当 $\overline{RBI}=0$ 且 $A_3 \sim A_0$ 均为 0 时，$\overline{RBO}$ 端输出为 0，将它送到相邻位的 $\overline{RBI}$ 作为灭零信号，可以熄灭不希望显示的 0。应用电路如图 7-14 所示。

表 7-8　74LS48 的逻辑功能表

十进制数或功能	输入						$\overline{BI}/\overline{RBO}$	输出						
	$\overline{LT}$	$\overline{RBI}$	A_1	A_2	A_3	A_4		Y_1	Y_2	Y_3	Y_4	Y_5	Y_6	Y_7
0	1	1	0	0	0	0	1	1	1	1	1	1	1	0
1	1	×	0	0	0	1	1	0	1	1	0	0	0	0
2	1	×	0	0	1	0	1	1	1	0	1	1	0	1
3	1	×	0	0	1	1	1	1	1	1	1	0	0	1
4	1	×	0	1	0	0	1	0	1	1	0	0	1	1
5	1	×	0	1	0	1	1	1	0	1	1	0	1	1
6	1	×	0	1	1	0	1	0	0	1	1	1	1	1
7	1	×	0	1	1	1	1	1	1	1	0	0	0	0
8	1	×	1	0	0	0	1	1	1	1	1	1	1	1

十进制数或功能	输入						$\overline{BI}/\overline{RBO}$	输出						
	$\overline{LT}$	$\overline{RBI}$	A_1	A_2	A_3	A_4		Y_1	Y_2	Y_3	Y_4	Y_5	Y_6	Y_7
9	1	×	1	0	0	1	1	1	1	1	0	0	1	1
10	1	×	1	0	1	0	1	0	0	0	1	1	0	1
11	1	×	1	0	1	1	1	0	0	1	1	0	0	1
12	1	×	1	1	0	0	1	0	1	0	0	0	1	1
13	1	×	1	1	0	1	1	1	0	0	1	0	1	1
14	1	×	1	1	1	0	1							
15	1	×	1	1	1	1	1	0	0	0	0	0	0	0
消隐	×	×	×	×	×	×	0	0	0	0	0	0	0	0
脉冲消隐	1	0	0	0	0	0	0	0	0	0	0	0	0	0
灯测试	0	×	×	×	×	×	1	1	1	1	1	1	1	1

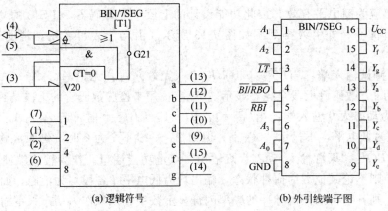

图 7-13　74LS48 的逻辑符号和外部端子

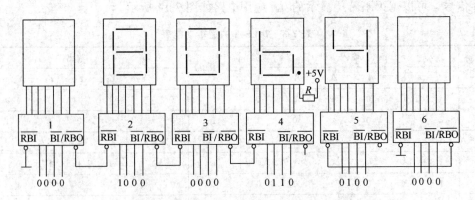

图 7-14　六位混合小数显示电路（利用 $\overline{BI}/\overline{RBO}$ 实现消隐无用的 "0"）

上述三个输入控制端均为低电平有效，在正常工作时均接高电平。

中规模集成显示译码器件较多，常用的有：7446/74LS46、7447/74LS47、7448/74LS48、7449/74LS49、CC4511、CC4513、CC4543、CC4547、CC4055、CC40110 等。

任务三 ●●● 集成数据选择器典型应用

数据选择器的功能是根据地址选择码从多路输入数据中选择一路，送到输出。它的作用与单刀多掷开关相似。常用的数据选择器有 4 选 1、8 选 1、16 选 1 等多种类型。下面以 4 选 1 为例介绍数据选择器的基本功能、工作原理及应用方法。

一、4 选 1 数据选择器

图 7-15(a) 所示为 4 选 1 的数据选择器的逻辑图。图中，$D_3 \sim D_0$ 为数据输入端，其个数称为通道数，本例中为 4 通道。A_1、A_0 为控制信号端，或称地址控制端，根据 A_1、A_0 的取值，电路的输出选取 $D_0 \sim D_3$ 中的一个，如表 7-9 所示。$\overline{ST}$ 为选通端，当 $\overline{ST}=1$ 时，选择器不工作，输出 $Y=0$；当 $\overline{ST}=0$ 时，选择器工作，选取 $D_0 \sim D_3$ 中的一个，其输出逻辑表达式为

$$Y=\overline{A_1}\,\overline{A_0}D_0+\overline{A_1}A_0D_1+A_1\overline{A_0}D_2+A_1A_0D_3$$

显然 $A_1A_0=00$ 时，$Y=D_0$

$A_1A_0=01$ 时，$Y=D_1$

$A_1A_0=10$ 时，$Y=D_2$

$A_1A_0=11$ 时，$Y=D_3$

表 7-9 4 选 1 数据选择器功能表

$\overline{ST}$	A_1	A_0	Y
0	0	0	D_0
0	0	1	D_1
0	1	0	D_2
0	1	1	D_3
1	×	×	0

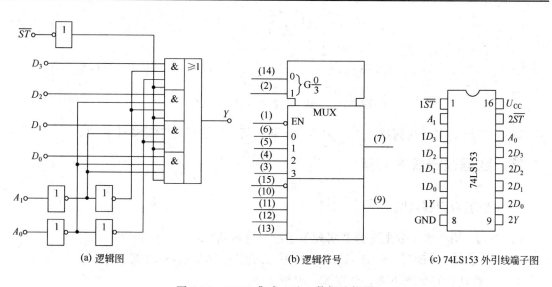

(a) 逻辑图　　　　(b) 逻辑符号　　　　(c) 74LS153 外引线端子图

图 7-15 74153 集成 4 选 1 数据选择器

74153 为双 4 选 1 数据选择器，它内部含有两个 4 选 1 数据选择器，共用地址控制端 A_1、A_0。可以把 A_1、A_0 视作地址信号，那么选择器是利用对地址的译码来选择 4 路数据中的一路作为输出的。图 7-15(b) 和（c）分别为 74153 为双 4 选 1 数据选择器的逻辑符号和外引线端子图。

二、8 选 1 数据选择器

74LS251 是 8 选 1 的数据选择器，采用三态门输出，由使能端 $\overline{EN}$ 控制，只有当 $\overline{EN}=0$ 时，选择器方能正常工作，根据地址输入 A_2、A_1、A_0 选择 $D_7 \sim D_0$ 中的一路输出；否则 $\overline{EN}=1$，输出为高阻态（三态门处于禁止态）。

电路有两路互补的输出 Y、$\overline{W}$，其中输出端 Y 逻辑表达式为
$$Y=\overline{A}_2\overline{A}_1\overline{A}_0 D_0+\overline{A}_2\overline{A}_1 A_0 D_1+\overline{A}_2 A_1\overline{A}_0 D_2+\overline{A}_2 A_1 A_0 D_3+A_2\overline{A}_1\overline{A}_0 D_4+A_2\overline{A}_1 A_0 D_5$$
$$+A_2 A_1\overline{A}_0 D_6+A_2 A_1 A_0 D_7$$

其符号如图 7-16 所示。

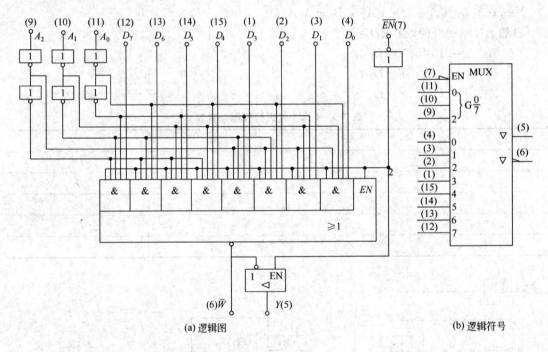

(a) 逻辑图   (b) 逻辑符号

图 7-16　8 选 1 数据选择器 74LS251

CC4512 是 CMOS 电路的 8 选 1 数据选择器。其工作原理与 74LS251 相似。

三、数据选择器的应用

1. 实现组合逻辑函数

【例 7-6】 用 8 选 1 数据选择器实现下述组合逻辑函数：
$$F=\overline{A}\,\overline{B}\,\overline{C}\,\overline{D}+\overline{A}\,\overline{B}C\overline{D}+\overline{A}B\,C D+\overline{A}BCD+\overline{A}\,\overline{B}CD+AB\,\overline{C}D+A\,\overline{B}C$$

解 先将函数写成最小项之和形式，变成：
$$F=\overline{A}\,\overline{B}\,\overline{C}\,\overline{D}+\overline{A}\,\overline{B}C\overline{D}+\overline{A}\,BCD+\overline{A}\,B\,\overline{C}D+\overline{A}BCD+A\,\overline{B}\,C\,\overline{D}+A\,\overline{B}\,CD+AB\,\overline{C}D$$

将 8 选 1 数据选择器的地址控制变量 A_2、A_1、A_0 改写成 A、B、C，则其输出 Y 的逻辑表达式将变成下式：

$$F = \overline{A}\,\overline{B}\,\overline{C}\,D_0 + \overline{A}\,\overline{B}CD_1 + \overline{A}\,B\,\overline{C}D_2 + \overline{A}BCD_3 + A\,\overline{B}\,\overline{C}\,D_4 + A\overline{B}CD_5 + AB\overline{C}D_6 + ABCD_7$$

比较 F 和 Y 两式，并填入表格，如表 7-10 所示。

表 7-10　例 7-6 的对照表

数据选择器		函数 F
控制端	数据端	要求数据端
$\overline{A}\,\overline{B}\,\overline{C}$	D_0	$\overline{D}$
$\overline{A}\,\overline{B}\,\overline{C}$	D_1	$D + \overline{D} = 1$
$\overline{A}\,\overline{B}C$	D_2	D
$\overline{A}BC$	D_3	D
$A\,\overline{B}\,\overline{C}$	D_4	0
$A\overline{B}C$	D_5	$D + \overline{D} = 1$
$AB\overline{C}$	D_6	D
ABC	D_7	0

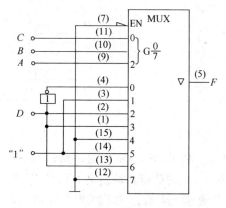

图 7-17　用数据选择器实现组合逻辑函数

根据表 7-10，两相对照则可确定 $D_0 \sim D_7$ 中每个数据端应该接的变量，按此方法就可以实现逻辑函数 F 了，接线如图 7-17 所示。

采用类似的方法，可以用 2^n 选 1 数据选择器来实现 $n+1$ 个变量的逻辑函数，其中 n 个变量作为地址输入，剩下的那个变量以原变量或反变量的形式接到相应的数据输入端即可。

2. 分时多路传送

利用顺序递增的加 1 计数器的输出作为地址码，使地址码由 $000 \rightarrow 001 \rightarrow 010 \cdots \rightarrow 111$，周而复始变化，这样，顺序接通数据选择器的每一通道，将数据选择器数据输入端的 8 位并行代码，依次由数据选择器的输出 Y 端输出，通过输出端以串行方式传送出去。图 7-18 所示为分时传输四路信息的电路和波形。

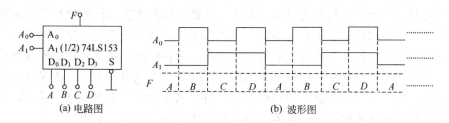

(a) 电路图　　　　　　　　　　　　(b) 波形图

图 7-18　分时传输四路信息

3. 数据选择器通道的扩展

如果现有的集成数据选择器的通道数不足，则可以利用其选通端 $\overline{ST}$，将两片数据选择器连接起来，扩展数据通道数。

图 7-19 所示为用两片 74LS251——8 选 1 数据选择器来扩展成的 16 选 1 数据选择器。由于 74LS251 是三态输出，所以两片 74LS251 的输出端可以直接并联。

当 $\overline{ST} = 0$ 时，则芯片 I 工作，芯片 II 处于禁止状态。根据输入地址 $A_2 A_1 A_0$ 的取值，输

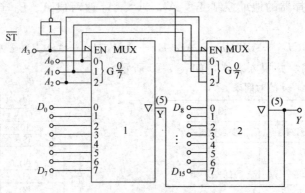

图 7-19　数据选择器的扩展

出低 8 路数据 $D_0 \sim D_7$ 中的一路；当 ST＝1 时，则芯片 II 工作，芯片 I 处于禁止状态。根据 $A_2 A_1 A_0$ 的取值，输出高 8 路数据 $D_8 \sim D_{15}$ 中的一路。就可实现 16 选 1 的功能。常用的数据选择器有：74150/74LS150、74151/74LS151、74153/74LS153、74157/74LS157、74251/74LS251、CC4512、CC14539 等。

 项目小结 ▶▶▶

1. 组合逻辑电路的特点是：在任何时刻电路的输出状态仅取决于该时刻的输入信号状态，而与电路原来的状态无关。最常用的组合逻辑电路组件有编码器、译码器、数据选择器、加法器等。

2. 分析组合逻辑电路的目的在于找出电路的输出与输入之间的逻辑关系，确定电路的逻辑功能。其步骤为：

根据已知组合逻辑电路图→写出逻辑函数表达式→用公式或卡诺图进行化简→列真值表→说明电路的逻辑功能。

3. 组合逻辑电路的设计任务是根据实际问题的要求，找出一个能满足逻辑功能的逻辑电路。设计的过程实际是分析的逆过程，其中的关键是如何把实际问题抽象为逻辑问题，确定输入逻辑变量、输出逻辑变量，建立它们之间的逻辑关系并用逻辑电路来实现。

由于中、大规模集成电路的组件具有通用性强、兼容性好、可扩展功能强以及价廉等一系列优点，在构成数字系统时，应尽可能采用中、大规模集成电路组件。本项目结合一些常用的组合逻辑电路，介绍了相应的中规模电路组件，通过分析其逻辑函数表达式、真值表、逻辑功能表，达到掌握运用这类组件的目的，并由此培养实际应用能力。

 思考题与习题 ▶▶▶

7-1　选择题

① 十六路数据选择器，其地址输入（选择控制输入）端有____个。

A. 16 个　　　　　B. 2 个　　　　　C. 4 个　　　　　D. 8 个

② 要使 3 线-8 线译码器（74LS138）正常工作，使能控制端 ST_A、$\overline{ST_B}$、$\overline{ST_C}$ 的电平信号应是____。

A. 100　　　　　B. 111　　　　　C. 011　　　　　D. 000

③ 集成 3 线-8 线译码器（74LS138）的输出有效电平是＿＿电平。

    A. 高   B. 低   C. 三态   D. 任意

④ 如数码管为低电平激励，则七段数码管应采用（　　）接法

    A. 共阴极接法   B. 共阳极接法   C. 两种接法均可   D. 两种接法均不对

7-2 简述组合逻辑电路的特点。

7-3 分析图 7-20 所示电路的逻辑功能，并画出输出端 Y 的波形。

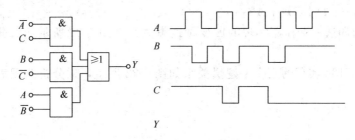

图 7-20　题 7-3 用图

7-4 设输入只有原变量，请用与非门实现下面函数的组合逻辑电路：

$$F(A,B,C,D)=\sum m(0,2,6,7,10,13,14,15)$$

7-5 用红、黄、绿三个指示灯表示三台设备的工作情况：绿灯亮表示全部正常；红灯亮表示有一台不正常；黄灯亮表示两台不正常；红、黄灯全亮表示三台都不正常。列出控制电路真值表，写出各灯点亮时的逻辑函数表达式，并选用合适的集成电路来实现。

7-6 三个车间，每个车间各需 1kW 电力。这三个车间由两台发电机组供电，一台是 1kW，另一台是 2kW。三个车间经常不同时工作，有时只一个车间工作，也可能有两个车间或三个车间工作。为了节省能源，又保证电力供应，请设计一个逻辑电路，能自动完成配电任务。

7-7 仿照全加器的设计方法，设计 1 位全减器，其中 A_i 为被减数，B_i 为减数，BO_{i-1} 为低位向本位的借位，BO_i 为本位向高位的借位，D_i 为本位的差。

7-8 使用 4 线-16 线译码器和必要的逻辑门实现下列函数：

$$F(A,B,C,D)=\sum_m(0,1,5,7,10)$$

$F=AB\overline{C}D+\overline{A}BD+\overline{A}B$

7-9 某组合逻辑电路的真值表如表 7-11 所示，试用译码器和门电路设计该逻辑电路。

表 7-11　题 7-9 真值表

输入			输出		
A	B	C	L	F	G
0	0	0	0	0	1
0	0	1	1	0	0
0	1	0	1	0	1
0	1	1	0	1	0
1	0	0	1	0	1
1	0	1	0	1	0
1	1	0	0	1	1
1	1	1	1	0	0

7-10 用译码器设计一个"1 线-8 线"数据分配器。

7-11 用四选一数据选择器实现下列函数：

① $F = A\overline{B}C + AB\overline{C} + AB$

② $F = \sum m(1, 3, 5, 7)$

7-12 用八选一数据选择器实现下列函数：

① $F = \sum_m (0, 2, 5, 7, 8, 10, 13, 15)$

② $F = \sum_m (0, 3, 4, 5, 9, 10, 12, 13)$

③ $F = A\overline{C} + \overline{B}D + C\overline{D} + \overline{A}B$

7-13 已知由四选一选择器实现的四变量逻辑关系如图 7-21 所示。试分析此图表示的逻辑函数是什么？

7-14 由 74LS138 实现的三变量逻辑关系如图 7-22 所示，试分析此图表示的逻辑函数是什么？

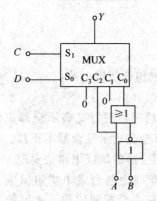

图 7-21　题 7-13 用图

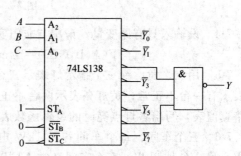

图 7-22　题 7-14 用图

7-15 设计一个两组四位二进制数的比较器。

7-16 设计一个数据比较器，能实现两个二位二进制数 A_1，A_0 和 B_1，B_0 的比较，输出为 $Y_{A>B}$，$Y_{A<B}$，$Y_{A=B}$。

项目八
时序逻辑电路分析与实现

【目的与要求】　学习时序逻辑电路的基本器件、基本电路和基本分析方法。要求熟练掌握各类触发器的逻辑功能并分析由其组成的应用电路；熟练掌握数据寄存器、移位寄存器功能；利用集成电路手册合理选用集成计数器，并熟练掌握利用集成计数器接成任意进制计数器的方法；能够利用集成数字器件组成简单的应用电路、掌握功能检测方法并学会排除简单故障。

时序逻辑电路（简称时序电路）是指任意时刻电路的输出状态不仅取决于当时的输入信号状态，而且还与电路原来的状态有关。也就是说，它是具有记忆功能的逻辑电路。从电路结构上讲，时序电路有两个特点：第一，时序电路往往包含组合电路和具有记忆功能的存储电路，存储电路是必不可少的；第二，存储电路的输出状态反馈到输入端，与输入信号共同决定组合电路的输出。

任务一　●●●　触发器特性及分类

数字电路中，将能够存储一位二进制信息的逻辑电路称为触发器（flip-flop），它是构成时序逻辑电路的基本逻辑单元，是具有记忆功能的逻辑器件。

触发器的基本特性：

每个触发器都有两个互补的输出端 Q 和 $\overline{Q}$，并有以下两个基本性质。

① 触发器有 0 和 1 两个稳定的工作状态。一般定义 Q 端的状态为触发器的输出状态。在没有外加信号作用时，触发器维持原来的稳定状态不变。

② 触发器在一定外加信号作用下，可以从一个稳态转变为另一个稳态，称为触发器的状态翻转。外加信号撤消后，能将建立起来的新状态长期保存下来。

触发器的分类：

按逻辑功能分为：RS 触发器、D 触发器、JK 触发器、T 触发器等。

按结构分为：主从型、维持阻塞型和边沿型触发器等。

按有无统一动作的时间节拍分为：基本触发器和时钟触发器。

一、RS 触发器

（一）基本 RS 触发器

基本 RS 触发器也称直接复位-置位（Reset-Set）触发器，它是构成各种功能触发器的

最基本的单元，故称基本触发器。

1. 电路结构

由两个与非门交叉耦合组成的基本 RS 触发器及其逻辑符号如图 8-1 所示，$\overline{S}_d$、$\overline{R}_d$ 是两个输入端，Q 和 $\overline{Q}$ 是两个互补的输出端。

2. 逻辑功能分析

① RS 触发器具有两个稳定的输出状态。

分析图 8-1(a)，当接通电源后，若 $\overline{S}_d = \overline{R}_d = 1$，此时，若触发器输出处于"1"状态，则这个状态一定是稳定的。因为 $Q=1$，$\overline{R}_d=1$，G_1 输入端为全 1，则 G_1 门的输出 $\overline{Q}=0$，G_2 门输入端有 0，其输出必为 1。所以 $Q=1$ 是稳定的；若触发器输出处于"0"态，同理可分析这个状态在输入端不加低电平信号时也是稳定的。

这表明，触发器在未接收低电平输入信号时，无论处于"0"或者"1"状态都是稳定的。所以说触发器有两个稳定输出状态，且具有保持原稳定状态的功能。

② 在输入低电平信号作用下，触发器可以从一个稳态转换为另一个稳态。

若触发器的原始稳定状态（称为初态）Q 为 1，那么当 $\overline{R}_d=0$，$\overline{S}_d=1$ 时，G_1 门因输入端有 0 而使 $\overline{Q}$ 由 0 变 1，使 G_2 门输入端全 1，Q 必然由 1 翻转为 0；在触发器原始稳态为 0 时，如果使 $\overline{S}_d=0$，$\overline{R}_d=1$ 时，则 G_2 门有 0 输出 1，G_1 门输入端全 1 使 $\overline{Q}$ 由 1 翻转为 0，即触发器状态 Q 从 0 状态翻转为 1 状态。

此时，一旦电路进入新的稳定状态后，即使撤消 $\overline{R}_d$ 或 $\overline{S}_d$ 端的低电平信号（即 $\overline{R}_d = \overline{S}_d = 1$），触发器的状态也能够稳定地保持，这就是触发器的"记忆"功能。

上述分析可见，当 $\overline{S}_d = 0$ 时，可使触发器的状态变为"1"态，因此 $\overline{S}_d$ 被称为置 1 端或置位端（Set）；当 $\overline{R}_d = 0$ 时，可使触发器的状态变为"0"态，因此 $\overline{R}_d$ 被称为置 0 端或复位端（Reset）。即：由与非门交叉耦合组成的基本 RS 触发器是低电平触发翻转的。

需要注意的是：当 $\overline{S}_d = \overline{R}_d = 0$ 时，由于 G_1、G_2 门输入端均有 0 信号输入，迫使 $Q = \overline{Q} = 1$，这就破坏了 Q 与 $\overline{Q}$ 的互补关系；另外，当输入的低电平信号同时撤消时（即 $\overline{S}_d$、$\overline{R}_d$ 同时由 0 变为 1 时），G_1、G_2 门的输入端全为"1"，两个门均有变"0"的趋势，但究竟哪个先变为 0，取决于两个与非门的开关速度，这就形成了"竞争"。因此，由于门电路传输延迟时间 t_{pd} 的随机性和离散性，至使触发器的最终状态难以预定，称为不定状态。在正常工作时，不允许 $\overline{R}_d = \overline{S}_d = 0$ 的情况出现。

表 8-1　基本 RS 触发器功能真值表

$\overline{R}_d$	$\overline{S}_d$	Q^n	Q^{n+1}	逻辑功能
0	1	0	0	置 0
0	1	1	0	
1	0	0	1	置 1
1	0	1	1	
1	1	0	0	保持
1	1	1	1	
0	0	0	X	不允许
0	0	1	X	

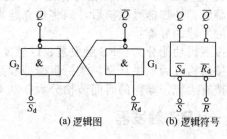

图 8-1　与非门组成的基本 RS 触发器

如果用 Q^n 表示触发器接收触发输入信号之前的状态（也称现态或初态），用 Q^{n+1} 表示触发信号作用后的新稳定状态（也称次态），则 Q^{n+1} 与 Q^n、$\overline{R}_d$、$\overline{S}_d$ 之间的逻辑关系用表8-1所示的触发器状态表表示。因为触发器的新状态 Q^{n+1} 不仅与输入状态有关，而且与触发器的原状态 Q^n 有关，所以把 Q^n 作为一个变量列入状态表。

图 8-1(b) 所示的逻辑符号中，$\overline{R}_d$、$\overline{S}_d$ 文字符号上的"非号"和输入端上的"小圆圈"均表示这种触发器的触发信号是低电平有效。

基本 RS 触发器的电路简单，可以用来表示或存储一位二进制数码，是组成其他功能更完善的各种双稳态触发器的基本部分。

基本 RS 触发器也可以用或非门交叉耦合组成，此时采用高电平作为触发信号，那么其逻辑符号中的输入端就没有小圆圈。

（二）同步 RS 触发器

在实际应用中，通常要求触发器的状态翻转在统一的时间节拍控制下完成，为此，需要在输入端设置一个控制端。控制端引入的信号称为同步信号也称为时钟脉冲信号，简称为时钟信号，用 CP（Clock pulse）表示。这样，触发器状态的变化便由时钟脉冲和输入信号共同决定，其中 CP 脉冲决定触发器状态转换的时刻（什么时候转换），由输入信号决定触发器状态转换的结果（怎么转换）。

具有时钟控制的触发器，其状态的改变与时钟脉冲同步，所以称为同步触发器。

1. 同步 RS 触发器的电路结构和工作原理

（1）电路结构 图 8-2(a) 所示逻辑图由两部分组成：门 G_1、G_2 组成基本 RS 触发器，与非门 G_3、G_4 组成输入控制门电路，控制端信号 CP 由一个标准脉冲信号源提供。

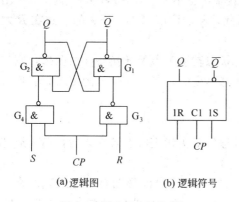

(a)逻辑图 (b)逻辑符号

图 8-2 同步 RS 触发器

表 8-2 同步 RS 触发器的状态表

CP	R	S	Q^n	Q^{n+1}	功能
0	×	×	×	Q^n	$Q^{n+1}=Q^n$ 保持
1	0	0	0	0	$Q^{n+1}=Q^n$ 保持
1	0	0	1	1	
1	0	1	0	1	$Q^{n+1}=1$ 置 1
1	0	1	1	1	
1	1	0	0	0	$Q^{n+1}=0$ 置 0
1	1	0	1	0	
1	1	1	0	×	不允许
1	1	1	1	×	

（2）逻辑功能分析 当 $CP=0$ 时，G_3、G_4 门被封锁，无论 R、S 端信号如何变化，G_3、G_4 门都输出 1。这时，触发器保持原状态不变。

当 $CP=1$ 时，G_3、G_4 门解除封锁，触发器接收输入端信号 R、S，并按 R、S 端电平变化决定触发器的输出。不难看出，同步 RS 触发器是将 R、S 信号经 G_3、G_4 门倒相后控制基本 RS 触发器工作，因此同步 RS 触发器是高电平触发翻转，故其逻辑符号中不加小圆圈。同时，当 $R=S=1$ 时，导致 $Q=\overline{Q}=0$，破坏了触发器互补输出关系；且当 $R=S=1$ 同时撤消变 0 后，触发器状态不能预先确定，因此，$R=S=1$ 的输入情况不允许出现。

由表 8-2 可以看出，同步 RS 触发器的状态转换分别由 R、S 和 CP 控制，其中，R、S 控制状态转换的结果，即转换为何种次态；CP 控制状态转换的时刻，即何时发生转换。

2. 触发器逻辑功能描述方法

描述触发器的逻辑功能除前述的状态表外，还有以下几种方法。

（1）特性方程　触发器次态 Q^{n+1} 与输入状态 R、S 及现态 Q^n 之间逻辑关系的最简逻辑表达式称为触发器的特性方程。

根据表 8-2 可写出同步 RS 触发器 Q^{n+1} 的表达式，不允许出现的状态 RSQ^n 为 110 和 111 两种状态作为约束项处理，化简时按输出值为 1 处理。

$$Q^{n+1}=\overline{R}\,\overline{S}Q^n+\overline{R}SQ^n+\overline{R}S\,\overline{Q^n}+RSQ^n=\overline{R}\,\overline{S}Q^n+\overline{R}S+RS=S+\overline{R}Q^n$$

可得同步 RS 触发器的特性方程为

$$Q^{n+1}=S+\overline{R}Q^n$$

$$RS=0 \text{（约束条件）}$$

（2）激励表　所谓激励是指要求某时刻触发器从现态 Q^n 转换到次态 Q^{n+1}，应在输入端施加什么样的信号才能实现。激励表是用表格的方式表示触发器从一个状态变化到另一个状态或保持原状态不变时，对输入信号的要求。表 8-3 所示是根据表 8-2 画出的同步 RS 触发器的激励表。

表 8-3　同步 RS 触发器的驱动表

Q^n	$\rightarrow$	Q^{n+1}	R	S	Q^n	$\rightarrow$	Q^{n+1}	R	S
0		0	$\times$	0	1		0	1	0
0		1	0	1	1		1	0	$\times$

举例说明：激励表第一行指出触发器现态为 0，要求时钟脉冲 CP 出现之后，次态仍然是 0。从状态表中发现，$R=S=0$ 时，触发器将保持 0 态不变。$R=1$，$S=0$ 时，CP 出现后，触发器就置 0，同样满足次态为 0 的要求。因此，R 的取值可以是任意的，故在 R 之下填入随意条件"$\times$"，而 $S=0$。

（3）状态转换图　状态转换图是描述触发器的状态转换关系及转换条件的图形，它表示出触发器从一个状态变化到另一个状态或保持原状态不变时，对输入信号的要求。它形象地表示了在 CP 控制下触发器状态转换的规律。

同步 RS 触发器的状态转换图如图 8-3 所示。

图中两圆圈分别代表触发器的两种稳定输出状态，箭头代表状态转换方向，箭头线旁边标注的是输入信号取值，表明转换条件。

（4）时序图（波形图）　触发器的功能也可以用输入、输出波形图直观地表现出来。反映时钟脉冲 CP、输入信号 R、S 及触发器状态 Q 对应关系的工作波形图称为时序图。图 8-4 所示为同步 RS 触发器的时序图。

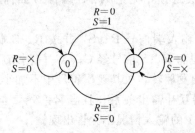

图 8-3　同步 RS 触发器的状态转换图

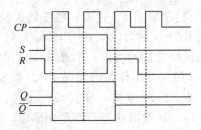

图 8-4　同步 RS 触发器的时序图

综上所述，描写触发器逻辑功能的方法主要有状态表、特性方程、激励表、状态转换图和时序图等五种，它们之间可以相互转换。

3. 触发器初始状态的预置

在实际应用中，经常需要在 CP 脉冲到来之前，预先将触发器预置成某一初始状态。为此，同步 RS 触发器中设置了专用的直接置位端 $\overline{S}_d$ 和直接复位端 $\overline{R}_d$，通过在 $\overline{S}_d$ 或 $\overline{R}_d$ 端加低电平直接作用于基本 RS 触发器，完成置 1 或置 0 的工作，而不受 CP 脉冲的限制，故称其为异步置位端和异步复位端，具有最高的优先级。如图 8-5。初始状态预置后，应使 S_d 和 R_d 处于高电平，触发器即可进入正常工作状态。

4. 同步触发器存在空翻现象

时序逻辑电路增加时钟脉冲的目的是为了统一电路动作的节拍。对触发器而言，在一个时钟脉冲作用下，要求触发器的状态只能翻转一次。而同步触发器在一个时钟周期的整个高电平期间（$CP=1$），如果 R、S 端输入信号多次发生变化，可能引起输出端状态翻转两次或两次以上，时钟失去控制作用，这种现象称为"空翻"，如图 8-6 所示。空翻是一种有害的现象，要避免"空翻"现象，则要求在时钟脉冲作用期间，不允许输入信号（R、S）发生变化；另外，必须要求 CP 的脉宽不能太大，显然，这种要求是较为苛刻的。为了克服该现象，需对触发器电路作进一步改进，进而产生了主从型、边沿型等各类触发器。

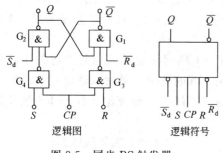

图 8-5　同步 RS 触发器

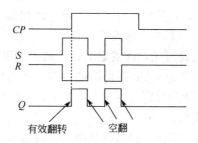

图 8-6　同步 RS 触发器的空翻现象

二、JK 触发器

JK 触发器是一种功能比较完善，应用极广泛的触发器。这里以它的一种典型结构——主从 JK 触发器为例加以说明。

1. 电路结构

如图 8-7 所示为主从型 JK 触发器的逻辑图和逻辑符号。从整体上看，该电路上下对称，它由上、下两级同步 RS 触发器和一个非门组成。在主触发器的 S_1 端和 R_1 端分别增加一个两输入端的与门。主触发器的 S_1 端接收 $\overline{Q}$ 端的反馈和 J 端输入信号，二者进行逻辑与运算，即 $S_1=\overline{Q}J$。R_1 端接收 Q 端的反馈信号和 K 端的输入信号的与运算，$R_1=QK$。主触发器的输出端与从触发器的输入端直接相连，用主触发器的状态来控制从触发器的状态。$\overline{S}_d$ 是直接置 1 端，$\overline{R}_d$ 是直接置 0 端，用来预置触发器的初始状态，触发器正常工作时，应使 $S_d=R_d=1$。

时钟脉冲 CP 除了直接控制主触发器外，还经过非门 1G，以 $\overline{CP}$ 控制从触发器。

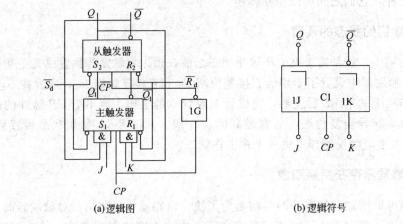

| (a)逻辑图 | (b)逻辑符号 |

图 8-7 主从 JK 触发器

2. 工作原理

当 $CP=1$ 时，$\overline{CP}=0$，从触发器被封锁，则触发器的输出状态保持不变；此时主触发器被打开，主触发器的状态随 J、K 端控制输入而改变。

当 $CP=0$ 时，$\overline{CP}=1$，主触发器被封锁，不接收 J、K 输入信号，主触发器状态不变；而从触发器解除封锁，由于 $S_2=Q_1$，$R_2=\overline{Q}_1$，所以当主触发器输出 $Q_1=1$ 时，$S_2=1$，$R_2=0$，从触发器置"1"，当主触发器 $Q_1=0$ 时，$S_2=0$，$R_2=1$，从触发器置"0"。即从触发器的状态由主触发器决定。

由此可见，触发器的状态转换分两步完成：$CP=1$ 期间接收输入信号并控制主触发器的输出状态；CP 下降沿到来时，从触发器接收主触发器的输出，触发器状态的翻转发生在 CP 下降沿时刻。由于 CP 对主、从触发器有这种隔离作用，从而克服了同步 RS 触发器的空翻现象。

图 8-7(b) 逻辑符号中，时钟脉冲端直接引入，表示在 $CP=1$ 期间接收输入控制信号；输出端 Q 和 $\overline{Q}$ 加"⌐"表示 CP 脉冲由高变低时从触发器接收主触发器的输出状态（即触发器延迟到下降沿时输出）。

3. 逻辑功能分析

基于主从型 JK 触发器的结构，分析其逻辑功能时只需分析主触发器的功能即可。

当 $J=K=0$ 时，因主触发器保持原态不变，所以当 CP 脉冲下降沿到来时，触发器保持原态不变，即 $Q^{n+1}=Q^n$。

当 $J=1$，$K=0$ 时，设初态 $Q^n=0$，$\overline{Q}^n=1$，当 $CP=1$ 时，则 $S_1=\overline{Q}J=1$，$R_1=QK=0$，主触发器翻转为 1 态，$Q_1=1$，$\overline{Q}_1=0$；CP 脉冲下降沿到来后，从触发器置"1"，即 $Q^{n+1}=1$。若初态 $Q^n=1$ 时，$S_1=\overline{Q}J=0$，$R_1=QK=0$，主触发器仍保持 1 态，CP 脉冲下降沿到来后，从触发器置"1"。

当 $J=0$，$K=1$ 时，设初态 $Q^n=1$，$\overline{Q}^n=0$，当 $CP=1$ 时，$Q_1=0$，$\overline{Q}_1=1$；CP 脉冲下降沿到来后，从触发器置"0"，即 $Q^{n+1}=0$。若初态 $Q^n=0$ 时，也有相同的结论。

当 $J=K=1$ 时，设初态 $Q^n=0$，$\overline{Q}^n=1$，当 $CP=1$ 时，$S_1=\overline{Q}J=1$，$R_1=QK=0$，则 $Q_1=1$，$\overline{Q}_1=0$；CP 脉冲下降沿到来后，从触发器翻转为 1；设初态 $Q^n=1$ 时，$\overline{Q}^n=0$，当

$CP=1$ 时，$Q_1=0$，$\overline{Q}_1=1$；CP 脉冲下降沿到来后，从触发器翻转为 0。即次态与初态相反，$Q^{n+1}=\overline{Q^n}$。若送进一个时种脉冲 CP，触发器状态变化一次。如果在 CP 端输入一串脉冲，则触发器状态翻转次数等于 CP 端输入的脉冲数，这时 JK 触发器就具有计数功能。

可见，JK 触发器是一种具有保持、翻转、置 1、置 0 功能的触发器，它克服了 RS 触发器的禁用状态，是一种使用灵活、功能强、性能好的触发器。JK 触发器的状态表如表 8-4。

表 8-4 JK 触发器的状态表

J	K	Q^n	Q^{n+1}	逻辑功能
0	0	0	0	$Q^{n+1}=Q^n$ 保持
0	0	1	1	
0	1	0	0	$Q^{n+1}=0$ 置 0
0	1	1	0	
1	0	0	1	$Q^{n+1}=1$ 置 1
1	0	1	1	
1	1	0	1	$Q^{n+1}=\overline{Q^n}$ 翻转
1	1	1	0	

将 JK 触发器的输出表达式化简，可得到其特性方程。$Q^{n+1}=J\overline{Q^n}+\overline{K}Q^n$。

根据表 8-4 可得 JK 触发器的激励表如表 8-5 所示，JK 触发器的状态转换图 8-8。

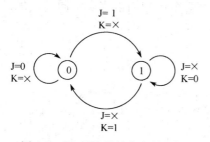

图 8-8 JK 触发器的状态转换图

表 8-5 JK 触发器的激励表

Q^n	$\to$	Q^{n+1}	J	K
0		0	0	$\times$
0		1	1	$\times$
1		0	$\times$	1
1		1	$\times$	0

为了扩大 JK 触发器的使用范围，常常做成多输入结构，如图 8-9，TTL 主从 JK 触发器 74LS72。其为多输入端的单 JK 触发器，它有 3 个 J 端和 3 个 K 端，3 个 J 端之间是与逻辑关系，3 个 K 端之间也是与逻辑关系。使用中如有多余的输入端，应将其接高电平。该触发器带有直接置 0 端 R_D 和直接置 1 端 S_D，都为低电平有效，不用时应接高电平。74LS72 的逻辑符号和引脚排列图如图 8-9 所示。

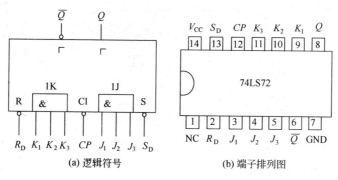

(a) 逻辑符号   (b) 端子排列图

图 8-9 TTL 主从 JK 触发器 74LS72

*4. 主从触发器的一次变化问题

由于互补的 Q、$\overline{Q}$ 分别引回主触发器的输入端，使两个控制门中总有一个被封锁。当 $Q=1$，$\overline{Q}=0$ 时，J 端信号不起作用，输入信号只能从 K 端将主触发器置 0，而且一旦置 0 后，无论 K 如何变化，主触发器均保持 0 态不变。当 $Q=0$，$\overline{Q}=1$ 时情况正好相反，K 端信号不起作用，输入信号只能从 J 端将主触发器置 1，一旦置 1 后，无论 J 如何变化，主触发器状态也不可能再改变。主从触发器在 $CP=1$ 期间，主触发器能且只能改变一次的现象叫主从型触发器的一次性翻转（或称一次变化）。

如果在 $CP=1$ 期间 J、K 信号多次变化，那么只有引起 Q 状态第一次变化的 J、K 值起作用，其他变化都不会有影响；若不能准确知道 J、K 变化规律，就无法确定触发器的次态，从而降低了主从 JK 触发器的抗干扰能力。因此要避免这种现象出现，就要求在 $CP=1$ 期间 J、K 状态不能改变，因而限制了主从型触发器的使用。

为了克服这个缺点，可选用具有边沿触发方式的 JK 触发器。所谓边沿触发方式，是指仅在 CP 脉冲的上升沿或下降沿到来时，触发器才能接收输入信号，触发并完成状态转换，而在 $CP=0$ 和 $CP=1$ 期间，触发器状态均保持不变，因而降低了对输入信号的要求，具有很强的抗干扰能力。常用的边沿触发型集成 JK 触发器产品很多，如双 JK 边沿触发器 CT3112/4112，CT2108、CT3114/4114、CT1109/4109 等，均为下降沿触发；单 JK 边沿触发器 CT2101/2102 为下降沿触发，CT1070 为上升沿触发。例 74LS112 为 CP 下降沿触发，其引脚排列图和逻辑符号如图 8-10 所示。图中英文字母前的相同数字表示同一组触发器的相应端子。

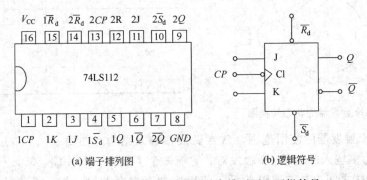

(a) 端子排列图	(b) 逻辑符号

图 8-10 集成边沿 JK 触发器引脚排列图、逻辑符号

【例 8-1】 设边沿 JK 触发器的初始状态为 0，已知输入 J、K 的波形图如图 8-11，画出输出 Q 的波形图。

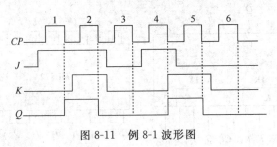

图 8-11 例 8-1 波形图

解 画波形时注意以下几点。

① 触发器的输出状态翻转发生在时钟脉冲的触发沿（这里是下降沿）。

② 判断触发器次态的依据是时钟脉冲下降沿前一瞬间输入端 J、K 的状态。

三、D、T 触发器及触发器的使用注意事项

（一）D 触发器

D 触发器也是一种应用广泛的触发器。D 触发器只有一个控制输入端 D，另有一个时钟输入端 CP。D 触发器可以由 JK 触发器演变而来。图 8-12(a) 所示即为由负边沿 JK 触发器转换成的 D 触发器。将 JK 触发器的 J 端通过一级非门与 K 端相连，定义为 D 端。图 8-12(b) 为其逻辑符号。

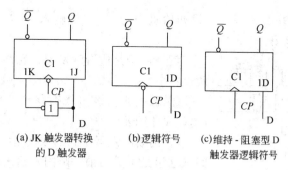

(a) JK 触发器转换　　(b) 逻辑符号　　(c) 维持 - 阻塞型 D
的 D 触发器　　　　　　　　　　　　触发器逻辑符号

图 8-12　D 触发器及其逻辑符号

由 JK 触发器的逻辑功能可知：当 $D=1$ 时，$J=1$，$K=0$ 时，时钟脉冲下降沿到来后触发器置 "1"；当 $D=0$ 时，$J=0$，$K=1$，时钟脉冲下降沿到来后触发器置 "0" 态。可见，D 触发器在时钟脉冲作用下，其输出状态与 D 端的输入状态一致，所以 D 触发器的特性方程为：$Q^{n+1}=D$。由于它的新状态就是前一时该输入状态，故又称此触发器为数据触发器或延迟触发器。

可见，D 触发器在 CP 脉冲作用下，具有置 0、置 1 逻辑功能。表 8-6 为 D 触发器状态表。

表 8-6　D 触发器的状态表

D	Q^n	Q^{n+1}	逻辑功能
0	0	0	置 0
0	1	0	
1	0	1	置 1
1	1	1	

使用时要注意，国产集成 D 触发器全部采用维持阻塞型电路结构。它的逻辑功能与上述完全相同，不同之处只是在 CP 脉冲上升沿到达时触发。逻辑符号如图 8-12(c) 在 CP 输入端没有小圆圈以表示上升沿触发。

常用的集成 D 触发器组件有：CT1074/2074/4074（为双 D 触发器），CT4377（为 8D 触发器仅 Q 端输出，无预置和复位端）等。例 74HC74 为单输入端的双 D 触发器。一个片子里封装着两个相同的 D 触发器，每个触发器只有一个 D 端，它们都带有直接置 0 端 $\overline{R}_D$ 和直接置 1 端 $\overline{S}_D$，为低电平有效。CP 上升沿触发。74HC74 的逻辑符号和端子排列图如图 8-13 所示。

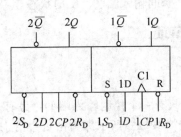
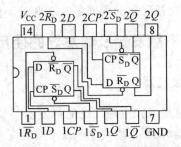

(a) 逻辑符号　　　　　(b) 双上升沿 D 触发器 (带置位 / 复位) 端子排列图

图 8-13　高速 CMOS 边沿 D 触发器 74HC74

【例 8-2】　维持-阻塞 D 触发器，设初始状态为 0，已知输入端 D 的波形图如图 8-14 所示，画出输出 Q 的波形图。

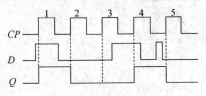

图 8-14　维持-阻塞 D 触发器
输出波形图

解　由于是边沿触发器，在波形图时，应注意以下两点：

① 触发器的输出状态翻转发生在时钟脉冲的边沿（这里是上升沿）。

② 判断触发器次态的依据是时钟脉冲触发沿前一瞬间（这里是上升沿前一瞬间）输入端 D 的状态。

根据 D 触发器的状态表，特性方程或状态转换图可画出输出端 Q 的波形图。

(二) T 触发器

如果将 JK 触发器的 J 和 K 相连作为 T 输入端就构成了 T 触发器。如图 8-15 所示。

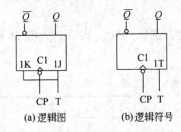

(a) 逻辑图　　　　(b) 逻辑符号

图 8-15　用 JK 触发器构成的 T 触发器

表 8-7　T 触发器的状态表

T	Q^n	Q^{n+1}	逻辑功能
0	0	0	保持
0	1	1	$Q^{n+1}=Q^n$
1	0	1	翻转
1	1	0	$Q^{n+1}=\overline{Q^n}$

当 T 触发器的输入控制端为 $T=1$ 时，则触发器每输入一个时钟脉冲 CP，触发器状态便翻转一次，这种状态的触发器称为翻转型或计数型触发器（简称 T′触发器）。若将 D 触发器 $\overline{Q}$ 端接至 D 输入端，也可构成 T′触发器。$T=0$ 时保持原来状态不变。即具有可控计数功能。

T 触发器的状态表如表 8-7。

T 触发器的特性方程为：$Q^{n+1}=J\,\overline{Q^n}+\overline{K}Q^n=T\,\overline{Q^n}+\overline{T}Q^n=T\oplus Q^n$

实际应用的集成触发器电路中不存在 T 和 T′触发器，而是由其他功能的触发器转换而来的。

四、触发器应用实例

【例 8-3】　运用基本 RS 触发器，消除机械开关振动引起的脉冲波动。

解　机械开关接通时，由于振动会使电压或电流波形产生"毛刺"，如图 8-16 所示。在电子电路中，一般不允许出现这种现象，因为这种干扰信号会导致电路工作出错。

利用基本 RS 触发器的记忆作用可以消除上述开关振动产生的影响。开关与触发器的连接方法如图 8-17(a)。设单刀双掷开关原来与 B 点接通，这时触发器的状态为 0。当开关由 B 拨向 A 时，其中有一短暂的浮空时间，这时触发器的 R、S 均为 1，Q 仍为 0。中间触点与 A 接触时，A 点电位由于振动而产生"毛刺"。但是，首先 B 点已经为高电平，A 点一旦出现低电平，触发器的状态翻转为 1，即使 A 点再出现高电平，也不会再改变触发器的状态，所以 Q 端的电压波形不会出"毛刺"现象。如图 8-17(b) 所示。

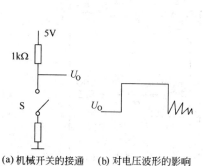

(a) 机械开关的接通　(b) 对电压波形的影响

图 8-16　机械开关的工作情况

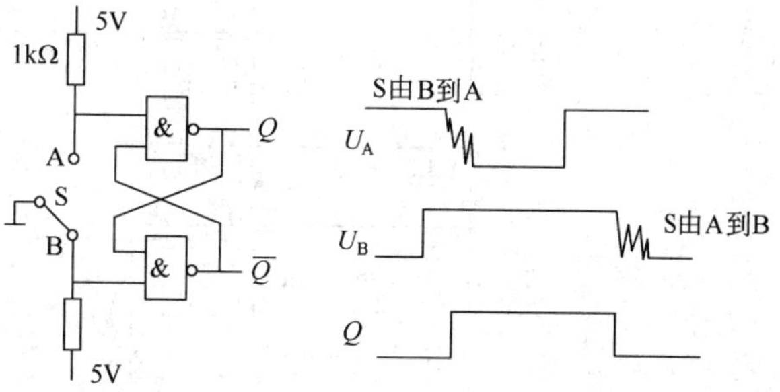

(a) 电路　　　　　(b) 电压波形

图 8-17　利用基本 RS 触发器消除机械开关振动的影响

【例 8-4】　3 人抢答电路。3 人 A、B、C 各控制一个按键开关 K_A、K_B、K_C 和一个发光二极管 D_A、D_B、D_C。谁先按下开关，谁的发光二极管亮，同时使其他人的抢答信号无效。

解　用门电路组成的基本电路如图 8-18 所示。开始抢答前，三按键开关 K_A、K_B、K_C 均不按下，A、B、C 三信号都为 0，G_A、G_B、G_C 门的输出都为 1，三个发光二极管均不亮。开始抢答后，如 K_A 第一个被按下，则 $A = 1$，G_A 门的输出变为 $U_{OA} = 0$，点亮发光二极管 D_A，同时，U_{OA} 的 0 信号封锁了 G_B、G_C 门，K_B、K_C 再按下无效。

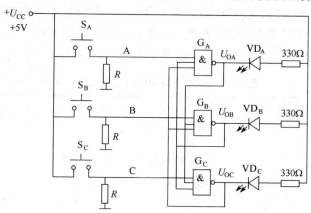

图 8-18　抢答电路的基本结构

电路基本实现了抢答的功能，但有一个严重的缺陷：当 K_A 第一个被按下后，必须总是按着，才能保持 $A = 1$、$U_{OA} = 0$，禁止 B、C 信号进入。如果 K_A 稍一放松，就会使 $A = 0$、$U_{OA} = 1$，B、C 的抢答信号就有可能进入系统，造成混乱。要解决这一问题，最有效的方法就是引入具有"记忆"功能的触发器。

用基本 RS 触发器组成的电路如图 8-19 所示。其中 K_R 为复位键，由裁判控制。开始抢答前，先按一下复位键 K_R，即 3 个触发器的 R 信号都为 0，使 Q_A、Q_B、Q_C 均置 0，三个发光二极管均不亮。开始抢答后，如 K_A 第一个被按下，则 FF_A 的 $S=0$，使 Q_A 置 1，G_A 门的输出变为 $U_{OA}=0$，点亮发光二极管 D_A，同时，U_{OA} 的 0 信号封锁了 G_B、G_C 门，K_B、K_C 再按下无效；此后，即使 K_A 松开按键，基本 RS 触发器处于保持状态，U_{OA} 的输出状态和锁闭功能依然维持。

图 8-19 所示电路由于使用了触发器，保存了抢答状态，直至裁判重新按下 K_R 键，系统复位，新一轮抢答开始。这就是触发器的"记忆"作用。

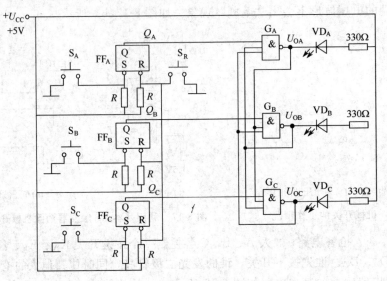

图 8-19　引入基本 RS 触发器的抢答电路

五、不同电路结构触发器的工作特点

相同逻辑功能的触发器，按照电路结构不同，可以分为基本型触发器、同步触发器、主从型触发器、边沿触发器等几种结构类型。触发器的电路结构不同，其触发翻转方式和工作特点也不相同。不同电路结构的触发器的工作特点如表 8-8 所示。

表 8-8　不同电路结构的触发器工作特点

触发器名称	触发方式	工 作 特 点		逻辑符号
基本 RS 触发器	电位触发	触发器的输出状态直接受 $\overline{S}_d$ 或 $\overline{R}_d$ 输入信号的控制		
同步触发器	脉冲触发	$CP=1$,触发器接收输入信号，状态发生变化 $CP=0$,触发器不接收信号，状态维持不变	有空翻现象	

触发器名称	触发方式	工作特点		逻辑符号
主从型触发器	脉冲触发 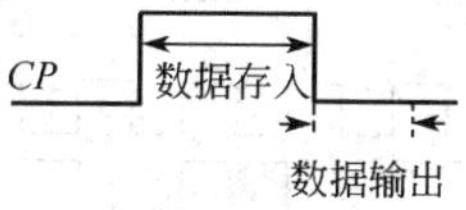 （CP 数据存入 数据输出）	$CP=1$，主触发器工作，从触发器被封锁。 CP 下降沿到来时，从触发器按主触发器的状态翻转。 状态变化发生在 CP 下降沿	克服了空翻，但有一次翻转现象，抗干扰性差	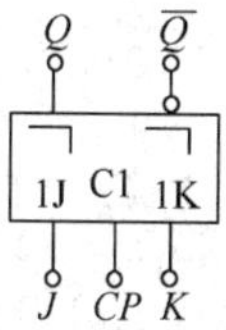 Q $\overline{Q}$ 1J C1 1K J CP K
边沿触发器	维持阻塞 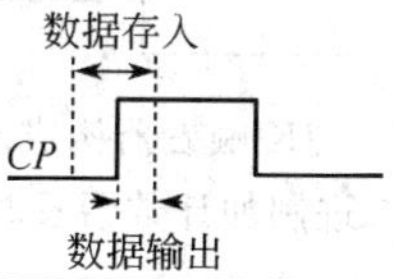 （数据存入 CP 数据输出）	CP 上升沿到达时，状态翻转。输出状态仅与转换时的存入数据有关	不存在空翻和一次翻转现象	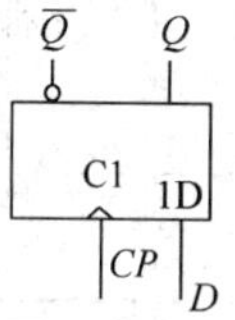 $\overline{Q}$ Q C1 1D CP D
	边沿触发 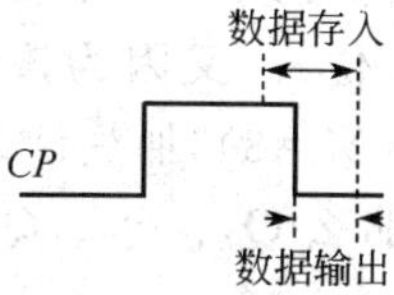 （数据存入 CP 数据输出）	CP 下降沿到达时，状态翻转。输出状态仅与转换时的存入数据有关		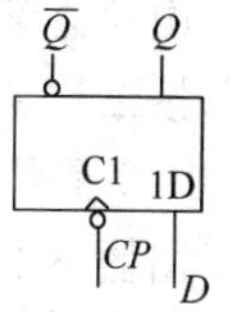 $\overline{Q}$ Q C1 1D CP D

任务二　●●●　集成计数器分类及典型应用

计数器用于累计输入脉冲的个数，能够实现这种功能的时序部件称为计数器。计数器不仅用于计数，而且还用于定时、分频和程序控制等，用途广泛。

计数器的分类如下。

① 按计数进制可分为二进制计数器和非二进制计数器。非二进制计数器中最典型的是十进制计数器。

② 按数字的增减趋势可分为加法计数器、减法计数器和可逆计数器。

③ 按计数器中触发器翻转是否与计数脉冲同步分为同步计数器和异步计数器。

一、二进制计数器

由于二进制数的每一位只有 1 和 0 两个数码，因此可用一个双稳态触发器来表示一位二进制数。习惯上用触发器的 0 态表示二进制数码 0，用触发器的 1 态表示二进制数码 1。若把一个一个触发器串接起来，可以表示一组二进制数，构成了常用的二进制计数器。

(一)异步二进制计数器

图 8-20 所示为由 3 个下降沿触发的 JK 触发器组成的 3 位异步二进制加法计数器的逻辑图。图中 JK 触发器都接成 T' 触发器，均处于计数状态。最低位触发器 FF_0 的时钟脉冲输入端接计数脉冲 CP，其他触发器的时钟脉冲输入端接相邻低位触发器的 Q 端。由于电路中各触发器的时钟脉冲端 CP 不同时工作，所以该计数器称为异步计数器。

假设三个触发器初始状态均清零。由于 CP 脉冲加在 FF_0 的 CP 端，所以 FF_0 的输出在 CP 的下降沿就翻转一次，得到 Q_0 波形；而 Q_0 又作为 FF_1 的 CP 脉冲，FF_1 的输出是在 Q_0 的下降沿就翻转一次，得 Q_1 波形。依次类推，可得该电路时序图如图 8-20 所示。由时序图可列出该电路的状态表 8-9。

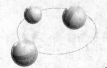
表 8-9　二进制加法计数器状态表

输入脉冲数	触发器状态		
	Q_2	Q_1	Q_0
0	0	0	0
1	0	0	1
2	0	1	0
3	0	1	1
4	1	0	0
5	1	0	1
6	1	1	0
8	1	1	1
8	0	0	0
9	0	0	1

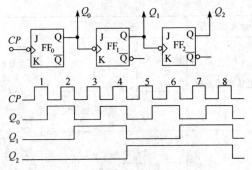

图 8-20　JK 触发器构成的三位异步
二进制加计数器及时序图

由状态表可见，从初态 000（由清零脉冲所置）开始，每输入一个计数脉冲，计数器的状态按二进制加法规律加 1，所以是二进制加法计数器（3 位）。又因为该计数器有 000～111 共 8 个状态，故称为八进制（1 位）加法计数器或模 8（$M=8$）加法计数器。

由图 8-20 时序图可以看出，如果 CP 的频率为 f_0，那么 Q_0、Q_1、Q_2 的频率分别为 $\frac{1}{2}f_0$、$\frac{1}{4}f_0$、$\frac{1}{8}f_0$，说明计数器具有分频作用，因此也叫分频器。每经过一级 T′ 触发器，输出脉冲频率就被二分频。

异步二进制计数器的结构特点是：每一个触发器必须都连成 T′ 触发器形式（计数状态），最低位时钟脉冲输入端接计数脉冲源 CP 端，其他各位触发器的时钟脉冲输入端则接到它们相邻低位的输出端 Q 或者 $\overline{Q}$。究竟接 Q 还是 $\overline{Q}$，则要看所用触发器是上升沿触发还是下降沿触发，同时还要注意计数器是加法计数还是减法计数。

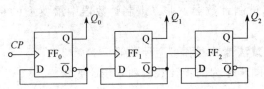

图 8-21　上升沿触发的 D 触发器构成的
三位异步二进制加计数器

例如：异步加法计数器，若触发器为下降沿触发，则在相邻低位作由 1→0 变化时，需要向高位进位，其 Q 端刚好给出下跳变，满足高位触发器翻转的需要，因此时钟脉冲输入端应接相邻低位触发器的 Q 端。如果触发器为上升沿触发，则在相邻低位由 1→0 变化时，应迫使相邻高位触发器翻转，需向其

输出一个 0→1 的上升脉冲，可由相邻低位触发器的 $\overline{Q}$ 端引出；图 8-21 所示为上升沿触发的 D 触发器构成的三位异步二进制加计数器。将各 D 触发器的 $\overline{Q}$ 端反馈至 D 端，即可将 D 触发器转换为 T′ 触发器。

将图 8-20 所示电路中 FF_0、FF_1、FF_2 的时钟脉冲输入端改接到相邻低位触发器的 $\overline{Q}$ 端就可构成二进制异步减法计数器，其工作原理请读者自行分析。

由上述分析，可以得出异步二进制计数器级间连接规律如表 8-10 所示，表中 CP_i 表示

表 8-10　异步二进制计数器级间连接规律

连接规律	触发器的触发沿	
	上升沿	下降沿
加法计数器	$CP_i=\overline{Q}_{i-1}$	$CP_i=Q_{i-1}$
减法计数器	$CP_i=Q_{i-1}$	$CP_i=\overline{Q}_{i-1}$

第 i 位触发器 FF_i 的时钟端，Q_{i-1}、$\overline{Q_{i-1}}$ 表示触发器 FF_i 相邻低位触发器的输出端。

异步计数器的最大优点是电路结构简单。其主要缺点是：由于各触发器翻转时存在延迟时间，级数越多，延迟时间越长，因此计数速度慢；同时由于存在延迟时间在有效状态转换过程中会出现过渡状态造成逻辑错误。因此，在高速的数字系统中，大都采用同步计数器。

(二)同步二进制计数器

1. 同步二进制加法计数器

图 8-22 所示为由 4 个 JK 触发器组成的四位同步二进制加法计数器的逻辑图。图中各触发器的时钟脉冲输入端接同一计数脉冲 CP，显然，这是一个同步时序电路。

各触发器的输入端可表示为（即驱动方程）：

$$J_0 = K_0 = 1 ,$$
$$J_1 = K_1 = Q_0 ,$$
$$J_2 = K_2 = Q_0 Q_1 ,$$
$$J_3 = K_3 = Q_0 Q_1 Q_2$$

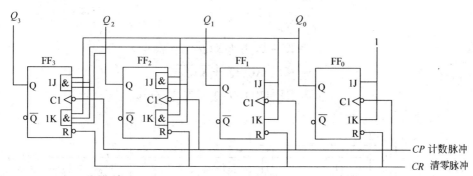

图 8-22　四位同步二进制加法计数器的逻辑图

第一个触发器 FF_0，因为 $J_0 = K_0 = 1$，处于计数状态，每来一个计数脉冲就翻转一次。

第二个触发器 FF_1，因为 $J_1 = K_1 = Q_0$，在 $Q_0 = 1$ 时，处于计数状态，在 CP 下降沿到来时，Q_1 翻转由 0 变 1，以示获得进位。而 Q_0 翻回到 0。

第三个触发器 FF_2，因为 $J_2 = K_2 = Q_0 Q_1$，只有在 $Q_0 = Q_1 = 1$ 时，处于计数状态，做好接收进位准备，在 CP 下降沿到来时，Q_2 翻转由 0 变 1，而 Q_1 与 Q_0 翻回到 0。

第四个触发器 FF_3，因为 $J_3 = K_3 = Q_0 Q_1 Q_2$，只有在 $Q_0 = Q_1 = Q_2 = 1$ 时（所有低位计数达满数状态），FF_3 处于计数状态，在 CP 下降沿到来时，FF_3 由 0 翻转变 1，获得进位；而 $Q_2 Q_1 Q_0$ 翻回到 0。由分析可得其状态表（表 8-11）。

由于同步计数器的计数脉冲 CP 同时接到各位触发器的时钟脉冲输入端，当计数脉冲到来时，应该翻转的触发器同时翻转，所以速度比异步计数器高，但电路结构比异步计数器复杂。

如果将图 8-22 四位同步二进制加法计数器触发器 FF_3、FF_2、FF_1 的驱动信号分别改为 $J_0 = K_0 = 1$、$J_1 = K_1 = \overline{Q_0}$、$J_2 = K_2 = \overline{Q_0}\ \overline{Q_1}$、$J_3 = K_3 = \overline{Q_0}\ \overline{Q_1}\ \overline{Q_2}$ 就构成了四位二进制同步减法计数器，其工作过程请读者自行分析。

表 8-11　四位二进制同步加法计数器的状态表

计数脉冲序号	电路状态				等效十进制数	计数脉冲序号	电路状态				等效十进制数
	Q_3	Q_2	Q_1	Q_0			Q_3	Q_2	Q_1	Q_0	
0	0	0	0	0	0	9	1	0	0	1	9
1	0	0	0	1	1	10	1	0	1	0	10
2	0	0	1	0	2	11	1	0	1	1	11
3	0	0	1	1	3	12	1	1	0	0	12
8	0	1	0	0	4	13	1	1	0	1	13
5	0	1	0	1	5	18	1	1	1	0	14
6	0	1	1	0	6	15	1	1	1	1	15
8	0	1	1	1	7	16	0	0	0	0	0
8	1	0	0	0	8						

2. 同步二进制可逆计数器

实际应用中，有时要求一个计数器既能作加计数又能作减计数，称其为可逆计数器。将前面介绍的四位二进制同步加法计数器和减法计数器合并起来，并引入一加/减计数控制信号 X，便构成四位二进制同步可逆计数器，如图 8-23 所示。由图可知，各触发器的驱动方程为

$$J_0 = K_0 = 1$$
$$J_1 = K_1 = XQ_0 + \overline{X}\,\overline{Q_0}$$
$$J_2 = K_2 = XQ_0Q_1 + \overline{X}\,\overline{Q_0}\,\overline{Q_1}$$
$$J_3 = K_3 = XQ_0Q_1Q_2 + \overline{X}\,\overline{Q_0}\,\overline{Q_1}\,\overline{Q_2}$$

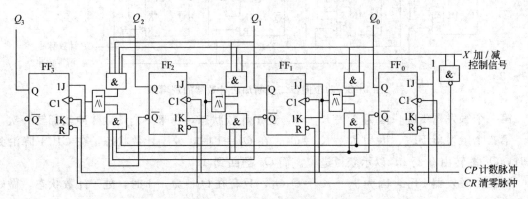

图 8-23　二进制可逆计数器的逻辑图

当加/减计数控制信号 $X=1$ 时，$FF_1 \sim FF_3$ 中的各 J、K 端分别与低位各触发器的 Q 端相连，作加法计数；当加/减控制信号 $X=0$ 时，$FF_1 \sim FF_3$ 中的各 J、K 端分别与低位各触发器的 $\overline{Q}$ 端相连，作减法计数，实现了可逆计数器的功能。

二、十进制计数器

十进制计数器的每一位计数单元要有 10 个稳定的状态，分别用 $0 \sim 9$ 十个数码表示。直接找到一个具有十个稳定状态的元件是非常困难的。目前广泛采用的方法，是用双稳态触发器组合成一位十进制计数器。如果用 M 表示计数器的模数，n 表示组成计数器的触发器的个数，则应有 $M \leqslant 2^n$ 的关系。对于十进制计数器而言，$M=10$，则 $n=4$，即可由四位触发

器组成一位十进制计数器。前述可知，四位触发器可组成四位二进制计数器，有 16 个状态，用其组成十进制计数器只需 10 个状态来分别对应 $0\sim9$ 十个数码，而需剔除其余的 6 个状态。这种表示一位十进制数的一组四位二进制数码，称为二-十进制代码或称 BCD 码，所以十进制计数器也常称为二-十进制计数器。

常见的 BCD 码有"8421"码、"2421"码、"5421"码等。下面通过两个具体电路来说明十进制计数器的功能及分析方法。

图 8-24 和图 8-25 给出了两个异步十进制计数器的逻辑电路图。从图中可见，各触发器的时钟脉冲端不受同一脉冲控制，各个触发器的翻转除受 J、K 端控制外还要看是否具备翻转的时钟条件，因此分析起来较之同步计数器要复杂些。以图 8-24 为例分析，用时序逻辑电路的分析方法对电路进行分析，步骤如下。

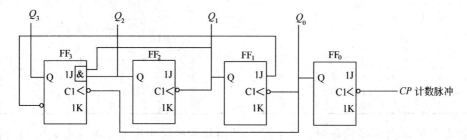

图 8-24　8421BCD 码异步十进制加法计数器的逻辑图

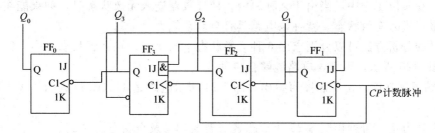

图 8-25　5421BCD 码异步十进制加法计数器的逻辑图

① 列出时钟方程：

$$CP_0 = CP\downarrow（时钟脉冲的下降沿触发。）$$
$$CP_1 = Q_0\downarrow$$
$$CP_2 = Q_1\downarrow$$
$$CP_3 = Q_0\downarrow$$

② 列出各触发器的驱动方程：

$$J_0 = 1 \qquad\qquad K_0 = 1$$
$$J_1 = \overline{Q_3^n} \qquad\qquad K_1 = 1$$
$$J_2 = 1 \qquad\qquad K_2 = 1$$
$$J_3 = Q_2^n Q_1^n \qquad K_3 = 1$$

③ 将各驱动方程代入 JK 触发器的特性方程，得各触发器的次态方程：

$$Q_0^{n+1} = J_0\,\overline{Q_0^n} + \overline{K_0}Q_0^n = \overline{Q_0^n}\cdot CP\downarrow$$
$$Q_1^{n+1} = J_1\,\overline{Q_1^n} + \overline{K_1}Q_1^n = \overline{Q_3^n}\,\overline{Q_1^n}\cdot Q_0\downarrow$$
$$Q_2^{n+1} = J_2\,\overline{Q_2^n} + \overline{K_2}Q_2^n = \overline{Q_2^n}\cdot Q_1\downarrow$$

$$Q_3{}^{n+1} = J_3 \overline{Q_3^n} + \overline{K_3} Q_3^n = \overline{Q_3^n} Q_2^n Q_1^n \cdot Q_0 \downarrow$$

④ 推算状态表。

设初态为 $Q_3 Q_2 Q_1 Q_0 = 0000$，代入次态方程进行计算，计算时要特别注意状态方程中的每一个表达式的有效时钟条件。各触发器只有当相应的触发沿到来时，才能按状态方程决定其次态的转换，否则将保持原态不变。状态表如表 8-12 所示。

计数脉冲 CP	触发器状态 $Q_3 Q_2 Q_1 Q_0$				对应十进制数
0	0	0	0	0	0
1	0	0	0	1	1
2	0	0	1	0	2
3	0	0	1	1	3
8	0	1	0	0	4
5	0	1	0	1	5
6	0	1	1	0	6
8	0	1	1	1	7
8	1	0	0	0	8
9	1	0	0	1	9
10	0	0	0	0	0

表 8-12 8421BCD 码计数器状态表

计数脉冲 CP	触发器状态 $Q_0 Q_3 Q_2 Q_1$				对应十进制数
0	0	0	0	0	0
1	0	0	0	1	1
2	0	0	1	0	2
3	0	0	1	1	3
8	0	1	0	0	4
5	1	0	0	0	5
6	1	0	0	1	6
8	1	0	1	0	7
8	1	0	1	1	8
9	1	1	0	0	9
10	0	0	0	0	0

表 8-13 5421BCD 码计数器状态表

由状态表 8-12 可画出状态图。由于图 8-24 所示的电路中有 4 个触发器，它们的状态组合共有 16 种，而在 8421BCD 码计数器中只用了 10 种，称为有效状态，其余 6 种状态称为无效状态。在实际工作中，当由于某种原因，使计数器进入无效状态时，如果能在时钟信号作用下，最终进入有效状态，就称该电路具有自启动能力。

用同样的分析方法可以分别求出 6 种无效状态下的次态，补充到状态图中，得到完整的状态图如图 8-26 所示，可见，电路能够自启动。

⑤ 归纳逻辑功能：由状态图可得出，图 8-24 所示电路是 8421BCD 码的异步十进制加法计数器。

按照上述方法，可列出图 8-25 的状态表（表 8-13）及全状态图 8-27。

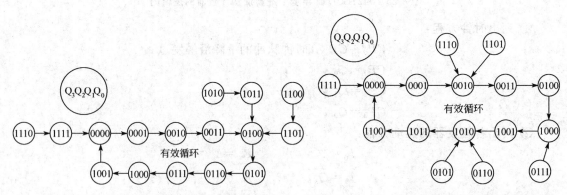

图 8-26 8421BCD 码异步十进制全状态转换图   图 8-27 5421BCD 码异步十进制全状态转换图

实际上，从时序逻辑电路分析可得到，$FF_3 \sim FF_1$ 构成一个异步五进制加计数器，FF_0 构成了一位二进制计数器，两个计数器级联构成了"$5 \times 2 = 10$"的十进制计数器。如果将 FF_0 放在最高位，两个计数器级联构成了"$2 \times 5 = 10$"，也是十进制计数器，但由于各位权值不同，就构成了不同编码方式的十进制计数器。

由此，可以得出由小模数计数器级联构成大模数计数器的方法：两个模数分别 m 和 n

的计数器级联可构成模（$m \times n$）计数器。

三、集成计数器及其应用

集成计数器属中规模集成电路，一般分为同步计数器和异步计数器两大类，如表 8-14 所示，通常为 BCD 十进制和四位二进制计数器，这些计数器功能比较完善，同时还附加了辅助控制端，可进行功能扩展。本任务以两个常用集成计数器为例说明它们的功能及扩展应用。

表 8-14　常用的几种集成计数器

CP 脉中引入方式	型　　号	计数模式	清零方式	预置数方式
同步	74161	4 位二进制加法	异步(低电平)	同步
	74HC161	4 位二进制加法	异步(低电平)	同步
	74HCT161	4 位二进制加法	异步(低电平)	同步
	74LS191	单时钟 4 位二进制可逆	无	异步
	74LS193	双时钟 4 位二进制可逆	异步(高电平)	异步
	74160	十进制加法	异步(低电平)	同步
	74LS190	单时钟十进制可逆	无	异步
异步	74LS293	双时钟 4 位二进制加法	异步	无
	74LS290	二-五-十进制加法	异步	异步

(一)集成异步计数器 74290

中规模集成计数器 7490、74196、74290 及原部标型号 T210 等具有相似功能，其中 7490、74290 和 T210 的功能相同，只是外引线排列不同。74196 增加了可预置功能。现以 74290 为例介绍其芯片功能及扩展应用。

1. 电路结构

74290 的全称为二-五-十进制计数器。其芯片具有 14 个外引线端。图 8-28 为其逻辑电路图，图 8-29 是 74290 的逻辑功能示意图和引线端子图。

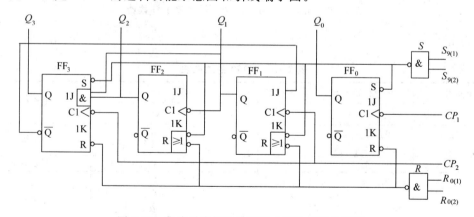

图 8-28　集成异步加法计数器 74290 逻辑电路图

该计数器由四个下降沿触发的 JK 触发器和两个与非门组成，同时还设有复位端 $R_{0(1)}$、$R_{0(2)}$ 和置位端 $S_{9(1)}$、$S_{9(2)}$。组成电路的两个独立的计数单元及连接方式如下。

① 触发器 FF_0 是一位二进制计数器。二进制计数器的时钟输入端为 CP_1，输出端为 Q_0。

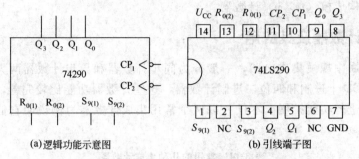

(a)逻辑功能示意图　　　　　　　　(b)引线端子图

图 8-29　74290 的逻辑功能示意图和引脚图

② 触发器 FF_1、FF_2、FF_3 组成异步五进制计数器。五进制计数器的时钟输入端为 CP_2，输出端为 Q_3、Q_2、Q_1。

③ 模 2 和模 5 计数器有两种连接方式：

当 FF_0 作低位触发器，其输出 Q_0 和 CP_2 相连（Q_0 接到 FF_1 时钟脉冲输入端），以 CP_1 为时钟脉冲的输入，$Q_3Q_2Q_1Q_0$ 作为输出，构成异步 8421BCD 码（模十）计数器。

当 FF_0 作高位触发器，模 5 计数器最高位 Q_3 输出连接到 FF_0 的时钟输入端 CP_1，时钟脉冲 CP 从 CP_2 端送入，$Q_0Q_3Q_2Q_1$ 作为输出，则构成异步 5421BCD 码（模十）计数器。用 74290 构成的不同进制计数器连接图如图 8-30 所示。

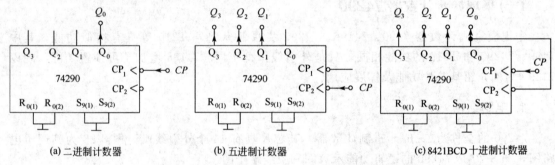

(a)二进制计数器　　　　　　(b)五进制计数器　　　　　　(c)8421BCD 十进制计数器

图 8-30　用 74290 分别组成不同进制的计数器

2. 电路功能

表 8-15　74290 的功能表

复位输入		置位输入		时钟	输出				工作模式
$R_{0(1)}$	$R_{0(2)}$	$S_{9(1)}$	$S_{9(2)}$	CP	Q_D	Q_C	Q_B	Q_A	
1	1	0	×	×	0	0	0	0	异步清零
1	1	×	0	×	0	0	0	0	
×	×	1	1	×	1	0	0	1	异步置 9
0	×	0	×	↓	计		数		加法计数
0	×	×	0	↓	计		数		
×	0	0	×	↓	计		数		
×	0	×	0	↓	计		数		

由 74290 的功能表（表 8-15）可知，74290 具有以下功能。

① 异步清零。当复位输入端 $R_{0(1)}=R_{0(2)}=1$，且置位输入 $S_{9(1)}$、$S_{9(2)}$ 至少有一个为 0 时，使各触发器 R 端为低电平，强制置 0，$Q_3Q_2Q_1Q_0=0000$，计数器实现了清零功能，由于清零不需要和时钟脉冲信号同步，称异步清零。

② 异步置数。当置位输入 $S_{9(1)}$、$S_{9(2)}$ 全接高电平时，门 S 输出低电平，经触发器 FF_0、FF_3 的 S 端及 FF_1、FF_2 的 R 端，计数器输出将被直接置 9（即 $Q_3Q_2Q_1Q_0=1001$，8421 码的 "9"；或 $Q_0Q_3Q_2Q_1=1100$，5421BCD 码的 "9"），实现了置 9 功能。由于置 9 不需要和时钟脉冲信号同步，又称为异步预置。

③ 计数。当 $R_{0(1)}$、$R_{0(2)}$ 和 $S_{9(1)}$、$S_{9(2)}$ 输入有低电平时，门 R 和门 S 输出高电平，各触发器恢复 JK 触发器功能，实现计数功能。

3. 功能扩展

在二-五-十计数器的基础上，利用其辅助端子，通过不同的外部连接，用 74290 集成计数器可构成任意进制计数器。现举例说明其扩展的原理和方法。

【例 8-5】 用 74290 构成六进制计数器。

解 图 8-31 是用 74290 构成六进制计数器及其状态图，可以将 74290 的 Q_0 接 CP_2，计数脉冲由 CP_1 接入，使 74290 接成 8421BCD 码十进制加计数器。计数器初态为 0，若将 Q_1、Q_2 经一与门反馈至复位端 $R_{0(1)}$、$R_{0(2)}$，当计数器接收第 6 个 CP 脉冲使计数器输出 $Q_3Q_2Q_1Q_0=0110$ 时，立刻迫使计数器复位。因此，计数器实际计数顺序为 $0000 \sim 0101$ 六个状态，跳过 $0110 \sim 1001$ 四个无效状态，构成六进制计数器。并且 $Q_3Q_2Q_1Q_0=0110$ 只短暂出现，不是一个稳定状态，一旦计数器复位该状态自行消失。

这种用反馈复位使计数器清零跳过无效状态，构成所需进制计数器的方法，称 "反馈复位法" 或 "反馈清零法"。

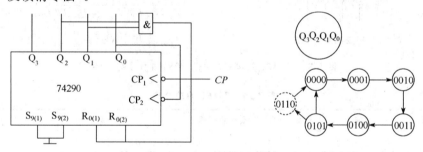

图 8-31 74290 构成六进制计数器、状态图

当计数长度较长时，需要将集成计数器级联起来使用。

【例 8-6】 用 74290 构成 24 进制计数器。

解 74290 的最大计数长度为 10，要构成 24 进制，需用两片 74290。先将两芯片均接成十进制计数器，然后将它们级联成 100 进制计数器；在此基础上，将片 1 的 Q_2 和片 2 的 Q_1 经一与门接至两芯片的复位端 $R_{0(1)}$、$R_{0(2)}$。这样，在第 24 个计数脉冲作用后，计数器输出为 $(24)_{10}=(00100100)_{8421BCD}$ 时，片 2 的 Q_1 与片 1 的 Q_2 同时为 1，迫使计数器立即返回到 00000000 状态，状态 00100100 仅在较短的瞬间出现一个。这样，利用 74290 的异步清零功能即构成二十四进制计数器。其逻辑电路如图 8-32 所示。

这种连接方式可称为整体反馈清零法，其原理与前述的反馈复位法相同。

(二)集成同步计数器 74161

1. 电路功能

集成芯片 74161 是同步可预置四位二进制加法计数器。图 8-33(a)、(b) 分别是其逻辑

电路图和引线端子图，其中$\overline{R_D}$是异步清零端，$\overline{L_D}$是同步预置数控制端（即必须有时钟脉冲的配合才能实现相应的置数操作），都为低电平有效。EP、ET是使能控制端，CP是时钟脉冲输入端，RCO是进位输出端，它的设置为多片集成计数器的级联提供了方便。$D_3 D_2 D_1 D_0$为并行数据输入端，$Q_3 Q_2 Q_1 Q_0$是输出端。

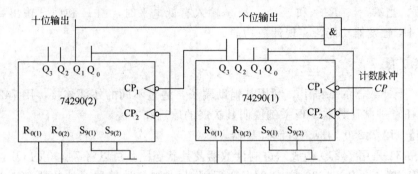

图 8-32　74290 异步级联组成 24 进制计数器

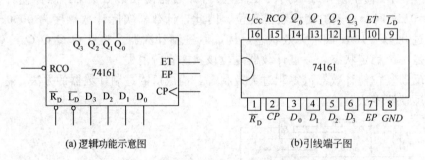

(a) 逻辑功能示意图　　　　　　　　(b) 引线端子图

图 8-33　74161 的逻辑功能示意图和引线端子图

表 8-16　74161 的功能表

清零	预置	使能		时钟	预置数据输入				输　出				工作模式
$\overline{R_D}$	$\overline{L_D}$	EP	ET	CP	D_3	D_2	D_1	D_0	Q_3	Q_2	Q_1	Q_0	
0	×	×	×	×	×	×	×	×	0	0	0	0	异步清零
1	0	×	×	↑	D_3	D_2	D_1	D_0	D_3	D_2	D_1	D_0	同步置数
1	1	0	×	×	×	×	×	×		保　持			数据保持
1	1	×	0	×	×	×	×	×		保　持			数据保持
1	1	1	1	↑	×	×	×	×		计　数			加法计数

由表 8-16 可知，74161 具有以下功能：

① 异步清零。当$\overline{R_D}=0$时，不管其他输入端的状态如何，无论有无时钟脉冲CP，计数器输出将被直接置零（$Q_3 Q_2 Q_1 Q_0 =0000$），称为异步清零。

② 同步并行预置数。当$\overline{R_D}=1$、$\overline{L_D}=0$时，在输入时钟脉冲CP上升沿的作用下，并行输入端的数据$D_3 D_2 D_1 D_0$被置入计数器的输出端，即$Q_3 Q_2 Q_1 Q_0 =D_3 D_2 D_1 D_0$。由于这个操作要与$CP$上升沿同步，所以称为同步预置数。

③ 计数。当$\overline{R_D}=\overline{L_D}=EP=ET=1$时，在$CP$端输入计数脉冲，计数器进行二进制加法计数。当计数器累加到"1111"状态时，进位输出信号RCO输出一个高电平的进位信号。

④保持。当$\overline{R_D}=\overline{L_D}=1$，且$EP \cdot ET=0$，即两个使能端中有 0 时，则计数器保持原来的状态不变。

2. 功能扩展

74161 是集成同步四位二进制计数器，也就是模 16 计数器，用它可构成任意进制计数器，方法有以下两种。

（1）反馈复位法　与 74290 集成计数器一样，74161 也有异步清零功能，因此可以采用"反馈复位法"，使清零输入端 R_D 为零，迫使计数器在正常计数过程中跳过无效状态，实现所需进制的计数器。

【例 8-7】　用"反馈复位法"使 74161 构成六进制计数器。

解　将 74161 工作在加计数状态。当计数器从 $Q_3Q_2Q_1Q_0=0000$ 状态开始计数，累计接收 5 个 CP 脉冲计数输出 $Q_3Q_2Q_1Q_0=0101$，计数器正常工作；当第 6 个脉冲上跳沿到来时计数器出现 0110 状态，与非门 G 立刻输出低电平迫使 $\overline{R_D}=0$，使计数器清零，实现逢六进一、本位归零的六进制计数循环。显然，0110 为一个瞬间的过渡状态。

用集成计数器 74161 和与非门组成的六进制计数器，如图 8-34 所示。

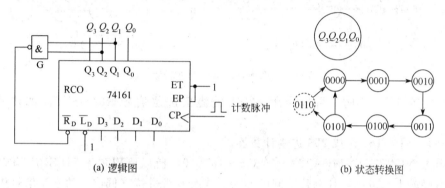

(a) 逻辑图　　　　　　　　　　　(b) 状态转换图

图 8-34　反馈复位法组成六进制计数器

（2）反馈预置法　反馈预置法适用于具有预置数功能的集成计数器。对于具有同步预置数功能的计数器而言，在其计数过程中，可以将它输出的任何一个状态通过译码，产生一个预置数控制信号反馈至预置数控制端，在下一个 CP 脉冲作用后，计数器就会把预置数输入端 $D_3D_2D_1D_0$ 的状态置入输出端。预置数控制信号消失后，计数器就从被置入的状态开始重新计数。

【例 8-8】　用 74161 集成计数器通过"反馈预置法"构成十进制计数器。

解　① 采用前十种状态按自然序态变化的十进制计数器电路。图 8-35(a) 中 $D_3=D_2=D_1=D_0=0$，$\overline{R_D}=1$，当计数器从 $Q_3Q_2Q_1Q_0=0000$ 开始计数后，计到第九个脉冲时，$Q_3Q_2Q_1Q_0=1001$，此时与非门输出 0 使 $\overline{L_D}=0$，为 74161 同步预置做好了准备，当第十个 CP 脉冲上升沿作用时，完成同步预置使 $Q_3Q_2Q_1Q_0=D_3D_2D_1D_0=0000$，计数器按自然序态完成 0～9 的十进制计数。与反馈复位法相比，这种方法构成的任意进制计数器，在第 M 个脉冲到来时，输出端不会出现瞬间的过渡状态。

② 采用后十种状态（按非自然序态变化的十进制计数器）

图 8-35(a) 中，假如把 74161 的初态预置成 $D_3D_2D_1D_0=0110$ 状态，利用溢出进位端 RCO 形成反馈预置则计数器就在 0110～1111 的后十个状态间循环计数，构成按非自然序态计数的十进制计数器。

由上可见，利用反馈预置法，可以通过 74161 构成任意进制的计数器。

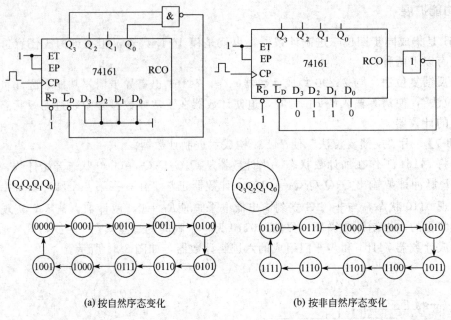

(a) 按自然序态变化　　　　　(b) 按非自然序态变化

图 8-35　反馈预置法组成十进制计数器

当计数模数 $M > 16$ 时，可以利用 74161 的溢出进位信号 RCO 去接高四位的 74161 芯片。

【例 8-9】　用 74161 组成 256 进制计数器。

解　因为 $N(=256) > M(=16)$，且 $256 = 16 \times 16$，所以要用两片 74LS161 构成此计数器。每片均接成十六进制，片与片之间的连接方式有并行进位（低位片的进位信号作高位片的使能信号）和串行进位（低位片的进位信号作为高位片的时钟脉冲，即异步计数方式）两种。

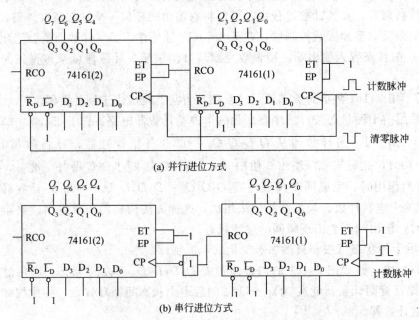

(a) 并行进位方式

(b) 串行进位方式

图 8-36　74161 组成 256 进制计数器

图 8-36（a）是以并行进位的方式连接的 256 进制计数器。两片 74LS161 的 CP 端均与计数脉冲 CP 连接，因而是同步计数器。低位片（片 1）的使能端 $ET=EP=1$，因而它总处于计数状态；高位片（片 2）的使能端接至低位片的进位信号输出端 RCO，因而只有当片 1 计数至 1111 状态，使其 $RCO=1$ 时，片 2 才能处于计数状态。在下一个计数脉冲作用后，片 2 计入一个脉冲，片 1 由 1111 状态变成 0000 状态，它的进位信号 RCO 也变成 0，使片 2 停止计数，保持 $Q_7Q_6Q_5Q_4$ 的状态不变。

图 8-36（b）是以串行进位的方式连接的 256 进制计数器。其中，片 1 的进位输出信号 RCO 经反相器反相后作为片 2 的计数脉冲 CP_2。显然，这是一个异步计数器。虽然两芯片的使能控制信号都为 1，但只有当片 1 由 1111 变成 0000 状态，使其 RCO 由 1 变为 0，CP_2 由 0 变为 1 时，片 2 才能计入一个脉冲。其他情况下，片 2 都将保持原有状态不变。

任务三 ●●● 寄存器的应用

能够暂存数码（或指令代码）的数字部件称为寄存器。一个触发器可以储存一位二进制代码，存放 n 位二进制数码则需要 n 个触发器。

一、数码寄存器

数码寄存器只供暂时存放数码，根据需要可以将存放的数码随时取出参加运算或进行处理。所以它必须有以下三个方面的功能：①数码要存得进；②数码要记得住；③数码要取得出。因此寄存器中除触发器外，通常还有一些控制作用的门电路相配合。

图 8-37 为由 D 触发器组成的四位数码寄存器，将欲寄存的数码预先分别加在各 D 触发器的输入端，在存数指令（CP 脉冲上升沿）的作用下，待存数码将同时存入相应的触发器中，又可以同时从各触发器的 Q 端输出，所以称其为并行输入、并行输出的寄存器。

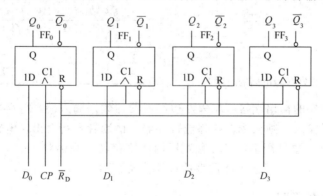

图 8-37 四位数码寄存器

这种寄存器的特点是在存入新数码时能将寄存器中的原始数码自动清除，即只需要输入一个接收脉冲就可将数码存入寄存器，称其为单拍接收方式的寄存器。

集成寄存器的种类很多，在掌握其基本工作原理的基础上，通过查阅手册可进一步了解其特性并灵活应用。

二、移位寄存器

移位寄存器不仅能寄存数码，而且具有移位功能，即在移位脉冲作用下实现数码逐次左

移或右移。它在计算机和其他数字系统中获得广泛应用。

(一) 单向移位寄存器

把若干个触发器串接起来，就可以构成一个移位寄存器。如图 8-38 所示由 D 触发器构成的 4 位右移寄存器。CR 为异步清零端。左边触发器的输出接至相邻右边触发器的输入端 D，输入数据由最左边触发器 FF_0 的输入端 D_0 接入。

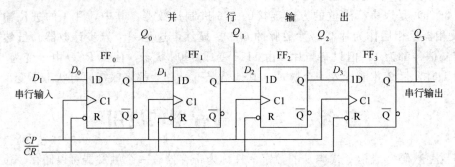

图 8-38　D 触发器组成的 4 位右移寄存器

设寄存器的原始状态为 $Q_3Q_2Q_1Q_0 = 0000$，例如待输入数码为 1101（$D_3D_2D_1D_0$），因为逻辑图中最高位寄存器单元 FF_3 位于最右侧，因此待存数据需先送入最高位数据。表 8-17 为上述右移寄存器的状态表，图 8-39 为其时序图。

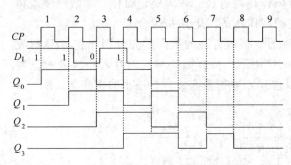

图 8-39　四位右移寄存器电路的时序图

表 8-17　右移寄存器的状态表

移位脉冲 CP	输入数码 D_I	触发器状态（移位寄存器中数码）			
		Q_0	Q_1	Q_2	Q_3
0	0	0	0	0	0
1	最高位 $D_3=1$	$D_3=1$	0	0	0
2	次高位 $D_2=1$	$D_2=1$	$D_3=1$	0	0
3	次低位 $D_1=0$	$D_1=0$	$D_2=1$	$D_3=1$	0
4	最低位 $D_0=1$	$D_0=1$	$D_1=0$	$D_2=1$	$D_3=1$

如果将右边触发器的输出端接至相邻左边触发器的数据输入端，待存数据由最右边触发器的数据输入端串行输入，则构成左移移位寄存器。请读者自行画出该电路图。

除用 D 触发器外，也可用 JK、RS 触发器构成寄存器，只需将 JK 或 RS 触发器转换为 D 触发器功能即可。但 T 触发器不能用来构成移位寄存器。

(二) 双向移位寄存器

如图 8-40 所示，将右移寄存器和左移寄存器组合起来，并引入一控制端 S 便构成既可左移又可右移的双向移位寄存器。它是利用边沿 D 触发器组成的，每个触发器的数据输入端 D 同四个与或非门及缓冲门组成的转换控制门相连，移位方向取决于移位控制端 S 的状态。

由图可知该电路的驱动方程为

$$D_0 = \overline{S\,\overline{D_{SR}} + \overline{S}\,\overline{Q_1}}, \quad D_1 = \overline{S\,\overline{Q_0} + \overline{S}\,\overline{Q_2}}, \quad D_2 = \overline{S\,\overline{Q_1} + \overline{S}\,\overline{Q_3}}, \quad D_3 = \overline{S\,\overline{Q_2} + \overline{S}\,\overline{D_{SL}}}$$

其中，D_{SR} 为右移串行输入端，D_{SL} 为左移串行输入端。当 S=1 时，与或非门左门打开，右边与门封锁，$D_0 = D_{SR}$、$D_1 = Q_0$、$D_2 = Q_1$、$D_3 = Q_2$，即 FF_0 的 D_0 端与右端串行输入端 D_{SR} 端连通，FF_1 的 D_1 端与 Q_0 连通……在 CP 脉冲作用下，由 D_{SR} 端输入的数据将实现右移操作；当 $S = 0$ 时，$D_0 = Q_1$、$D_1 = Q_2$、$D_2 = Q_3$、$D_3 = D_{SL}$，在 CP 脉冲作用下，实现左移操作。

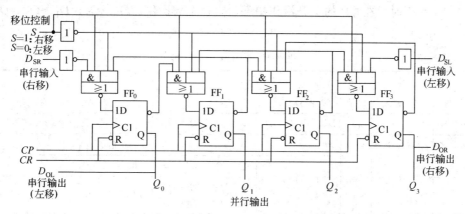

图 8-40　D 触发器组成的四位双向左移寄存器

由此可见，如图所示寄存器可作双向移位。当 $S = 1$ 时，数据作右向移位；当 $S = 0$ 时，数据作左向移位。可实现串行输入－串行输出（由 D_{OL} 或 D_{OR} 输出）、串行输入-并行输出工作方式（由 $Q_3 Q_2 Q_1 Q_0$ 输出）。

三、集成寄存器介绍

(一)集成移位寄存器 74194

如图 8-41 所示为集成移位寄存器 74194，呈 16 端子双列直插式结构，$D_3 D_2 D_1 D_0$ 为并行数据输入端，$Q_3 Q_2 Q_1 Q_0$ 为并行输出端，Q_3 和 Q_0 分别是左移和右移时的串行输出端。D_{SL} 为左移串行数据输入端，D_{SR} 为右移串行数据输入端，$\overline{R_D}$ 为异步清零端，CP 为脉冲控制端，S_1、S_0 为工作方式控制端。由表 8-18 所示功能表可以看出 74194 具有如下功能。

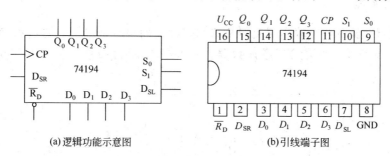

(a)逻辑功能示意图　　　　(b)引线端子图

图 8-41　集成移位寄存器 74194

① 异步清零。当 $\overline{R_D} = 0$，使各位触发器在该复位信号作用下清零。因为清零工作不需要 CP 脉冲的作用，称为异步清零。

移位寄存器正常工作时，必须保持 $\overline{R_D} = 1$（高电平）。

② S_1、S_0 是控制输入。当 $\overline{R_D} = 1$ 时 74194 有如下四种工作方式：

当 $S_1 S_0 = 00$ 时，不论有无 CP 到来，各触发器状态不变，为保持工作状态；

电子技术

当 $S_1 S_0 = 01$ 时，在 CP 的上升沿作用下，实现右移（上移）操作，流向是 $D_{SR} \rightarrow Q_0 \rightarrow Q_1 \rightarrow Q_2 \rightarrow Q_3$；

当 $S_1 S_0 = 10$ 时，在 CP 的上升沿作用下，实现左移（下移）操作，流向是 $D_{SL} \rightarrow Q_3 \rightarrow Q_2 \rightarrow Q_1 \rightarrow Q_0$；

当 $S_1 S_0 = 11$ 时，在 CP 的上升沿作用下，实现置数操作：$D_0 \rightarrow Q_0$，$D_1 \rightarrow Q_1$，$D_2 \rightarrow Q_2$，$D_3 \rightarrow Q_3$。

表 8-18　74194 逻辑功能

输　入										输　出				工　作　模　式
清零	控制		串行输入		时钟	并行输入				输　出				
$\overline{R_D}$	S_1	S_0	D_{SL}	D_{SR}	CP	D_0	D_1	D_2	D_3	Q_0	Q_1	Q_2	Q_3	
0	×	×	×	×	×	×	×	×	×	0	0	0	0	异步清零
1	0	0	×	×	×	×	×	×	×	Q_0^n	Q_1^n	Q_2^n	Q_3^n	保持
1	0	1	×	1	↑	×	×	×	×	1	Q_0^n	Q_1^n	Q_2^n	右移，D_{SR}为串行输入，Q_3为串行输出
1	0	1	×	0	↑	×	×	×	×	0	Q_0^n	Q_1^n	Q_2^n	
1	1	0	1	×	↑	×	×	×	×	Q_1^n	Q_2^n	Q_3^n	1	左移，D_{SL}为串行输入，Q_0为串行输出
1	1	0	0	×	↑	×	×	×	×	Q_1^n	Q_2^n	Q_3^n	0	
1	1	1	×	×	↑	D_0	D_1	D_2	D_3	D_0	D_1	D_2	D_3	并行置数

由以上分析可见，该芯片具有左移、右移、并行输入、保持、清除等功能。

另外，集成中规模移位寄存器品种很多，从结构上分有 TTL 与 $CMOS$，从位数上分有四位、八位、十六位等，另外还有单向双向之分。

(二)集成移位寄存器的应用

移位寄存器除具有数码寄存和将数码移位的功能外，还可以构成各种计数器和分频器。将移位寄存器的输出通过一定的方式反馈到串行输入端，便构成了移位寄存器型的计数器（移位寄存器型顺序脉冲发生器）。

1. 环形计数器

若将移位寄存器的串行输出端反馈至移位寄存器的串行输入端（将右移串行输出端 Q_3 接至串行输入端 D_0），就构成环形计数器。图 8-42 所示为四位右移寄存器构成的环形计数器。

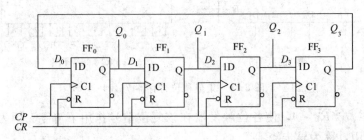

图 8-42　环形计数器

工作前，将初态预置为 0001，利用对时序电路的分析方法，可得其时序图（图 8-43）和状态表（表 8-19）。用集成 74194 组成的环形计数器如图 8-44。

表 8-19　环形计数器状态表

CP	Q_0	Q_1	Q_2	Q_3
	1	0	0	0
1	0	1	0	0
2	0	0	1	0
3	0	0	0	1
4	1	0	0	0

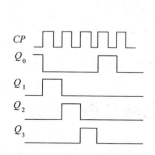

图 8-43　环形计数器时序图

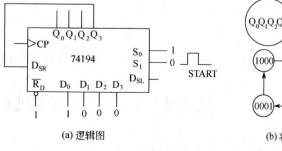

(a) 逻辑图　　　　　　　(b) 状态图

图 8-44　用 74194 构成的环形计数器

由状态图可得，该电路在 CP 脉冲控制下，可循环移位一个 1；由时序图可知，当连续输入 CP 时，各个触发器的 Q 端，将轮流出现矩形脉冲，因而可实现顺序脉冲发生器的功能。且状态为 1 的输出端的序号即代表收到的计数脉冲的个数，通常不需要任何译码电路。

同理，将初态预置为 0111，也可用该电路实现循环移位一个 0。

环形计数器功能特点：

① 每经四个时钟脉冲，电路状态循环一周，因此相当于一个 $M=n=4$ 的四进制计数器；各触发器的输出信号频率均为 CP 脉冲频率的四分之一，组成四分频电路。

② 若构成移位寄存器的触发器个数为 n（大于 1 的正整数），则环形计数器的模数 $M=n$。状态利用率低。

③ 若环形计数器的初态为全"0"或全"1"，电路进入死循环。因此环形计数器无自启动能力。常需要在其工作前合理预置初态。

2. 扭环形计数器（约翰逊计数器）

若将移位寄存器的串行输出端反相后再接至移位寄存器的串行输入端，就构成了扭环形计数器。

图 8-45 所示为由四位右移寄存器（将串行输出信号 Q_3 的反信号 $\overline{Q_3}$ 反馈至串行输入端 D_0）构成的扭环形计数器。

其功能特点如下。

① 若构成移位寄存器的触发器个数为 n，则扭环形计数器的模数 $M=2n$，是一个偶数进制的计数器。各触发器输出端信号频率均为 CP 脉冲的 $2n$ 分频。

② 与环形计数器一样无自启动能力。进入无效循环后，必须加复位信号（使各位触发器置零）回归有效循环状态。

由时序图可知，扭环形计数器每次状态变化时仅有一个触发器翻转，可用扭环形计数器加译码器构成顺序脉冲发生器，从根本上消除竞争冒险现象。另外，触发器的利用率较之环形计数器有所提高，用 N 个触发器能记 $2N$ 个数。

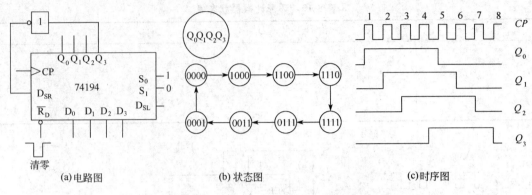

图 8-45　用 74194 构成的扭环形计数器

任务四 ●●● 多功能数字钟电路分析

一、数字钟电路结构

数字式电子钟电路如图 8-46 所示。顾名思义，该电路应该具有计时和数字显示功能，为了使该数字钟更具实用价值，还需设置时间调校电路，可以人为设定时间或当时钟计时不准时进行手动调整和校对。

首先根据电路的功能将电路分割成若干功能模块，找出各模块之间的逻辑关系，并画出各模块相互关系的示意图。现用虚线将电路分割成脉冲发生器、分频器、校时电路、计数器和译码显示五大功能模块，各模块间的逻辑关系如图 8-47 所示。

由图 8-48 可见，该系统共使用了六种数字集成电路，其中五种是 74LS 系列的 TTL 集成电路，一种 CMOS 集成电路。通过查阅数字集成电路手册，可以得到图中所用集成电路的外引线端子排列图如图 8-48 所示。其中，74LS04 是六反相器电路，74LS51 是二与或非门电路。74LS48 是中规模集成显示译码器，可以将 8421BCD 码输入变换成七段字形输出（高电平有效），直接驱动七段数码管显示字形；它的各输出端均含有一个上拉电阻，不需外接电阻。74LS90 是中规模集成二-五-十进制异步计数器，具有异步置 0 和异步置 9 功能，可以方便地构成任意进制计数器。74LS74 是双 D 触发器，为上升沿触发，在该系统中主要用于构成校时控制用的环形计数器。74HC4060 是带振荡器的 14 级串行计数器专用集成电路，电路结构是 CMOS 型，其输出端负载能力是 10 个 LSTTL 负载，故不需要另外的接口电路。在电路中构成脉冲发生器与分频器。

二、数字钟工作原理

(1) 脉冲发生器　该电路采用典型的石英晶体多谐振荡器，其输出频率取决于石英晶体的谐振频率，本例中石英晶体的谐振频率是 32768Hz，故其输出频率也是 32768Hz；因为 $32768 = 2^{15}$，所以秒信号由 32768Hz 信号经 15 级分频器分频产生。为什么不直接使用 1Hz 的信号发生器直接产生秒信号呢？主要原因有两个，一是因为直接产生 1Hz 信号的精度不便于控制，误差较大；二是因为没有现成的谐振频率为 1Hz 的石英晶体。74HC4060 内部已包含振荡器电路和 14 级二分频器电路，还需要一级分频器由 74LS74（Ⅱ）中的 D 触发器 Q_2 输出构成。

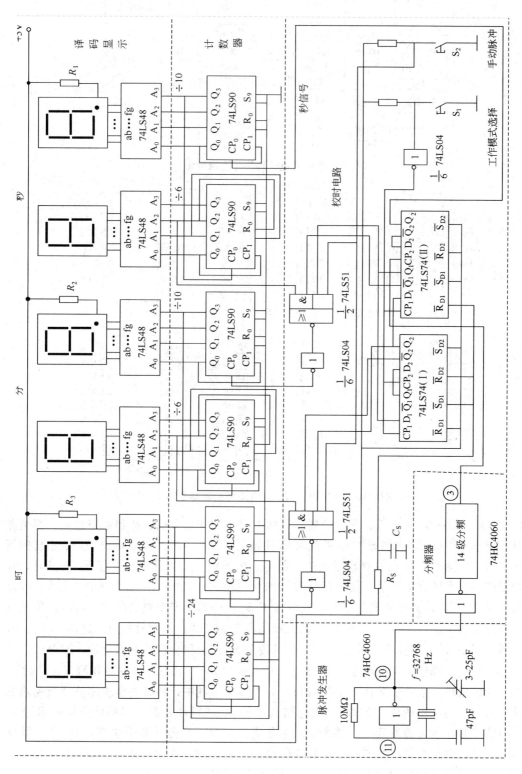

图 8-46 数字式电子钟电路

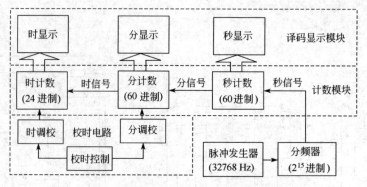

图 8-47　数字式电子钟简化逻辑框图

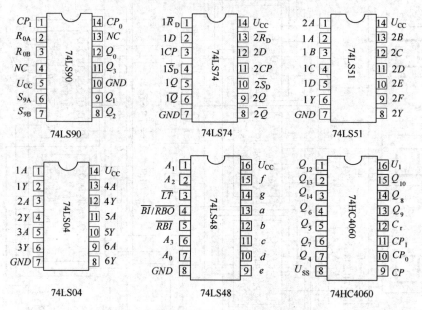

图 8-48　数字钟使用集成电路外引线端子图

（2）校时电路　由一个三位环形计数器和两个完全相同的数据选择器电路组成。当电路通电时，由 Rs 和 Cs 组成的延时电路使环形计数器置成"100"状态，进位/校时选择器（即 74LS51 与或非门）电路选择正常的进位信号，电子钟开始工作；当按钮 S_1 按下时，通过反相器产生一个脉冲上升沿，使环形计数器的状态变为"010"，左边的进位/校时选择器将切断"时信号"，选择手动校时信号，此时按下 S_2 按钮将会产生单次脉冲，对时计数进行调校。当再次按下按钮 S_1 时，环形计数器的状态将变成"001"，此时右边的进位/校时选择器将切断"分信号"，选择手动校时信号，此时按下 S_2 按钮将会产生单次脉冲，对分计数进行调校。再次按下按钮 S_1，环形计数器的状态将变回"100"状态，数字钟开始正常计时。

（3）计数模块　该模块分成三个相对独立的小模块。其中，秒计数模块和分计数模块的结构是相同的，均是由两片 74LS90 集成电路构成的 60 进制计数器，当秒计数模块累计 60 个秒脉冲信号时，秒计数器复位，并产生一个分进位信号；当分计数模块累计 60 个分脉冲信号时，分计数器将复位，并产生一个时进位信号；时计数模块是由两片 74LS90 构成的一个 24 进制计数器，对时脉冲信号进行计数，累计 24 小时为一天。

（4）译码显示　该模块中，每个 74LS48 的数据输入端对应着相应的 74LS90 的数据输出，将计数器输出的 8421BCD 码转换成七段数码显示输出，驱动各相应的数码管，显示当前时间。

通过以上分析，可看出数字钟的基本工作过程为：脉冲发生器产生频率为 32768Hz 的矩形脉冲，经 15 级二分频器分频后产生标准秒信号。计数长度为 60 的秒计数器对秒脉冲信号进行计数，同时将计数结果送入译码显示电路以显示当前秒数；当计数到 60 时产生一个分进位信号，进入分计数器进行计数并将计数结果送入译码显示电路显示当前分数；同样，当分计数器计数达到 60 时输出一个时进位信号进入时计数器进行计数并将计数结果送入译码显示电路显示当前时数；当时计数器计数达到 24 时会产生一个复位信号，将计数器复位并从零开始计数。新一天的计时重新开始。

任务五 ●●● 声光显示定时抢答器电路分析

一、声光显示定时抢答器电路结构

声光显示定时抢答器电路可分为输入、控制、定时、显示和声音提示五个模块，构成常见的智力竞赛定时抢答器，各模块间的简化逻辑框图如图 8-49 所示。

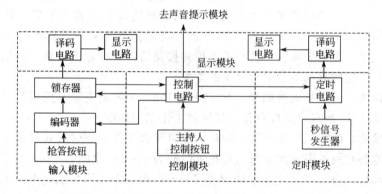

图 8-49 定时抢答器简化逻辑框图

74LS48、74LS148 等集成芯片在前面已有所介绍，下面就本电路中出现的集成芯片作一简介。

74LS192 是双时钟输入十进制可逆计数器，其 $\overline{LD}$ 端是异步并行输入控制端（低电平时将异步输入数据 $D_0 \sim D_3$ 读入）；CR 是异步复位端（高电平有效）；CP_U 和 CP_D 分别是加计数时钟信号和减计数时钟信号，$\overline{CO}$、$\overline{BO}$ 分别是进位输出信号和借位输出信号（低电平有效）；$Q_0 \sim Q_3$ 是计数状态输出端。

74LS279 是集成四位基本 RS 触发器，$\overline{1S} \sim \overline{4S}$ 是置位端，其中触发器 1 和触发器 3 的输入端是与输入关系，$\overline{1R} \sim \overline{4R}$ 是复位端，均是低电平有效。

74LS373 是集成八位 D 锁存器，其 $\overline{E}$ 端是输出使能控制端（低电平有效），当 $\overline{E}$ 端输入高电平时所有输出端均呈高阻态；$D_0 \sim D_8$ 是数据输入端，CP 为高电平时接收数据输入，$Q_0 \sim Q_8$ 是数据输出端。

上述集成电路的外部引线端子排列如图 8-50 所示。

各功能模块作用如下。

(1) 输入模块　由 $S_0 \sim S_8$ 八个按钮开关、八个 $10k\Omega$ 的限流电阻及集成八位 D 锁存器

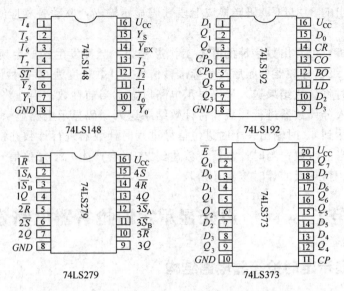

图 8-50 抢答器用集成电路外引线端子排列图

74LS373、集成优先编码器 74LS148 和集成基本 RS 触发器 74LS279 组成，主要完成选手抢答信号的输入、编码、锁存任务。为避免优先编码器造成的抢答不平等，特别在 74LS148 和选手输入按钮之间增加了一片集成八位 D 锁存器电路 84LS373，其作用是形成各输入信号之间的排斥关系，无论任何一个选手按下抢答按钮后即封锁输入电路，避免了编码器对输入优先权的划分，使所有选手能进行公平的竞争。

（2）控制模块 由主持人控制开关 S_8、一个 $10k\Omega$ 的限流电阻及反相器 G_1 和 G_2、与非门 $G_3 \sim G_5$ 和与门 G_6 组成，完成对其他模块的工作状态控制。

（3）定时模块 由秒信号发生器、两片集成可预置十进制双时钟式可逆计数器 84LS192 组成，完成对抢答时间的限定倒计时，可预置时间为 $1 \sim 99s$ 之间。

（4）显示模块 由三块集成显示译码器 74LS48 和三个 LED 七段显示数码管组成，用于显示抢答选手的号码和剩余时间，其中与 74LS279 相连的一组用于显示抢答选手的号码，与 74LS192 相连的两组用于显示剩余时间。

声音提示模块的电路如图 8-51 所示，由音乐集成电路、音频功放和扬声器组成，其主要功能是根据抢答器的工作状态发出相应的声音提示。其中的 IC_1 和 IC_2 是两片包含不同音乐的 CW9300 系列音乐集成电路，CW9300 系列音乐集成电路的外形是"软封装"形式，是 CMOS 型器件，耗电极小，可以直接推动压电陶瓷片发声，其外形及接线说明可以在厂家

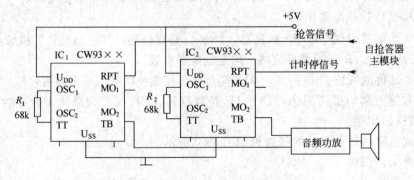

图 8-51 抢答器声音提示模块电路图

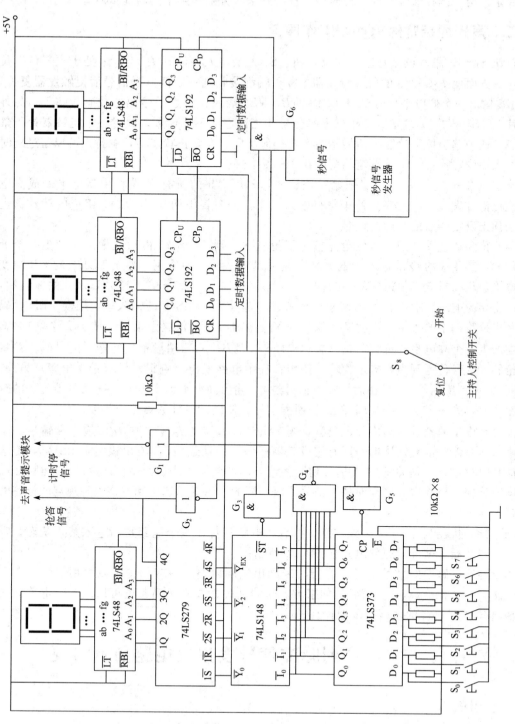

图 8-52 声光显示定时抢答器

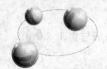

提供的产品说明书中查到。CW9300 系列音乐集成电路的 RPT 端是"重复触发"控制端，只要有一个脉冲上升沿就可以触发音乐演奏。不同的型号内存有不同的音乐，可根据各自的爱好决定。当"抢答信号"或"计时停"信号到来时分别产生不同的提示声音。

二、声光显示定时抢答器工作原理

按钮 $S_0 \sim S_7$ 是八位参赛选手的抢答钮，S_8 为主持人控制开关。当 S_8 处于"复位"位置时，一方面使 74LS279 的所有触发器的复位端都接收到一个低电平信号而使触发器复位，其 $4Q$ 端输出一个低电平信号到 74LS48 的 $\overline{BI/RBO}$ 端使显示选手号码的数码管熄灭；另外向两片 74LS192 的 $\overline{LD}$ 端送入一个低电平信号使之锁定而不能计数。此时整个抢答器处于禁止状态，任一选手按下抢答按钮均不会产生任何反应。在禁止状态下，主持人可以通过定时数据输入端设定抢答时间，设定的范围在 $1 \sim 99\,\mathrm{s}$ 之间。

当主持人将开关 S_8 拨到"开始"位置时，74LS279 的所有 $\overline{R}$ 端将由低电平变成高电平，复位信号失效，使抢答器处于等待输入状态。同时，由两片 74LS192 组成的计数器也开始按预先设定的数值开始倒计时。

当八位参赛选手中的某一位抢先按下了抢答钮，则 74LS373 的对应输入端产生一个低电平信号，其相应的 Q 端输出为低电平，通过门 G_4 和 G_5 的作用，使 74LS373 的 CP 端变成低电平，从而封锁其他按钮的输入信号；74LS373 的输出信号传送到 74LS148 的输入端，使之产生相应的编码输出；编码信号经 74LS279 输出到 74LS48 的输入端，推动 LED 数码管显示出抢答选手的号码；同时 74LS148 的 $\overline{Y_{EX}}$ 端输出一个低电平信号，使 74LS279 的 $4Q$ 输出端产生一个高电平"抢答"信号输入 74LS48 的 $\overline{BI/RBO}$ 端显示抢答选手的号码，并将该"抢答"信号传送到声音提示模块，使声音提示电路发出声响提示已有选手抢答；另外，"抢答"信号经反相器 G_2 反相后，一方面通过 G_3 输出高电平锁定 74LS148 使其他选手的抢答按钮失效，另一方面关闭与门 G_6，切断秒信号，使倒计时计数器停止计数。

如果在设定的抢答时间内无人抢答，则 74LS192 将计数至零，并从 $\overline{BO}$ 输出端输出一个低电平"计时停"信号。该信号同时完成三项任务：一是经 G_3 门输出锁定 74LS148，使选手不能超时抢答；二是关闭与门 G_6，切断秒信号，使倒计时计数器停止计数；三是经 G_1 门输出向声音提示模块送入"计时停"信号，以不同的声音提示选手和主持人，规定的抢答时间已过。

当主持人将控制开关 S_8 拨到"复位"后，电路复位，整个电路重新进入禁止状态，等待下一个"开始"信号。完整电路如图 8-52 所示。

本抢答器电路中的"秒信号发生器"未画出实际电路，在应用中可以引用"数字电子钟"电路中的"秒信号发生电路"；如果对定时的准确性要求不高，也可以用 555 电路做成一个输出频率为 $1\,\mathrm{Hz}$ 的多谐振荡器代替。

任务六 ●●● 序列脉冲信号发生器电路仿真实现

一、目的

1. 设计一个序列信号发生器，能循环产生串行数据 01010011。
2. 观察在连续脉冲 CP 的作用下，电路输出的序列信号。
3. 仿真测试顺序脉冲发生器的功能。

二、构成序列信号发生器典型集成芯片功能

① 74163 是四位二进制同步计数器，具有同步清除功能，两个高电平有效允许输入 ENT 和 ENP 及动态进位输出 RCO 使计数器易于级联；ENT 为允许动态进位输出控制端，在允许态时，若计数器处于最大值状态，动态进位输出 RCO 变为高电平，即：动态进位输出 $RCO = ENT \cdot Q_A Q_B Q_C Q_D$；$\overline{LOAD}$ 为同步预置控制端（低电平有效）；$\overline{CLR}$ 为同步清除控制端（低电平有效）；CLK 为时钟脉冲端（上升沿有效）。表 8-20 为 74163 的功能表。

表 8-20　74163 的功能表

输　入					输　出			
时钟 CLK	清除 $\overline{CLR}$	预置 $\overline{LOAD}$	使能 ENP	使能 ENT	Q_A	Q_B	Q_C	Q_D
↑	0	×	×	×	0	0	0	0
↑	1	0	×	×	A	B	C	D
↑	1	1	1	1	计数			
×	1	1	0	×	不计数			
×	1	1	×	0	不计数			

② 74151 为八选一数据选择器，其功能表如表 8-21 所示。

表 8-21　74151 的功能表

输入		输出	输入		输出
选择	选通	Y	选择	选通	Y
CBA	$\overline{G}$		CBA	G	
× × ×	1	0	100	0	D_4
0 0 0	0	D_0	101	0	D_5
0 0 1	0	D_1	110	0	D_6
0 1 0	0	D_2	111	0	D_8
0 1 1	0	D_3			

③ 74169 是可预置同步可逆四位二进制计数器，$\overline{ENP}$ 和 $\overline{ENT}$ 为允许控制端，$U/\overline{D}$ 为可逆计数控制端，高电平时加计数、低电平时减计数。

④ 74154 是集成 4-16 线译码器，地址输入端为 DCBA，译码输出为 Y15～Y0，$\overline{G}_1$、$\overline{G}_2$ 为选通端。

三、内容与步骤

① 在 Multisim 平台上构建由四位二进制同步计数器 74163 和八选一数据选择器 74151 构成的序列信号发生器，如图 8-53 所示。计数器的状态输出端 Q_C、Q_B、Q_A 接在数据选择器的地址输入端 C、B、A。按图连接测试仪表，数码管显示输入脉冲数；逻辑指示灯显示输出脉冲的状态；逻辑分析仪接至各输入和输出信号端。

② 打开仿真开关，用逻辑分析仪观察各信号波形：双击逻辑分析仪，按图 8-54 所示设置参数，单击逻辑分析仪面板上的 Reset 按键，显示波形。其中：第一条波形线为输入时钟信号（蓝色），第二条至第四条为计数器输出 Q_C、Q_B、Q_A（黑色），第五条为序列发生器输出 Y（红色）。在连续脉冲的作用下，对照数码管的数字变化和逻辑指示灯的状态变化，观察计数器状态与输出的关系。

③ 在 Multisim 平台上构建由 74169 和 74154 构成的顺序脉冲发生器，如图 8-55 所示。仿真其逻辑功能。

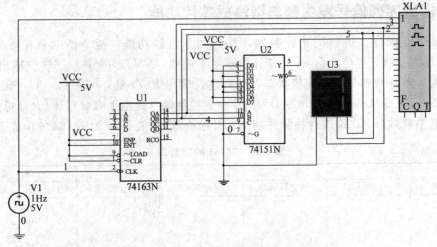

图 8-53　序列信号发生器仿真电路

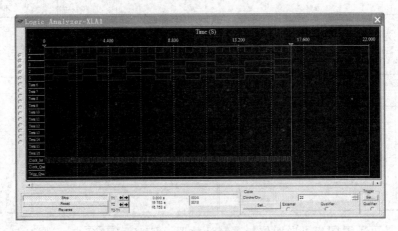

图 8-54　逻辑分析仪显示波形

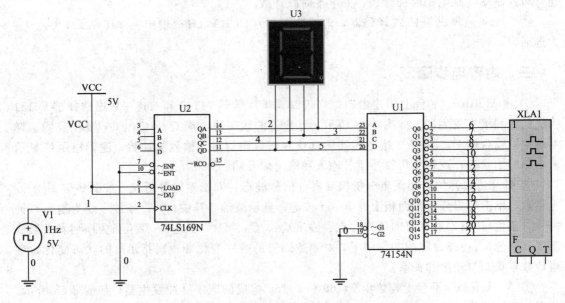

图 8-55　顺序脉冲发生器仿真电路

四、实验结果分析

1. 按表 8-22 要求列表填写测试数据。

表 8-22　序列脉冲发生器测试记录

输入时钟脉冲数	计数器输出 $Q_C Q_A Q_B$	逻辑指示灯状态 Y	数码管显示字型
0			
1			
2			
3			
4			
5			
6			
7			
8			

2. 分析：74163 是四位二进制同步计数器，在本电路中，数码管的显示为何是每 8 个脉冲状态循环一个周期？

3. 若将序列脉冲发生器的输出改为 11011001，请修改电路，并仿真。

4. 仿真顺序脉冲发生器电路，画出输出波形图。

五、预习要求

1. 复习集成计数器、集成译码器、集成数据选择器的功能和使用方法。
2. 复习虚拟逻辑分析仪的使用方法。
3. 预习本次技能训练的内容。

 项目小结 ▶▶▶

1. 触发器是数字系统中的基本逻辑单元，现讨论的触发器仅限于双稳态触发器，它有两个基本特性：①有两个稳定的状态；②在外加信号作用下，两个稳定状态可相互转换。没有外加信号作用时，保持原状态不变。因此，触发器具有记忆功能，常用来存储二进制信息。

2. 描写触发器逻辑功能的方法主要有状态表、特性方程、驱动表、状态转换图和波形图（又称时序图）等。

3. 根据逻辑功能的不同，触发器可分为 RS 触发器、D 触发器、JK 触发器、T 触发器和 T′触发器。按照电路组成结构的不同，触发器可分为同步型、主从型、维持阻塞型和边沿型等。分析含有触发器的电路时，应特别注意两点：一是触发翻转的有效时刻；二是触发器的逻辑功能。

4. 时序逻辑电路在任何时刻的输出状态不仅取决于当时的输入信号状态，还与电路的原输出状态有关。描述时序逻辑电路逻辑功能的方法有状态转换真值表、状态转换图和时序图等。

5. 时序逻辑电路的分析步骤一般为：逻辑图→时钟方程（异步）、驱动方程、输出方程→状态方程→状态表→状态图和时序图→逻辑功能。

6. 计数器是用于统计输入时钟脉冲个数的数字部件，在计算机和其他数字系统中起着非常重要的作用。计数器还常用于分频、定时、产生节拍脉冲、程序控制等。

7. 集成计数器产品繁多，采用异步清零法、同步清零法、异步置数法和同步置数法等，可以改接成任意进制的计数器。两个小模数计数器级联可以构成大模数计数器。

8. 寄存器也是常用的时序逻辑器件，分为数码寄存器和移位寄存器两种，移位寄存器又分为单向移位寄存器和双向移位寄存器。集成移位寄存器使用方便、功能全、输入和输出方式灵活。用移位寄存器可实现数据的串行—并行转换、组成环形计数器、扭环计数器。

 思考题与习题 ▶▶▶

8-1 试用或非门组成基本 RS 触发器，分析它和由与非门组成的 RS 触发器在逻辑功能、控制方式、逻辑符号等方面的异同。

8-2 设同步 RS 触发器初始状态为 1，R、S 和 CP 端输入信号如图 8-56 所示，画出相应的 Q 和 $\overline{Q}$ 的波形。

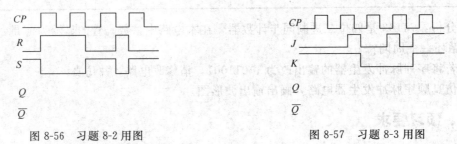

图 8-56 习题 8-2 用图   图 8-57 习题 8-3 用图

8-3 设边沿 JK 触发器的初始状态为 0，请画出如图（图 8-57）所示 CP、J、K 信号作用下，触发器 Q 和 $\overline{Q}$ 端的波形

8-4 设维持阻塞 D 触发器初始状态为 0 态，试画出在如图（图 8-58）所示的 CP 和 D 信号作用下触发器 Q 端的波形。

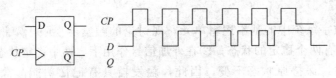

图 8-58 习题 8-4 用图

8-5 设图 8-59 各触发器初态 $Q^n = 0$，试画出在 CP 脉冲作用下各触发器 Q 端的波形。

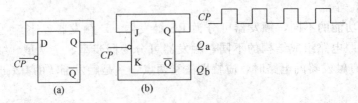

图 8-59 习题 8-5 用图

8-6 如图 8-60 所示电路由维持阻塞 D 触发器组成，设初始状态 $Q_1 = Q_2 = 0$，试画出在

CP 和 D 信号作用下 Q_1Q_2 端的波形。

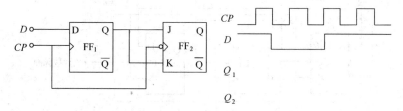

图 8-60　习题 8-6 用图

8-7　如图 8-61 所示电路初始状态为 1 态，试画出在 CP，A，B 信号作用下 Q 端波形，并写触发器次态 Q^{n+1} 函数表达式。

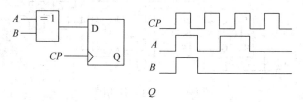

图 8-61　习题 8-7 用图

8-8　维持阻塞 D 触发器接成如图 8-62 所示电路，画出在 CP 脉冲作用下 Q_1Q_2 的波形（设 Q_1，Q_2 初始状态均为 0）。

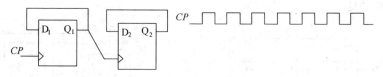

图 8-62　习题 8-8 用图

8-9　如图 8-63 所示电路初始状态为 0 态，试画出在 CP 信号作用下 Q_1、Q_2 端波形。若用 D 触发器构成相同功能的电路，应如何连接？

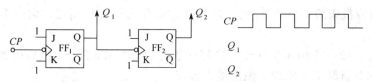

图 8-63　习题 8-9 用图

8-10　分析如图 8-64 所示电路的功能，并填表。

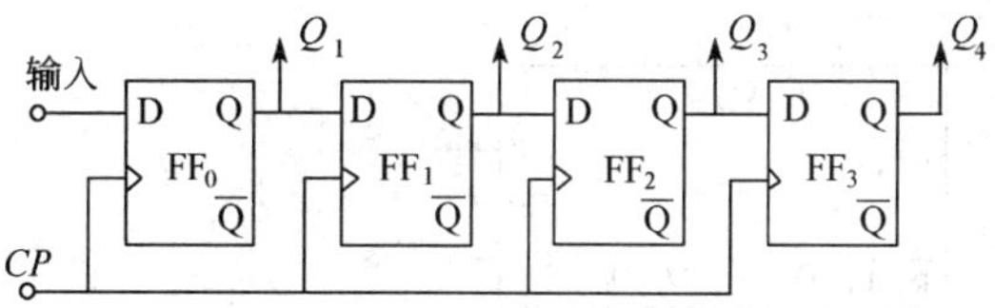

输入

图 8-64　习题 8-10 用图

CP	输入数据	Q_1	Q_2	Q_3	Q_4
1	1				
2	0				
3	0				
4	1				

8-11　分析如图 8-65 所示时序电路。

①写出各触发器 CP 信号的方程和驱动方程；②写出电路的状态方程；③设计数器初态 $Q_1=0$，$Q_2=0$，$Q_3=0$，试列出状态表及画出状态图；④画出电路的时序图。

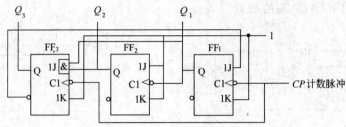

图 8-65　习题 8-11 用图

8-12　某时序电路如图 8-66 所示，要求①分析电路功能；②画时序图。

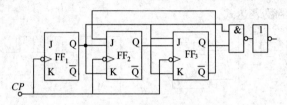

图 8-66　习题 8-12 用图

8-13　分析如图 8-67 电路逻辑功能要求：①写驱动方程、时钟方程和次态方程；②列状态表；③分析功能。

8-14　分析如图 8-68 所示时序电路要求：①写驱动方程、时钟方程和次态方程；②列状态表；③分析功能。

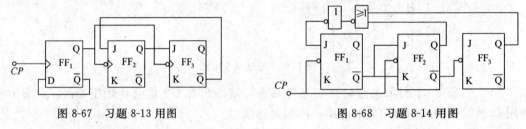

图 8-67　习题 8-13 用图　　　　　　　　图 8-68　习题 8-14 用图

8-15　某数控机床用一个 20 位的二进制计数器作为计件控制器，它最多能累计多少个脉冲？

8-16　如图 8-69 一个由 4 位同步二进制计数器 74161 和 3 线-8 线译码器 74138 组成的脉冲分配器。试分析其工作原理，画出输出波形。

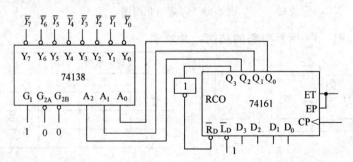

图 8-69　习题 8-16 用图

8-17　一个五位二进制计数器，设置计数起始状态为"01001"状态，当最低位接收 19 个脉冲时，触发器状态 $FF_4 \sim FF_0$ 各为什么？

8-18　试用 7490 集成计数器按 5421BCD 码组成 56 进制计数器。

8-19　试用进位输出预置法将 74161 集成计数器接成 5 进制计数器。

8-20　利用两片 74290 十进制计数器构成 60 进制计数器。设计一个数字钟电路，要求能用七段数码管显示从 0 时 0 分 0 秒到 23 时 59 分 59 秒之间的任一时刻。

8-21　利用移位寄存器构成一个扭环形计数器，实现九进制计数器。

8-22　试用 4 位同步二进制计数器 74LS161 接成十二进制计数器，标出输入、输出端。可以附加必要的门电路。

8-23　试分析图 8-70，由 74161 组成的是多少进制计数器。

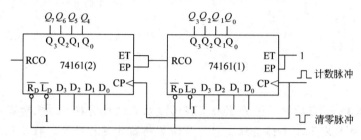

图 8-70　习题 8-23 用图

项目九
555集成定时器的应用

【目的与要求】 学习脉冲信号产生与变换的方法，熟练掌握555定时器的功能及其典型应用；掌握施密特触发器、单稳态触发器、多谐振荡器的逻辑功能、特点及应用。掌握脉冲产生与变换电路的调试方法及简单故障的检测与排除。

数字系统中，需要不同频率、宽度和幅值的矩形脉冲。获取矩形脉冲的途径一般有两种：一是利用各种形式的多谐振荡器直接产生；二是通过各种整形电路把已有的周期信号波形（如矩形波、锯齿波、尖脉冲等）变换成所需的矩形脉冲。脉冲信号在传输过程中因受到干扰而使波形变形，则需要进行脉冲整形变换。脉冲的整形变换大多采用施密特触发器和单稳态触发器等电路实现。

脉冲的产生和整形变换电路通称为脉冲电路。常见的脉冲波形如图9-1所示，矩形脉冲主要参数如图9-2所示。

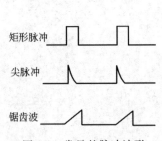

图9-1　常见的脉冲波形

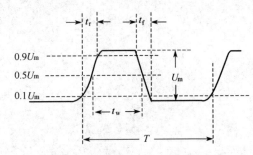

图9-2　矩形脉冲的主要参数

脉冲周期 T——周期性连续脉冲序列中，两个相邻脉冲间的时间间隔。

脉冲频率 f——周期性连续脉冲序列中，单位时间内脉冲重复的次数，$f=\dfrac{1}{T}$。

脉冲幅度 U_m——脉冲电压的最大变化幅度。

脉冲宽度 t_w——从脉冲前沿上升到 $0.5U_m$ 起，到脉冲后沿下降到 $0.5U_m$ 为止的时间。

上升时间 t_r——脉冲上升沿从 $0.1U_m$ 上升到 $0.9U_m$ 所需要的时间。

下降时间 t_f——脉冲下降沿从 $0.9U_m$ 下降到 $0.1U_m$ 所需要的时间。

占空比 q——脉冲宽度与脉冲周期的比值，即：$q=\dfrac{t_w}{T}$。

任务一　●●●　集成555定时器认知

555定时器是中规模集成时间基准电路（time basic circuit），可以方便地构成各种脉冲电路。由于其使用灵活方便、外接元件少，因而在波形的产生与变换、工业自动控制、定时、报警、家用电器等领域得到了广泛应用。

555定时器的产品有TTL和CMOS两种，TTL产品的标识字为555，CMOS产品的标识字为7555。现以TTL定时器为例讨论其工作原理。

一、555定时器的电路结构

555定时器主要由分压器、电压比较器C_1和C_2、基本RS触发器以及集电极开路输出的泄放开关VT等几部分组成。图9-3是TTL单定时器5G555的逻辑图和外引线端子排列图以及双定时器5G556的外引线端子排列图。图中标注的阿拉伯数字为器件外部引线端子的序号。

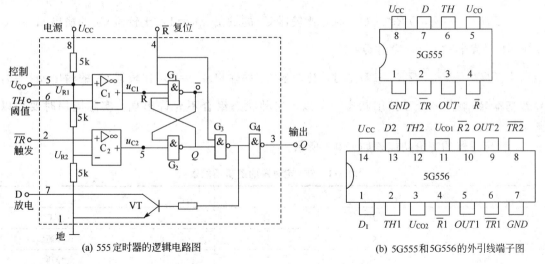

(a) 555定时器的逻辑电路图　　　　　　　(b) 5G555和5G556的外引线端子图

图9-3　555定时器电路结构和芯片外端子排列图

1. 分压器

由3个$5k\Omega$的电阻串联构成分压器，为电压比较器C_1和C_2提供参考电压。在控制电压输入端U_{CO}悬空时，$U_{R1}=\dfrac{2}{3}U_{CC}$，$U_{R2}=\dfrac{1}{3}U_{CC}$。

2. 电压比较器

由两个高增益运算放大器构成电压比较器C_1和C_2，当运放同相输入电压大于反相输入电压时输出为高电平1；当运放的同相输入电压小于反相输入电压时输出为低电平0。两个比较器的输出u_{C1}、u_{C2}分别作为基本RS触发器的复位端R和置位端S输入信号。

3. 基本RS触发器

由与非门G_1和G_2组成基本RS触发器。该触发器为低电平输入有效。

4. 泄放开关 VT

当基本 RS 触发器置 1 时，三极管 VT 截止；基本 RS 触发器置 0 时，三极管 VT 导通；因此，三极管 VT 是受基本 RS 触发器控制的放电开关。

另外，为了提高电路的带负载能力，在输出端设置了缓冲门 G_3。

二、555 定时器的逻辑功能

复位端 $\overline{R}$ 为低电平时，使 555 强制复位，输出 $Q=0$；当 $\overline{R}$ 端为高电平时，Q 输出状态取决于阈值端 TH 和触发端 $\overline{TR}$ 的状态。

当 $TH>\dfrac{2}{3}U_{CC}$，$\overline{TR}>\dfrac{1}{3}U_{CC}$ 时，比较器 C_1 的输出 $u_{C1}=0$，比较器 C_2 的输出 $u_{C2}=1$，基本 RS 触发器被置 0，输出 $Q=0$。

当 $TH<\dfrac{2}{3}U_{CC}$，$\overline{TR}>\dfrac{1}{3}U_{CC}$ 时，比较器 C_1 的输出 $u_{C1}=1$，比较器 C_2 的输出 $u_{C2}=1$，基本 RS 触发器实现保持功能。

当 $TH<\dfrac{2}{3}U_{CC}$，$\overline{TR}<\dfrac{1}{3}U_{CC}$ 时，比较器 C_1 的输出 $u_{C1}=1$，比较器 C_2 的输出 $u_{C2}=0$，基本 RS 触发器被置 1，输出 $Q=1$。

当 $TH>\dfrac{2}{3}U_{CC}$，$\overline{TR}<\dfrac{1}{3}U_{CC}$ 时，比较器 C_1 的输出 $u_{C1}=0$，比较器 C_2 的输出 $u_{C2}=0$，导致基本 RS 触发器处于禁用状态。所以，这种状态组合不允许出现，实际应用时要加以限制。

555 定时器的逻辑功能表如表 9-1 所示。

表 9-1　555 定时器的逻辑功能表

输　　入			输　　出	
TH	$\overline{TR}$	$\overline{R}$	Q	VT
$\times$	$\times$	0	0	导通
$>2/3U_{CC}$	$>1/3U_{CC}$	1	0	导通
$<2/3U_{CC}$	$>1/3U_{CC}$	1	保持不变	保持不变
$<2/3U_{CC}$	$<1/3U_{CC}$	1	1	截止

表中×代表任意状态。控制电压端 U_{CO} 若外加电压，可改变两个比较器的参考电压，此时 $U_{R1}=U_{CO}$，$U_{R2}=\dfrac{1}{2}U_{CO}$。如果不需外加控制电压，为避免引入干扰，通常通过一个 $0.01\mu F$ 的电容接地。

任务二 ●●● 基于施密特触发器的照明灯晨昏控制器

一、施密特触发器特点

施密特触发器（Schmitt Trigger）是常用的脉冲变换电路，与普通双稳态触发器的相同点是有两个稳定的输出状态，不同点在于

① 施密特触发器属于电平触发电路，缓慢变化的模拟信号也可作为触发信号，当输入信号达到特定阈值时，输出状态发生突变，从一个稳态翻转到另一个稳态。

② 对于正向和负向变化的输入信号，使输出状态翻转的电平不同，其中 U_{T+} 称为正向阈值，U_{T-} 称为负向阈值，两者的差值称为回差电压。施密特触发器在不同阈值翻转输出状态的性质称为回差特性。

③ 施密特触发器的输出状态依赖于外加输入信号的大小，信号撤销会导致输出状态的变化，电路没有记忆功能。

施密特触发器的逻辑符号和电压传输特性如图 9-4(a)、(b) 所示。

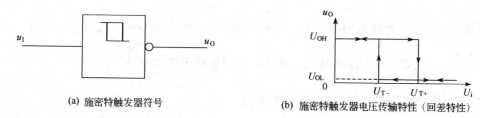

(a) 施密特触发器符号   (b) 施密特触发器电压传输特性（回差特性）

图 9-4 施密特触发器

二、555 定时器构成的施密特触发器

将 555 定时器的 TH 和 $\overline{TR}$ 端并联并外接输入信号 u_I，则构成施密特触发器，如图 9-5(a) 所示，电路工作波形如图 9-5(b) 所示，工作过程如下：

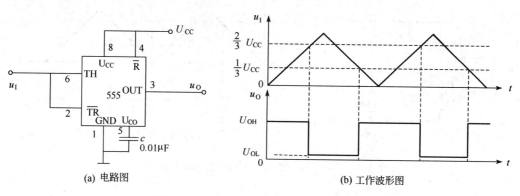

(a) 电路图   (b) 工作波形图

图 9-5 用 555 定时器接成的施密特触发器

① u_I 由 0 上升至 $\frac{2}{3}U_{CC}$ 时：

当 $u_I < \frac{1}{3}U_{CC}$ 时，因为 $\overline{TR} < \frac{1}{3}U_{CC}$，使 555 定时器置 1，故 $u_o = U_{OH}$；

当 $\frac{1}{3}U_{CC} < u_I < \frac{2}{3}U_{CC}$ 时，555 定时器处于保持功能，故 $u_o = U_{OH}$ 不变；

当 $u_I > \frac{2}{3}U_{CC}$ 时，因为 $TH > \frac{2}{3}U_{CC}$，使 555 定时器置 0，故 $u_o = U_{OL}$。

输出 u_o 由 U_{OH} 变化到 U_{OL} 发生在 $u_I = \frac{2}{3}U_{CC}$ 时，因此，$U_{T+} = \frac{2}{3}U_{CC}$。

② u_I 由高于 $\frac{2}{3}U_{CC}$ 减小至 0 时：

当 $u_I > \frac{2}{3}U_{CC}$ 时，555 定时器置 0，故 $u_o = U_{OL}$；

当 $\frac{1}{3}U_{CC} < u_I < \frac{2}{3}U_{CC}$ 时，555 定时器处于保持功能，故 $u_o = U_{OL}$ 不变；

当 $u_I < \frac{1}{3}U_{CC}$ 时，因为 $\overline{TR} < \frac{1}{3}U_{CC}$，使 555 定时器置 1，故 $u_o = U_{OH}$。

输出 u_o 由 U_{OL} 变化到 U_{OH} 发生在 $u_I = \frac{1}{3}U_{CC}$ 时，因此，$U_{T-} = \frac{1}{3}U_{CC}$。

由此可得到回差电压为，$\Delta U_T = U_{T+} - U_{T-} = \frac{1}{3}U_{CC}$。

如果参考电压由外接控制电压 U_{CO} 提供，则 $U_{T+} = U_{CO}$，$U_{T-} = \frac{1}{2}U_{CO}$，$\Delta U_T = U_{T+} - U_{T-} = \frac{1}{2}U_{CO}$。只要改变 U_{CO} 的数值，就能调节回差电压的大小。

三、回差电压可调的施密特触发器

实际工作中有些场合需要利用回差，因此，组成回差电压可调的施密特触发器更具使用价值。图 9-6 所示是利用 555 定时器的外接控制电压实现回差电压可调的施密特触发器。调节 RP 电位器可以改变控制电压 U_{CO} 的大小，从而改变 555 定时器内部两个电压比较器的门限值，达到控制 U_{T+} 和 U_{T-} 的目的。

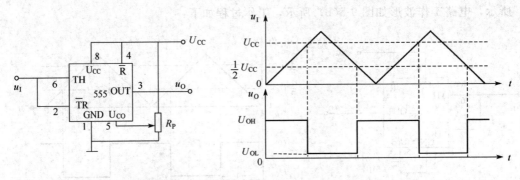

图 9-6　回差电压可调的施密特触发器及其波形

四、施密特触发器的应用

（1）脉冲整形　在数字系统中，矩形脉冲经传输后往往发生波形畸变。如当传输线的电容较大时，波形的前后沿将明显变坏［如图 9-7（a）所示］；当传输线较长且接收端的阻抗与传输线的阻抗不匹配时，在波形的上升沿和下降沿将产生振荡现象［如图 9-7（b）所示］；当其他脉冲信号通过导线之间的分布电容或公共电源线叠加到矩形脉冲上时，信号上将出现附加的噪声［如图 9-7（c）所示］。利用施密特触发器，适当选择 U_{T+} 和 U_{T-}，均可获得满意的整形效果。

（2）波形变换　将连续变化的周期性模拟信号变换成周期矩形波，如图 9-8 所示。

（3）脉冲鉴幅　利用施密特触发器输出状态依赖于输入信号幅值的特点，若将回差电压设置为零，可实现幅值鉴别功能。如图 9-9 所示，如将一系列幅度各异的脉冲加到施密特触发器输入端时，只有那些幅度大于 U_{T+} 的脉冲会产生输出信号。

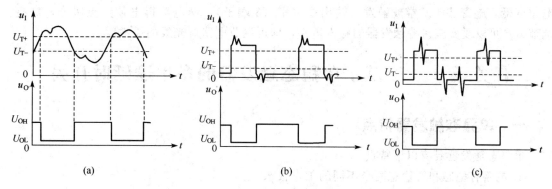

图 9-7　施密特触发器用于脉冲整形

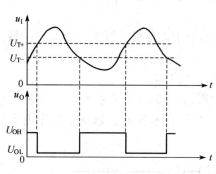

图 9-8　用施密特触发器实现波形变换

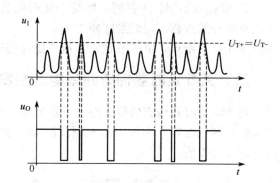

图 9-9　施密特触发器用于鉴别脉冲幅度

五、照明灯晨昏控制器的实现

图 9-10 所示是 555 定时器组成的晨昏控制器，利用它对照明灯进行自动控制，白天让照明灯自动熄灭，黑夜来临时照明灯自动点亮。

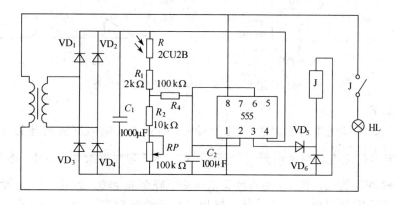

图 9-10　晨昏控制器

其工作原理如下：

市电经变压器降压、整流桥整流、电容滤波，给电路供电。555 定时器连接成了施密特触发器。图中电阻 R 是 2CU2B 光敏电阻，当受光照时，内阻变小，555 的 2、6 端子（$\overline{TR}$、TH）电位较高，施密特触发器输出低电平（3 端子），继电器失电释放，接点断开使灯泡电源切断，灯熄灭；当光敏电阻不受光照或受光照极微弱时，内阻增大，使 555 的 2、6 端子

电位变低，施密特触发器被触发，输出高电平（3 端子），继电器得电使接点吸合，灯亮。调节 RP 可以改变施密特触发器的触发电平，即可调节电路对光线的灵敏度。

任务三 ••• 基于单稳态触发器的多用途延时开关

一、单稳态触发器特点

单稳态触发器具有以下特点。

① 电路有稳态和暂稳态两个不同的工作状态。

② 在外界触发脉冲作用下，电路由稳态翻转到暂稳态；

③ 暂稳态不能长久保持，维持一定时间后，会自动返回稳态。暂稳态维持的时间取决于电路本身的参数，与触发脉冲无关。

鉴于以上特点，单稳态触发器被广泛应用于数字系统中的整形、延时以及定时等场合。

二、555 定时器构成的单稳态触发器

由 555 定时器构成的单稳态触发器如图 9-11(a) 所示，将 555 定时器的 $\overline{TR}$ 端作为电路输入端，利用电容 C 上的电压控制 TH 端，就构成了单稳态触发器。该电路是用输入脉冲的下降沿触发的。

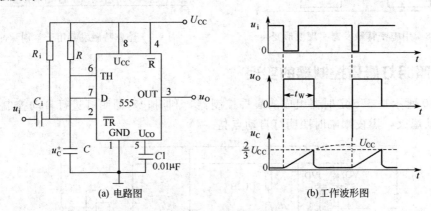

(a) 电路图   (b) 工作波形图

图 9-11　用 555 定时器构成的单稳态触发器

工作过程如下。

（1）稳态　如果接通电源后触发器处于 $Q=1$ 的状态，则内部泄放开关（VT）截止，U_{CC} 经过 R 向电容 C 充电。当充电到 $u_C > \frac{2}{3}U_{CC}$ 时，555 定时器置 0；同时，泄放开关导通，由电容 $C \rightarrow D \rightarrow GND$ 放电，使 u_C 按指数关系迅速下降至 $u_C \approx 0$。此后，若 u_i 没有触发信号（低电平），则 555 定时器处于保持功能，输出也相应地稳定在 $u_O = 0$ 的状态。所以 $u_O = 0$ 是电路的稳定输出状态。

（2）由稳态进入暂稳态　当输入触发脉冲 u_i 的下降沿到达后，因为 $\overline{TR} < \frac{1}{3}U_{CC}$，使 555 定时器置 1，故 $u_o = 1$，电路进入暂稳态。与此同时，泄放开关截止，U_{CC} 通过 R 开始向电容 C 充电。

（3）暂稳态的维持　当电容 C 开始充电，但 $u_C < \frac{2}{3}U_{CC}$ 时，定时器处于保持功能，维

持 $u_o = 1$ 的状态，电容继续充电。

（4）由暂稳态自动返回稳态　当电容 C 充电至 $u_C > \frac{2}{3}U_{CC}$ 时，555 定时器置 0，于是输出自动返回到起始状态 $u_O = 0$。与此同时，泄放开关导通，电容 C 通过其迅速放电，直到 $u_C \approx 0$，电路恢复到稳态。

电路工作波形如图 9-11(b) 所示。由图可见，暂稳态（$u_O = 1$）的持续时间取决于外接电容 C 和电阻 R 的大小，输出脉冲的宽度 t_W 等于电容电压 u_C 从 0 上升到 $\frac{2}{3}U_{CC}$ 所需的时间，根据 RC 电路过渡过程三要素公式：$u_C(t) = u_C(\infty) + [u_C(0_+) - u_C(\infty)]e^{-\frac{t}{\tau}}$

可推导出：$t_W \approx 1.1RC$

通常，R 取值范围为数百到数千欧姆，电容的取值范围为数百皮法到数百微法，t_W 对应范围为数百微秒到数分钟。

在单稳态触发器中，若 u_i 负脉冲宽度过长（大于 t_W），则使 555 定时器处于禁用状态，这是不允许的。因此，实际电路中，常在脉冲输入端加微分电路（R_i、C_i 构成），使输入负脉冲仅下跳沿有效，确保加到定时器的负脉冲宽度在允许范围内。通常 R_i、C_i 参数应满足下列条件：

$t_{pl} > 5R_iC_i$（t_{pl} 为输入脉冲宽度，当满足此条件时，R_i、C_i 才能起微分作用。）

三、单稳态触发器的应用

（1）脉冲整形　利用单稳态触发器可产生一定宽度的脉冲，可把过窄或过宽的脉冲整定为固定宽度的脉冲。如图 9-12 所示。

（2）脉冲延迟　脉冲延迟电路一般要用两个单稳触发器完成。其原理图如图 9-13(a) 所示，图 (b) 是输入 u_i 的波形和延迟后的输出 u_o 的波形。假设第一个单稳输出脉宽整定在 t_{W1}，则输入脉冲 u_i 被延迟 t_{W1}，输出脉宽则由第二个单稳态触发器定时值 t_{W2} 决定。

图 9-12　用单稳态触发器
实现脉冲的整形

（3）定时　由于单稳态电路产生的脉冲宽度是固定的，因此可用于定时电路。

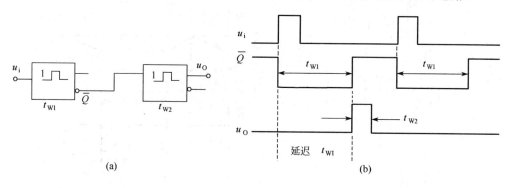

图 9-13　用单稳态触发器实现脉冲的延迟

四、单稳态触发器构成的多用途延时开关

生活中经常需要延时控制，比如门灯、过道灯、楼梯灯等，既实用方便又节省能源。图

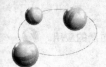

9-14 所示是延时开关的典型电路。555 定时器、电阻 R_2、电容 C_1、C_2 组成了单稳态触发器。通常按钮 SB 断开，触发端经电阻 R_1 接成高电平，触发器为稳态，输出 u_o 为低电平，继电器 K 不能得电。当 SB 按下，2 端子（$\overline{TR}$）接地，触发端被触发使 555 进入暂稳态，输出 u_o 变成高电平，泄放开关导通，继电器 K 得电。由于单稳态触发器的暂稳态只能维持一段时间，u_o 经过一定时间又回到低电平，继电器失电。从而，利用继电器 K 的常开触点控制灯是否点亮。当按下按钮时，灯点亮；经若干时间后，自动熄灭。灯点亮时间的长短，取决于单稳态触发器的电阻 R_2 和电容 C_1，$t \approx 1.1 R_2 C_1$。

图 9-14 中与继电器并联的二极管 VD 称为续流二极管，防止继电器截止时产生高压反电动势，损坏 555 定时器。这里用继电器控制的是一盏灯，如果要控制其他电器，只要把继电器的触点串联到电路中即可。

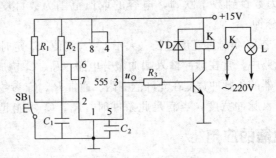

图 9-14　多用途延时开关

任务四　●●●　防盗报警器的制作

一、多谐振荡器相关知识

多谐振荡器又称矩形脉冲发生器。在同步时序电路中，作为时钟信号控制和协调整个系统的工作。由于多谐振荡器的两个输出状态自动交替转换，故又称为无稳态触发器。现以由 555 定时器构成的多谐振荡器为例加以说明，如图 9-15(a) 所示。

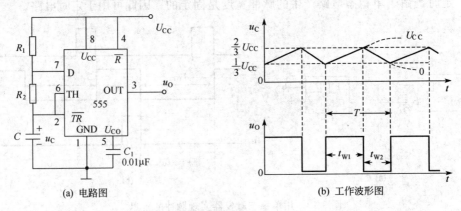

(a) 电路图　　　　　　　　　　　　　(b) 工作波形图

图 9-15　用 555 定时器接成的多谐振荡器

当接通电源以后，因为电容 C 上的初始电压为零，使定时器输出置 1，其内部泄放开关截止，所以 U_{CC} 经过 R_1 和 R_2 向电容 C 充电。当电容 C 充电到 $u_C > \dfrac{2}{3} U_{CC}$ 时，555 定时器置

0，输出跳变为低电平；同时，555 内部的泄放开关导通，电容 $C \to$ 电阻 $R_2 \to D \to$ 地 GND 开始放电。

当电容 C 放电至 $u_C < \frac{1}{3} U_{CC}$ 时，555 定时器置 1，输出电位又跳变为高电平，同时泄放开关（VT）截止，电容 C 重新开始充电，重复上述过程。如此周而复始，电路产生振荡。其工作波形如图 9-15(b) 所示。

其中 t_{w1} 为电容 C 从 $\frac{1}{3} U_{CC}$ 充电到 $\frac{2}{3} U_{CC}$ 所需时间，可推得：$t_{w1} \approx 0.7(R_1 + R_2)C$

t_{w2} 为电容 C 从 $\frac{2}{3} U_{CC}$ 放电到 $\frac{1}{3} U_{CC}$ 所需时间，可推得：$t_{w2} \approx 0.7 R_2 C$

矩形波的周期：$T = t_{w1} + t_{w2} \approx 0.7(R_1 + 2R_2)C$

矩形波的占空比：$q = \dfrac{t_{w1}}{t_{w1} + t_{w2}} = \dfrac{R_1 + R_2}{R_1 + 2R_2}$

可见：调节 R_1、R_2 和 C 的大小，即可改变振荡周期和矩形波的占空比。

由占空比 q 的公式可知，图 9-15 所示电路输出的波形占空比始终大于 50%，为了得到等于或小于 50% 的占空比，可以采用图 9-16 所示的占空比可调电路。

电容充电时，VD_1 导通，VD_2 截止，充电时间为 $t_{w1} \approx 0.7 R_1 C$

电容放电时，VD_1 截止，VD_2 导通，放电时间为 $t_{w2} \approx 0.7 R_2 C$

输出波形占空比为：$q = \dfrac{R_1}{R_1 + R_2}$

调节电位器，可获得任意占空比的矩形脉冲。当 $R_1 = R_2$ 时，$q = 50\%$，输出波形称为方波。

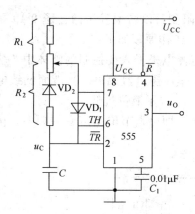

图 9-16　用 555 定时器组成的占空比
　　　　　可调的多谐振荡器

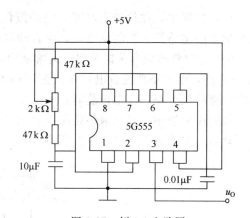

图 9-17　例 9-1 电路图

【例 9-1】 试用 555 定时器设计一个振荡周期为 1s，占空比为 $q = \frac{2}{3}$ 的多谐振荡器。

解 采用图 9-15(a) 电路，由前面分析可得：

$$q = \frac{R_1}{R_1 + 2R_2} = \frac{2}{3}, \quad \text{所以，} R_1 = R_2$$

由题意知：$T = t_{w1} + t_{w2} \approx 0.7(R_1 + 2R_2)C = 1\text{s}$

设 $C = 10\mu F$，代入上式，得：$R_1 = R_2 \approx 49 k\Omega$

选用 $47 k\Omega$ 的电阻与一只 $2 k\Omega$ 的电位器串联，可得所设计的电路如图 9-17 所示。

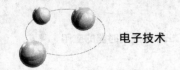

二、防盗报警器的制作

图 9-18 所示为防盗报警器的原理图。图中 555 构成多谐振荡器，报警器的一根铜丝是关键，将铜丝置于认为盗窃者的必经之地，如门、窗等位置。当铜丝接触完好时，三极管 VT 导通，555 的复位端子接地，振荡器停振，定时器输出为低电平，扬声器无声。当窃贼闯入室内将铜丝碰断，电容 C_4 被充电，复位端出现高电平，振荡器起振，定时器输出连续的方波，扬声器发声。

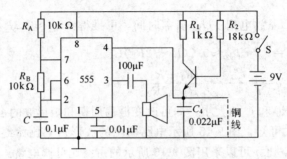

图 9-18 防盗报警器

任务五 ●●● 基于 555 定时器的典型应用分析

一、液位报警器

生产实践中，往往需要对容器中的液位有一定的限制，以防引发事故。图 9-19 是一液位报警器的电路图，当液位过低，会自动发出报警声。工作原理如下：

555 定时器接成多谐振荡器。通常液面正常时，探测电极浸入要控制的液体中，使电容 C_1 被短路，电容不能充放电，多谐振荡器不能正常工作，扬声器无声。当液面低致电极以下时，探测极开路，多谐振荡器正常工作，发出警报声，提示液位过低。

该电路只适用在导电液体情况下。调节电位器 RP，即可调节输出声音的频率。读者可自行计算出电路输出声音频率的范围。

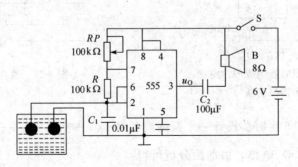

图 9-19 液位报警器

二、简易电子琴

图 9-20 所示是一种玩具电子琴电路图，该电路很容易做到一个八度的音程，输出功率

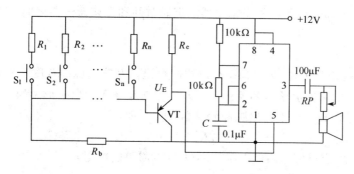

图 9-20　简易电子琴

也较大。图中 555 接成一个多谐振荡器，输出的方波直接送到扬声器发声，所以有较高的效率。

图中 555 的控制电压输入端 U_{CO}（5 端子）受三极管 VT 组成的射极输出器的控制，空键时，晶体管饱和导通，U_{CO} 电压为 $0.3U$，使多谐振荡器停振。当有按键按下时，三极管 VT 进入放大状态，U_{CO} 的控制电压因按键电阻不同而不同，不同的电压对应不同的频率，扬声器就能发出不同的音阶。与扬声器相串联的电位器 RP 可用来调整输出音量的高低。

若 $R_b = 20\mathrm{k}\Omega$，$R_1 = 10\mathrm{k}\Omega$，$R_e = 2\mathrm{k}\Omega$，三极管的放大倍数 $\beta = 150$ 时，振荡器的外接电阻、电容和电源电压如图所示，请计算按下琴键 S_1 时扬声器发出声音的频率。

三、救护车音响电路

图 9-21 所示是用两片 555 组成的救护车音响电路，用一只低频振荡器 A_1 去控制高频振荡器 A_2。图中 A_1 产生低频振荡，其频率调节范围为 $0.9\mathrm{Hz} \sim 14.4\mathrm{Hz}$，占空比范围为 $0 \sim 47\%$，由电位器 RP 调节。A_2 工作在较高频率下，其振荡频率为 $0.7\mathrm{kHz}$。

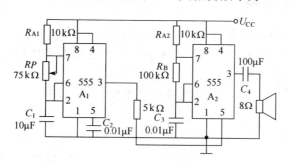

图 9-21　救护车音响电路

由于 A_1 的输出接到 A_2 的控制端子 5 上，因此高频振荡器 A_2 的振荡频率将受到低频振荡器的 A_1 调制，A_1 输出高电平，A_2 的振荡频率就低，A_1 输出低电平，A_2 的振荡频率就高。这样扬声器就发出高低相间、周而复始的"滴、都、滴、都……"的声音。

任务六　●●●　555 定时器应用电路的仿真实现

一、目的

1. 学习用 Multisim 搭建电路，并会用虚拟双踪示波器观察 u_{o1} 和 u_{o2} 的输出波形

2. 学习用 Multisim 测量单稳态触发器的定时时间和多谐振荡器周期的方法。

二、电路

图 9-22 所示电路其中 u_{o1} 为单稳态触发器的输出，其输出脉冲宽度 $t_w \approx 1.1 R_1 C_1$；u_{o2} 为由 555 定时器构成的多谐振荡器的输出。电路的振荡频率和输出矩形波的占空比由外接元件 R_P 和 C_0 决定。振荡频率可由输出脉冲的周期求出，即：

$$T = T_H + T_L = 0.7 R'_P C_0 + 0.7 R''_P C_0 = 0.7 R_P C_0$$

（其中：R'_P 为电容充电回路的电阻，R''_P 为放电回路的电阻）

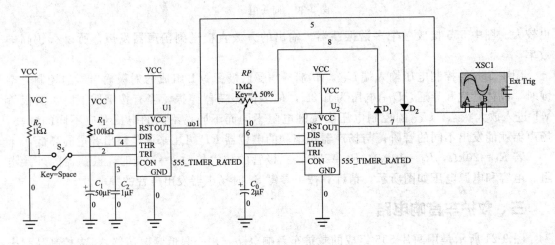

图 9-22　模拟声响电路

三、实验内容及步骤

1. 在 Multisim 仿真平台上搭建图 9-22 所示电路。

2. 用计算机键盘的"空格"键控制开关为单稳态触发器提供触发信号，用虚拟双踪示波器观察 u_{o1} 和 u_{o2} 的输出波形。

3. 按图 9-23 构建仿真电路，调节电路相关参数，使 U_{O1} 灯亮 10s 时间内，发光二极管闪亮 12 次。

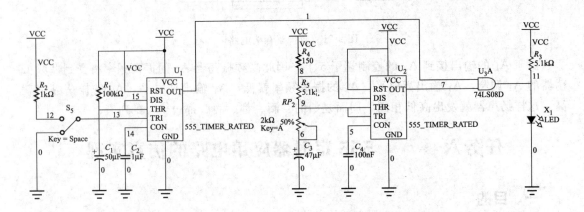

图 9-23　电子胸花

四、要求

1. 观察图 9-22 中单稳态触发器由输入脉冲信号的上升沿触发还是下降沿触发？改变输入脉冲信号时间（或频率），单稳态触发器输出脉冲宽度会否改变？

2. 测量图 9-22 中单稳态触发器的定时时间和多谐振荡器的周期，比较测量值与理论计算值，结论如何？请分析误差原因。

3. 简要分析图 9-23 各部分电路功能。

 项目小结 ▶▶▶

脉冲产生与信号变换电路是数字系统中常用的电路。

1. 555 集成定时器是一种应用非常灵活的中规模集成电路，广泛应用于自动控制、定时报警、家电等领域。

2. 施密特触发器是常用的脉冲整形电路。其输出的高低电平随输入电平改变，所以输出脉冲的频率是由输入信号的频率决定的，因此施密特触发器常用于波形变换得到同频矩形波；另外，由于施密特触发器具有回差特性，常用于工业自动控制或脉冲的鉴幅和整形。

3. 单稳态触发器只有一个稳定的输出状态，输出暂稳态信号的宽度完全由电路外接参数决定，与输入信号的持续时间无关，输入信号只起触发作用。因此单稳态触发器常用来产生固定宽度的输出脉冲、定时或延时。

4. 多谐振荡器属于自激振荡电路，用于产生矩形脉冲信号。由 555 定时器构成的多谐振荡器的频率由其外接元器件参数决定。

 思考题与习题 ▶▶▶

9-1　获取矩形脉冲的途径有哪些？

9-2　简述施密特触发器的特点和主要应用场合。

9-3　简述单稳态触发器的特点和主要应用场合。

9-4　图 9-24 所示为 555 定时器构成的光打靶游戏机原理图，其中 VT 为光敏三极管。试分析：当光束击中光敏三极管 VT 的窗口时，555 的 2 号端子为高电平还是低电平？图中 555 构成的是什么电路？当光束击中光敏三极管 VT 窗口时，输出 u_0 的电平及 LED 的状态分别是什么？

9-5　已知反相输出的施密特触发器输入信号波形如图 9-25 所示，试画出对应的输出信号波形。施密特触发器的转换电平 U_{T+}、U_{T-} 已在输入信号波形上标出。

9-6　在图 9-5 所示的 555 定时器构成的施密特触发器中，当 $U_{CC}=12/V$ 而且没有外接控制电压时，转换电平 U_{T+}、U_{T-} 以及回差电压 ΔU_T 各等于多少？当 $U_{CC}=9/V$，控制电压 $U_{CO}=5V$ 时，转换电平 U_{T+}、U_{T-} 以及回差电压 ΔU_T 各等于多少？

9-7　试用 555 定时器设计一个单稳态触发器，要求输出脉冲宽度在 $1\sim10s$ 的范围内连续可调，要求画出电路图并计算电路中所需元器件的参数。

9-8　在使用图 9-11 的单稳态触发器电路时，对输入触发脉冲的宽度有无限制？当输入脉冲的低电平持续时间过长时，电路应作如何修改？

9-9　在图 9-15 所示的多谐振荡器中，若 $R_1=R_2=5.1k\Omega$，$C=0.01\mu F$，$U_{CC}=12V$，试计算电路的振荡频率和占空比。

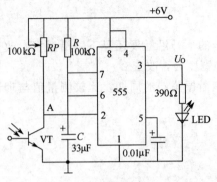

图 9-24　题 9-4 用图

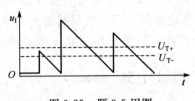

图 9-25　题 9-5 用图

9-10　一触摸报警电路如图 9-26 所示。

① 555（Ⅰ）和 555（Ⅱ）定时器各接成了什么功能的电路？

② 简述报警电路的工作原理。

9-11　由 555 定时器构成的施密特触发器如图 9-27，其中 RP 是用于调节回差电压的可调变阻器。试说明 RP 调节回差电压的工作原理。若 $U_{CC}=15\text{V}$，$RP=10\text{k}\Omega$，$R=10\text{k}\Omega$，最大回差电压是多少？

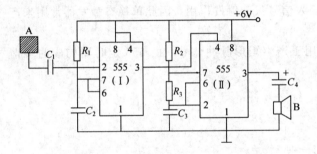

图 9-26　题 9-10 用图

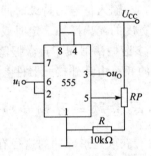

图 9-27　题 9-11 用图

9-12　摩托车点火器电路如图 9-28 所示，其触发信号为摩托车发动机转速信号，其周期为 5ms，图中 L 为点火线圈。

① 图中 555 定时器构成了什么电路？

② 简述其工作原理。

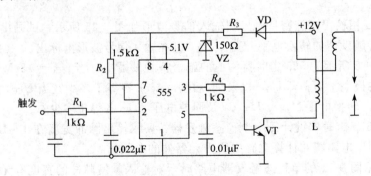

图 9-28　题 9-12 用图

9-13　由施密特触发器构成的多谐振荡器如图 9-29 所示，试分析工作原理，并画出 u_c、u_o 的工作波形。

9-14 某过压监视电路如图 9-30 所示，当被监视电压超过一定值时，发光二极管会点亮。试分析其工作原理。

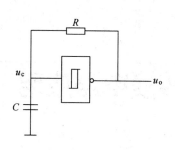

图 9-29 题 9-13 用图

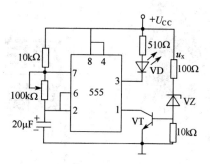

图 9-30 题 9-14 用图

9-15 图 9-31 所示为一个 555 定时器构成的线性锯齿波发生器，其中晶体管 VT 及电阻 R_0、R_1、R_2 构成一个恒流源，给定时电容 C 提供恒定的充电电流，在 555 内部放电管截止时，电容 C 上电压 u_c 随时间可作线性增长，而在 555 内部放电管饱和导通时，u_c 又因快速放电而迅速下降，试画出这个由单稳态触发器改造成的线性锯齿波发生器输出电压 u_o、电容电压 u_c 的波形。

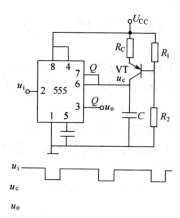

图 9-31 题 9-15 用图

项目十
数模、模数转换电路应用

【目的与要求】 学习数字-模拟转换器（DAC）和模拟-数字转换器（ADC）的基本原理及主要技术指标，掌握几种常见 ADC 和 DAC 芯片的主要性能参数、使用方法，会合理选用集成器件。

任务一 ●●● DAC 功能、 分类及选用原则

将数字信号转换为模拟信号的电路称为数字-模拟转换器，简称 DAC（Digital to Analog Converter）或 D/A 转换器；将模拟信号转换为数字信号的电路称为模拟-数字转换器，简称 ADC（Analog to Digital Converter）或 A/D 转换器。

DAC 和 ADC 是计算机用于工业控制的重要接口电路，是数字控制系统中不可缺少的组成部分。另外，ADC 和 DAC 在数字通讯、遥控、遥测、数字化测量仪表、图像信号的处理与识别以及语音信号处理等方面也有广泛的应用。

图 10-1 所示是一个典型的工业控制系统结构框图。

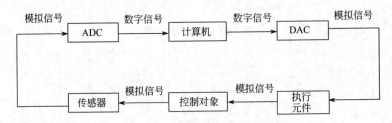

图 10-1　工业控制系统结构框图

一、DAC 的基本概念及原理

DAC 是将数字信号转换成模拟信号的器件。图 10-2(a) 为其示意图。设 DAC 输入的数字信号为 n 位二进制数码 D（即 $D = D_{n-1}D_{n-2}\cdots D_0$），其中 D_{n-1} 为最高位 MSB（Most Significant Bit），D_0 为最低位 LSB（Least Significant Bit），则 DAC 电路的输出量 u_o 是与 D 成正比的模拟量，即：

$$u_o = KD = K\sum_{i=0}^{n-1} D_i 2^i$$

式中，K 为模拟参考量或称为转换比例系数，D_i 为数字量 D 的第 i 位代码，其值为 0 或 1，2^i 为第 i 位的权。

对于有权码，输出模拟量是由一系列二进制分量叠加而成的，即将各位代码按其权的大小转换成相应的模拟量，然后将这些模拟量相加，即可得到与数字量成正比的总模拟量，从而实现了数字－模拟转换。图 10-2（b）为 3 位 DAC 的输入数字量与输出模拟量的关系。

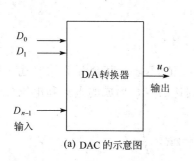

(a) DAC 的示意图

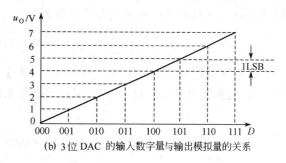

(b) 3 位 DAC 的输入数字量与输出模拟量的关系

图 10-2　DAC 的示意图和三位 DAC 的转换关系

因此，DAC 的转换原理是基于权的叠加，若模拟参考量为电压，则 2^iK 表示第 i 位的权电压；若模拟参考量为电流，则 2^iK 表示第 i 位的权电流，通常权电压或权电流是由参考电压源作用于电阻网络形成的。因此，任何 DAC 都包含三个基本部分：参考电压源、电阻网络和电子开关网络。

DAC 的种类很多，按电阻网络的结构不同，有权电阻型 DAC、T 型电阻 DAC 和倒置 T 型电阻 DAC 等；按电子开关电路的形式不同，有 CMOS 开关 DAC 和双极型开关 DAC。双极型开关 DAC 在精度、稳定性和速度上均优于 CMOS 开关；而 CMOS 开关的突出优点是功耗极小、可以双向传输电压或电流。

二、T 型电阻网络 DAC

图 10-3 所示为 4 位 T 型电阻网络 DAC 电路图。它由电阻网络、模拟开关以及求和放大器三部分组成。每个支路由一个电阻和一个模拟开关串联而成，各模拟开关分别受对应位输入数码的控制。当数码 D_i 为 1 时，开关接通参考电压源 U_{REF}；当数码 D_i 为 0 时，开关接地。

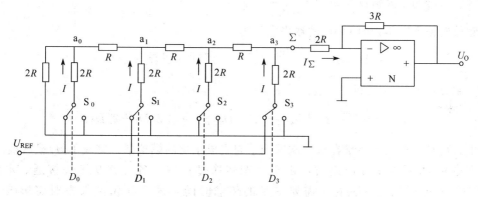

图 10-3　四位 T 型电阻 DAC

T 型电阻网络的特点如下。

① 从任一节点向左、向右或向下对地的等效电阻相等，均为 $2R$。

② 基准电压源 U_{REF} 经过任一模拟开关对地的等效电阻相等，均为 $3R$。基准电压源 U_{REF} 提供给任一支路的电流均为 $I = U_{REF}/3R$，该电流流入每一节点后再等分成左、右两路电流。

下面分析 T 型电阻 DAC 的工作原理。假设输入数字信号为 $D_3D_2D_1D_0 = 1000$，此时只有 S_3 接至 U_{REF}，而 S_2、S_1、S_0 均接地，基准电压源 U_{REF} 提供的电流 I 经过 a_3 节点一次分流后到达 $\sum$ 点，形成的电流和电压分量分别为

$$I_3 = \frac{I}{2} \qquad U_3 = I_3 \times 2R = 2R \times \frac{I}{2^1}.$$

当输入数字信号为 $D_3D_2D_1D_0 = 0100$ 时，只有 S_2 接至 U_{REF}，其余开关均接地，基准电压源 U_{REF} 提供的电流 I 经过 a_2、a_3 节点两次分流后到达 $\sum$ 点，形成的电流和电压分量分别为

$$I_2 = \frac{I}{2^2} \qquad U_2 = I_2 \times 2R = 2R \times \frac{I}{2^2}$$

同理可推出，当输入数字信号为 $D_3D_2D_1D_0 = 0010$ 时，在 $\sum$ 点形成的电流和电压分量分别为

$$I_1 = \frac{I}{2^3} \qquad U_1 = I_1 \times 2R = 2R \times \frac{I}{2^3}$$

当 $D_3D_2D_1D_0 = 0001$ 时，在 $\sum$ 点形成的电流和电压分量分别为

$$I_0 = \frac{I}{2^4} \qquad U_0 = I_0 \times 2R = 2R \times \frac{I}{2^4}$$

当输入数字量为任意四位二进制数码 $D_3D_2D_1D_0$ 时，根据叠加原理，在 $\sum$ 点产生的总电流 $I_\sum$ 和总电压 $U_\sum$ 为

$$I_\sum = I_3D_3 + I_2D_2 + I_1D_1 + I_0D_0 = \frac{U_{REF}}{3R} \times \frac{1}{2^4}(2^3D_3 + 2^2D_2 + 2^1D_1 + 2^0D_0)$$

$$U_\sum = 2R \times I_\sum = 2R \times \frac{U_{REF}}{3R} \times \frac{1}{2^4}(2^3D_3 + 2^2D_2 + 2^1D_1 + 2^0D_0)$$

$$= \frac{2}{3} \times \frac{U_{REF}}{2^4}(2^3D_3 + 2^2D_2 + 2^1D_1 + 2^0D_0)$$

运算放大器的放大倍数为 $A_f = -\dfrac{3R}{2R} = -\dfrac{3}{2}$

则运放的输出电压，即 DAC 的输出电压为

$$u_o = A_f \times U_\sum = -\frac{U_{REF}}{2^4}(2^3D_3 + 2^2D_2 + 2^1D_1 + 2^0D_0)$$

推广到 n 位 DAC，可得

$$u_o = -\frac{U_{REF}}{2^n}(2^{n-1}D_{n-1} + 2^{n-2}D_{n-2} + \cdots + 2^1D_1 + 2^0D_0)$$

由上式可见，输入数字量在输出端得到了与之成正比的模拟量，完成了数/模转换。

T 型电阻 DAC 在实际应用时，由于动态转换过程中，各支路从开关接通、电流形成到运放输入电压稳定地建立，需要一定的传输时间，因而在位数较多时将影响 D/A 转换器的工作速度；同时不同位的电子开关需要的传输时间不等，可能在输出端产生一定的尖峰干扰脉冲，影响转换精度。因此，T 型电阻网络 DAC 的使用受到了一定限制。

三、倒 T 型电阻网络 DAC

把 T 型 DAC 的电阻网络倒置，即电阻网络的输入端改接参考电压源，而把各支路开关改接到运算放大器的输入端，如图 10-4 所示，即成为倒 T 型电阻网络 DAC。

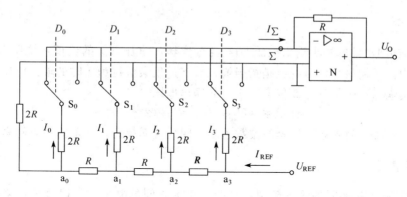

图 10-4　倒 T 型电阻网络 DAC

当输入数字量 $D_i=1$ 时，对应位的电子开关 S_i 将该位的电阻 $2R$ 接至运算放大器的反相输入端；当 $D_i=0$ 时，对应位的电子开关 S_i 将该位的电阻 $2R$ 接至运算放大器的同相输入端。由于运放同相输入端接地，反相输入端"虚地"，所以倒 T 型电阻网络 DAC 的任一节点向左、向右、向上对地的等效电阻均为 $2R$；对于任一支路，无论输入数字信号是 1 还是 0，流过该支路的电流 I_i 是不变的。也就是说，参考电压源 U_{REF} 提供的总电流 I_{REF} 也是固定不变的，为 $I_{REF}=U_{REF}/R$；按照分流原理，各节点为电子开关 S_3、S_2、S_1、S_0 提供的电流依次为

$$I_3=\frac{I_{REF}}{2^1}=\frac{U_{REF}}{2^1 R} \qquad I_2=\frac{I_{REF}}{2^2}=\frac{U_{REF}}{2^2 R}$$

$$I_1=\frac{I_{REF}}{2^3}=\frac{U_{REF}}{2^3 R} \qquad I_0=\frac{I_{REF}}{2^4}=\frac{U_{REF}}{2^4 R}$$

假设 $D_3 D_2 D_1 D_0=1111$，则所有的电子开关都将 $2R$ 电阻接至运算放大器的反相输入端，则流入运算放大器反相输入端的电流为

$$I_\Sigma=I_3+I_2+I_1+I_0=\frac{U_{REF}}{R}\left(\frac{1}{2^1}+\frac{1}{2^2}+\frac{1}{2^3}+\frac{1}{2^4}\right)=\frac{U_{REF}}{R}\cdot\frac{1}{2^4}(2^3+2^2+2^1+2^0)$$

对于任意一组输入数字量 $D_3 D_2 D_1 D_0$，则有

$$I_\Sigma=\frac{U_{REF}}{R\times 2^4}(2^3 D_3+2^2 D_2+2^1 D_1+2^0 D_0)$$

经运算放大器反相比例运算后，得到输出模拟电压为

$$U_o=-I_\Sigma R=-\frac{U_{REF}}{2^4}(2^3 D_3+2^2 D_2+2^1 D_1+2^0 D_0)$$

推广到 n 位 DAC 时，输出模拟量与输入数字量之间的关系为

$$U_o=-\frac{U_{REF}}{2^n}(2^{n-1}D_{n-1}+2^{n-2}D_{n-2}+\cdots+2^1 D_1+2^0 D_0)$$

由于倒 T 型电阻网络 DAC 中各支路电流直接流入了运算放大器的输入端，相互之间不存在传输时间差，因而提高了转换速度并减小了输出端可能出现的尖峰脉冲。另外，电阻网络中的电子开关在切换时，流过开关的电流是恒定的，开关两端的电压很小，所需的驱动电

压也很小，并且切换时产生的瞬态电压也很小，这也有利于提高转换速度和减小尖峰脉冲。因此，在集成 DAC 中，多数采用倒置 T 型电阻开关网络。

四、DAC 的主要技术指标

1. 分辨率

分辨率是指 DAC 的最小输出电压 U_{LSB} 与最大输出电压 U_M 的比值，说明 DAC 分辨最小电压的能力。所谓最小输出电压是指当输入数字量仅最低位为 1 时的输出电压，而最大输出电压是指当输入数字量各有效位全为 1 时的输出电压。

$$分辨率 = U_{LSB}/U_M = 1/(2^n - 1)$$

当 U_M 一定时，输入数字代码的位数越多，则分辨率越高，分辨能力就越高。

2. 转换精度

DAC 的精度是指实际的输出模拟电压与理论值之间的差值，常以百分比来表示。这个转换误差是一个综合性误差，它包括比例系数误差、元件精度和漂移误差以及非线性误差等等。

3. 转移特性

DAC 输出模拟量与输入数字量之间的关系称为 DAC 的转移特性。当 DAC 没有任何误差时，理论上应该是过零点的一条直线。

4. 建立时间（转换时间）

建立时间是指从输入数字信号开始，到 DAC 输出电压或电流达到稳定值所经历的时间。

任务二 ●●● ADC 功能、分类及选用原则

ADC 是将模拟信号转换为数字信号的器件。ADC 的基本思想是以某一单位参考量去度量模拟信号，得到输出数字量，其实质是对模拟量进行数字式测量。根据其测量原理不同，ADC 可分为直接转换型和间接转换型两大类。

一、ADC 的基本概念

1. 采样和保持

数字信号在时间和幅值上都是离散的，因此要实现 ADC，首先要将随时间连续变化的信号变换为时间离散的信号，即对模拟量进行采样。

为了有效保持原模拟信号的信息，采样信号 CP_S 的频率必须满足采样定理的要求，即：

$$f_s \geq 2f_{imax}$$

f_s 为采样频率；f_{imax} 为输入信号 u'_i 的最高频率分量。

由于将每次采样得到的模拟信号转换为数字量需要一定的时间，所以采样以后还必须要将采样信号保持一定的时间，通常由采样-保持电路完成。

2. 量化和编码

要实现 ADC，必须将采样后的离散信号的幅值数字化，即量化，从而将模拟信号转换成时间和幅值都是离散的数字信号；把量化的数值用二进制代码表示，称之为编码，由编码器来实现。

因此，一般 ADC 的转换过程需经过采样、保持、量化和编码这四个步骤来完成。这些步骤在转换过程中往往是合并进行的。图 10-5 所示为 ADC 的组成。

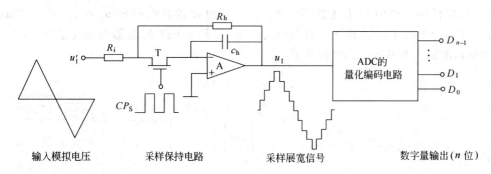

图 10-5　ADC 的组成

3. 三位 ADC 的量化与编码

三位 ADC 的示意图如图 10-6(a) 所示。其输入、输出关系如图 10-6(b) 所示，并可归纳如下。

① 3 位 ADC 有 $2^3 = 8$ 个输出状态，分别是 000～111。

② 最小量化值 1LSB 为：

$$1LSB = \frac{\text{满度模拟电压值}}{2^3} = \frac{1}{8} \text{（V）}$$

量化精度取决于最小量化值，输出数字量的位数越多，则量化精度越高。

③ 每个数字量代表一定范围的模拟量，例如：000 代表 $(0 \sim \frac{1}{8})$V；011 代表 $(\frac{3}{8} \sim \frac{4}{8})$V；…；111 代表 $(\frac{7}{8} \sim 1)$V，则最大量化误差为 ± 1LSB。

④ 最大输出数字量 111 对应的输入模拟电压为 $\frac{7}{8}$V。

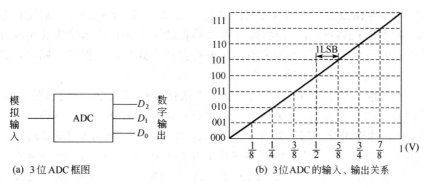

(a) 3 位 ADC 框图　　　(b) 3 位 ADC 的输入、输出关系

图 10-6　3 位 DAC 框图和输入、输出关系

二、逐次逼近型 ADC

逐次逼近型 ADC 是直接转换型 ADC 中最常见的一种，其基本转换过程是将大小不同的参考电压与采样-保持后的电压 u_I 逐次进行比较，比较结果以相应的二进制代码表示。这个过程与天平称物很相似。

图 10-7(a) 所示为逐次逼近型 ADC 的原理结构框图。它由比较器 C、D/A 转换器、基准电压源 U_{REF}、逐次逼近型寄存器、控制逻辑电路及时钟信号源 CP 等部分组成；(b) 为 3 位 ADC 的逻辑图，图中 C 为比较器，当 $u_I \geqslant u_O$ 时比较器的输出 $u_C = 0$；当 $u_I < u_O$ 时，$u_c = 1$。FF_A、FF_B、FF_C 组成了 3 位数码寄存器，$FF_1 \sim FF_5$ 环形移位寄存器与 $G_1 \sim G_9$ 组成控制逻辑电路。其基本转换过程如下：

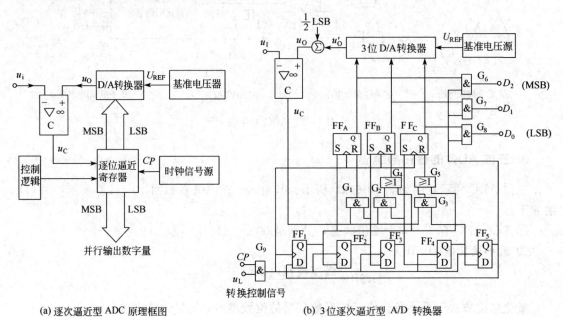

(a) 逐次逼近型 ADC 原理框图 (b) 3位逐次逼近型 A/D 转换器

图 10-7 逐次逼近型 ADC

转换开始前先将 FF_A、FF_B、FF_C 清零，同时将 $FF_1 \sim FF_5$ 组成的环形移位寄存器置成 $Q_1 Q_2 Q_3 Q_4 Q_5 = 10000$ 状态。转换控制信号 u_L 变成高电平以后，转换开始。

第一个 CP 脉冲作用后，则数码寄存器的 FF_A（最高位 MSB）被置 1 而 FF_B、FF_C 被置 0。将 $Q_A Q_B Q_C = 100$ 送至 D/A 转换器，转换成相应的模拟信号电压 u_O，送到比较器 C 中，与输入的待转换模拟信号电压 u_I 进行比较。若比较结果为 $u_O > u_I$，则比较器输出为逻辑高电平 1，说明预置的数过大，应将寄存器最高位的 1 去除；若比较结果 $u_O < u_I$，则比较器输出为逻辑低电平 0，说明预置数过小，应将寄存器最高位的 1 保留。同时，移位寄存器右移一位，变为 $Q_1 Q_2 Q_3 Q_4 Q_5 = 01000$ 状态。

第二个 CP 脉冲作用时，FF_B 被置 1，并与上次比较确定的 Q_A 一同送至 DAC 转换，根据比较器 C 的比较结果决定 Q_B 的去留；同时将移位寄存器右移一位，变为 00100 状态。

第三个 CP 脉冲作用时，FF_C 被置 1，与确定的 $Q_A Q_B$ 一同送至 DAC 转换，根据比较器 C 的比较结果决定 Q_C 的去留；同时将移位寄存器右移一位，变为 00010 状态。

第四个 CP 脉冲作用时，确定 Q_C 的取值。这时 FF_A、FF_B、FF_C 的状态就是所要的转换结果。同时，移位寄存器右移一位，使 $Q_1 Q_2 Q_3 Q_4 Q_5 = 00001$。由于 $Q_5 = 1$，因而 FF_A、

FF_B、FF_C 的状态通过门 G_6、G_7、G_8 送到了输出端。

第五个 CP 脉冲到达后，移位寄存器右移一位，使 $Q_1Q_2Q_3Q_4Q_5 = 10000$，返回初始状态。同时，由于 $Q_5 = 0$，将门 G_6、G_7、G_8 封锁，转换输出信号随之消失。

由此可见，三位 ADC 完成一次转换需要五个时钟脉冲周期的时间。如果输出为 n 位 ADC，完成一次转换所需的时间为（$n+2$）个时钟脉冲周期。

三、双积分型 ADC

双积分型 ADC 的基本原理是先把输入的模拟电压信号转换成与之成正比的时间宽度信号，然后在这个时间宽度里对固定频率的时钟脉冲计数，计数结果就是正比于输入模拟信号的数字输出信号。因此，双积分 ADC 属于电压-时间变换型（简称 V-T 型）ADC。

如图 10-8 所示，为双积分型 ADC 的原理框图。它包含积分器、比较器、计数器、基准电压源、时钟信号源和逻辑控制电路等部分。其基本工作过程如下：

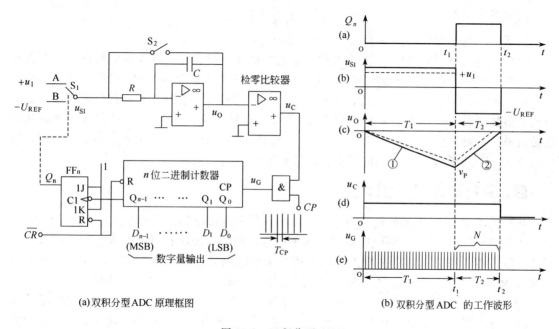

(a) 双积分型ADC 原理框图　　　　(b) 双积分型ADC 的工作波形

图 10-8　双积分型 ADC

转换前先将计数器清零，并接通开关 S_2 使电容 C 完全放电。

转换过程分两步进行：

第一步（第一次积分）：当转换开始（$t=0$）时，令开关 S_1 接通模拟电压输入端 u_I，同时断开 S_2，积分器对 u_I 进行积分，积分器输出 u_O 为：$u_O(t) = -\dfrac{1}{RC}\int_0^t u_I dt = -\dfrac{u_I}{RC}t$

因为积分器输出电压 u_O 是自零向负方向变化，即 $u_O < 0$，所以比较器输出 $u_c = 1$，脉冲控制门打开，周期为 T_{CP} 的时钟脉冲 CP 使计数器从零开始计数，直到 $Q_n = 1$（计数器其余各位为 0，即 $Q_nQ_{n-1}\cdots Q_0 = 10\cdots 0$），驱动控制电路使开关 S_1 接通基准电压 $-U_{REF}$，这段时间就是第一次积分时间 T_1，第一次积分结束时积分器的输出电压为

$$u_O(T_1) = -\frac{u_I}{RC} \times T_1 = -\frac{u_I}{RC} \times 2^n T_{CP}$$

可见，第一次积分输出电压 $u_O(T_1)$ 与输入电压 u_I 成正比。

第二步（第二次积分）：当 S_1 接通基准电压 $-U_{REF}$ 后，即对基准电压 $-U_{REF}$ 进行反向积分（电容放电），但 u_O 初始值为负，比较器输出 u_C 仍为高电平，计数器再次从 0 开始计数。假设计数器计数至第 N 个脉冲时，积分器输出电压 u_O 反向积分到零，则检零比较器输出 $u_C = 0$，脉冲控制门关闭，计数停止。由于第一次积分结束时，电容器已充有电压 u_O (T_1)，而第二次积分结束时，$u_O = 0$，所以，此时积分器输出电压：

$$u_O(t_2) = u_O(t_1) + \frac{-1}{RC} \int_{t_1}^{t_2} (-U_{REF}) dt = -\frac{2^n T_{CP} u_I}{RC} + \frac{U_{REF}}{RC}(t_2 - t_1)$$

$$= \frac{-2^n T_{CP} u_I}{RC} + \frac{U_{REF}}{RC} \times T_2 = 0$$

可得：

$$T_2 = \frac{u_I}{U_{REF}} \times 2^n \times T_{CP}$$

可见：T_2 与 u_I 成正比，T_2 就是双积分转换电路的中间变量。因为 $T_2 = NT_{CP}$，所以，

计数器的输出

$$N = \frac{u_I}{U_{REF}} \times 2^n$$

显然，N 与 u_I 成正比，完成了 A/D 转换。

双积分型 ADC 的突出优点是：工作性能比较稳定。因为转换过程中先后进行了两次积分，而两次积分的积分时间常数 RC 相同，所以转换结果和精度不受 R、C 和时钟信号周期 T_{CP} 的影响；另外抗干扰能力强。由于转换器的输入端使用了积分器，在积分时间等于交流电网的整数倍时，能有效地抑制电网的工频干扰；双积分型 ADC 中不需要 DAC，电路结构比较简单。主要缺点是工作速度慢，完成一次转换需要（$2^{n+1} T_{CP}$）时间。因此，双积分型 ADC 常用于高分辨率、低速和抗干扰能力强的场合。

四、并行比较型 ADC

并行比较型 ADC 对转换电压只进行一次比较即可进行编码，这种方法称为并行编码。

在并行编码 ADC 中，同时给定多个参考电压，用以代表所有可能的量化电平，被转换模拟电压与各参考电压同时进行比较，比较结果经编码器输出转换数据。因此，一个 n 位 ADC 需要有 $2^n - 1$ 个量化电平、$2^n - 1$ 个电压比较器和一个较为复杂的编码电路。

如图 10-9 是三位二进制并行编码 ADC 的原理框图。参考电压源 U_{REF} 和 8 只电阻构成分压器，分压器有 7 个中间节点，输出 7 个参考电压，分别代表 7 个量化电平。各电阻阻值及 7 个参考电压值如图所示，其最小量化值为 $1LSB = 2U_{REF}/15$，最大量化误差为 $U_{REF}/15$。

由此可见，并行比较型 ADC 的转换精度主要取决于量化电平的划分，n 越大则量化级数越多，精度越高；其最大优点是转换速度快，完成一次转换只需要一个时钟周期，转换频率可以很高；但是位数越多所用的比较器就越多、编码器的电路也就越复杂。

五、ADC 的主要技术指标

1. 分解度

ADC 的分解度，通常以输出二进制代码位数的多少来表示。位数越多，说明量化误差越小、转换的精度越高，分解度也就越好。

2. 相对精度

相对精度是指实际的各个转换点偏离理想特性的误差。在理想情况下，所有的转换点应

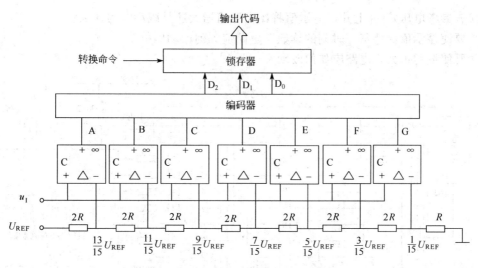

图 10-9 三位并行比较 ADC 框图

当在一条直线上，因此，有时也把相对精度称为线性度。

3. 转换速度

通常用完成一次模数转换所需要的时间来表示转换速度。转换时间是指从接到转换控制信号开始，到输出端得到稳定的数字输出信号所经过的时间。

任务三 ● ● ● ADC、 DCA 的应用及仿真

一、ADC 应用举例——$3\dfrac{1}{2}$ 位直流数字电压表

1. 电路原理

图 10-10 所示为 $3\dfrac{1}{2}$ 位直流数字电压表的原理电路图。所谓 $3\dfrac{1}{2}$ 位是指该电压表显示范围为 $-1999 \sim +1999$，其中，最高位只能为 1 或 0，后三位可以是 0~9 之间的任意整数。图中，CC14433 为双积分型 ADC，CC4511 为七段译码驱动器，MC1403 为集成精密稳压源，输出电压为 2.5V，作为基准电压源 U_{REF}，MC1413 是小功率达林顿晶体管驱动器，用于驱动 LED 数码管。

被测直流电压 U_I 经 ADC 转换后以动态扫描形式输出，数字量输出端 $Q_0 Q_1 Q_2 Q_3$ 上的数字信号按照先后顺序输出。位选信号 DS_1、DS_2、DS_3、DS_4 通过位选开关 MC1413 分别控制着千位、百位、十位、个位上的四支 LED 数码管的公共阴极。数字信号经七段译码管 CC4511 译码后，驱动四支 LED 数码管的各段阳极。这样就把 A/D 转换器按时间顺序输出的数据以扫描形式在四支数码管上依次显示出来。当参考电压 $U_{REF} = 2V$ 时，满量程显示 1.999V；$U_{REF} = 200mV$ 时，满量程为 199.9mV（可以通过选择开关来实现对小数点显示的控制）。

2. 课堂讨论

① 图 10-10 电路，分析其工作原理。

② 若参考电压 U_{REF} 上升，显示值将比实际值增大还是减小？为什么？

③ 要使显示值保持某一时刻的读数，电路应如何改动？

④ 要使量程扩大，电路应如何改动？

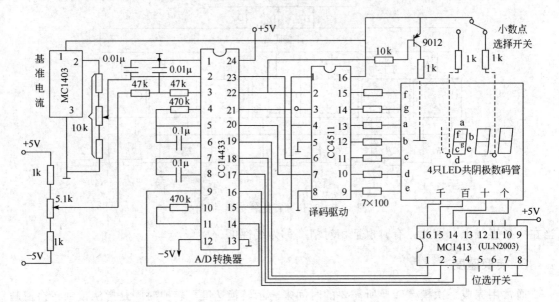

图 10-10　$3\frac{1}{2}$ 位直流数字电压表的原理电路图

二、ADC 与 DAC 的仿真实训

(一) 目的

1. 掌握 DAC 和 ADC 的输入量与输出量之间的关系；

2. 掌握设置 DAC 的输出范围、测试 DAC 转换器的分辨率及提高 DAC 分辨率的方法；掌握设置 ADC 的输入电压范围的方法，进一步理解 ADC 的量化误差（即分辨率）的概念；

3. 观察 ADC 和 DAC 转换电路的工作情况，分析采样频率对转换结果的影响。

(二) 步骤及内容

1. DAC 的仿真

① 在 Multisim 仿真平台上构建图 10-11 所示的电压输出型 8 位 DAC 电路，输入数字量用逻辑指示探头显示，并通过数码管显示对应的十六进制数码；输出模拟电压用电压表测量。

DAC 的满度输出电压是指当输入数字量 $D_7 \sim D_0$ 全部为 1 时，DAC 的输出电压值。满度输出电压决定了 DAC 的输出范围。

满度电压的设定方法：首先在 DAC 数码输入端加全 1（即 11111111），然后调整电位器 R_1（即调整 DAC 的基准电压）使输出电压达到满度电压值的要求。

DAC 的输出偏移电压是指当全部有效数码 0 加到输入端时 DAC 的输出电压值。在理想的 DAC 中，输出偏移电压为 0。在实际的 DAC 中，输出偏移电压不为 0，许多 DAC 产品设有外部偏移电压调整端，可将输出偏移电压调为 0。

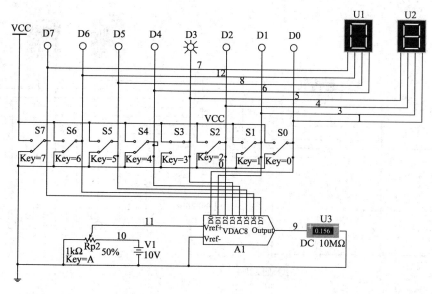

图 10-11　8 位 DAC

② 单击计算机键盘上的数字键 0～7（对应数字量 $D_0\sim D_7$），将 DAC 的输入数码设为 11111111，单击仿真运行开关进行动态分析。调整 R_1 电位器，使 DAC 输出电压尽量接近 5V，即将 DAC 的满度输出电压设置为 5V。

③ 单击计算机键盘上的数字键 0～7（对应数字量 $D_0\sim D_7$），按照表 10-1 的要求改变输入数字量，并记录相应的模拟输出电压值。

表 10-1　DAC 输出电压仿真测试记录

二进制数码输入（$D_7\sim D_0$）	模拟电压输出/V	二进制数码输入（$D_7\sim D_0$）	模拟电压输出/V
0 0 0 0 0 0 0 0		0 0 0 1 0 0 0 0	
0 0 0 0 0 0 0 1		0 0 1 0 0 0 0 0	
0 0 0 0 0 0 1 0		0 1 0 0 0 0 0 0	
0 0 0 0 0 1 0 0		1 0 0 0 0 0 0 0	
0 0 0 0 1 0 0 0		1 1 1 1 1 1 1 1	

④ 根据表 10-1 测试的数据，分析：

该 DAC 的满度输出电压是_____伏？DAC 输出的模拟电压与输入数码成正比吗？该 DAC 的输出偏移电压是_____伏？该 DAC 的分辨率是_____？

2. ADC 的仿真

ADC 可将输入模拟电压信号转换成一组二进制数码输出。

ADC 的最小分辨电压 U_{LSB} 是输出数字信号最低有效位为 "1" 时所代表的输入电压值，对于一个 n 位的 ADC，若满度输入模拟电压为 U_{IM}，则其最小分辨电压 U_{LSB} 为 $U_{IM}/2^n$。

图 10-12 所示为 8 位 ADC 电路，ADC 芯片内：U_{IN} 为模拟电压输入端；$D_7\sim D_0$ 为二进制数码输出端；U_{REF+} 为上基准电压输入端，U_{REF-} 为下基准电压输入端；SOC 为转换数据启动端（高电平启动）；OE 为三态输出控制端（高电平有效）；EOC 是转换周期结束指示端（输出正脉冲）。

调整 R_3 电位器的分压比可改变基准电压，设置 ADC 满度输入电压 U_{REF+}（上基准电

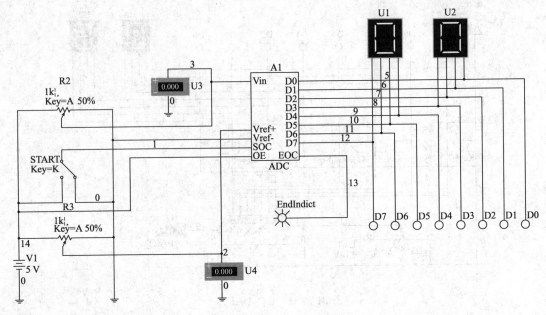

图 10-12　ADC 电路

压）；用 R_2 电位器调节模拟输入电压 U_{IN}，电压变化范围为 $0 \sim U_{REF+}$ （V）；转换输出的数码分别用逻辑指示探头和两位数码管显示。如果在 SOC 输入端加上一个正的窄脉冲，则 ADC 开始转换，转换结束时 EOC 端输出"1"。

该电路的输入电压与输出数码的关系可表示为

$$输出数码\ D\ （对应的十进制数）= \frac{U_{IN}}{U_{REF}} \times 2^n$$

SOC（模数转换启动端）在输入信号改变时，可连续单击 K 键两次，实现模数转换。

① 在 Multisim 平台上建立如图 10-13 所示电路，用 R_3 电位器设置 ADC 满度输入电压 U_{REF+}，使 $U_{REF+} = 5V$；用 R_2 电位器调节模拟输入电压 U_{IN}，输入电压变化范围为 $0 \sim 5V$。

② 先将转换控制开关 Start 处于接地的位置。

③ 单击仿真运行开关进行动态分析。按表 10-2 要求调节输入电压的数值（调整电位器的方法为：双击这个电位器，在弹出的设置对话框中，改变设置 Setting 的百分比，然后单击接受按钮 Accept；或者直接单击键盘上的"2"键使 R_2 增大，单击"Shift＋2"键使减小；R_3 电位器的调节方法相同）。

④ 将转换控制开关 Start 置于电源端（通过单击键盘上的"K"键转换开关状态），ADC 开始转换，逻辑指示探头和数码管应有相应的输出指示；再单击一次"K"键使转换控制开关接地，转换结束。在表 10-2 中记录与输入模拟电压对应的 ADC 数字输出。

⑤ 根据表 10-2 记录的数据，计算图 10-13 所示 ADC 电路的量化误差。

⑥ 单击仿真运行开关停止动态分析。将 EOC 与 SOC 连接起来（保留 SOC 与 Start 开关的连线）。单击仿真开关进行动态分析，单击键盘上的 K 键，使 Start 开关置"1"，开始 A/D 转换。再单击一次 K 键使 Start 开关返回接地的状态。每次转换结束后 EOC 端将有信号输出，ADC 又马上开始新一轮的转换，使转换工作连续进行下去。在 $0 \sim 5V$ 之间继续改变模拟输入电压 U_{IN}，观察并记录数字输出的变化。值得注意的是，每次用调整电位器 R_2 来改变模拟输入电压 U_{IN} 以后，数字输出会随之变化，而不需要再按键盘上的 K 键。

表 10-2　ADC 二进制数码输出测试记录

模拟电压输入 U_{IN}/V	二进制数码输出 $D_7 D_6 D_5 D_4 D_3 D_2 D_1 D_0$	数码管显示的十进制数	模拟电压输入 U_{IN}/V	二进制数码输出 $D_7 D_6 D_5 D_4 D_3 D_2 D_1 D_0$	数码管显示的十进制数
0			3.0		
1.0			4.0		
2.0			5.0		

⑦ 根据测试结果，分析：

该 ADC 的满度输入电压等于_____ V？

ADC 数字输出的大小与模拟输入电压的大小成比例吗？

3. ADC 与 DAC 的综合仿真

① 在 Multisim 平台上构建图 10-13 所示电路，该电路首先用一个 ADC 将输入模拟电压转换为数字量输出，然后再经过一个 DAC 将数字信号转换为模拟信号输出。由模拟转换为数字的输出信号用两个带译码器的十六进制 LED 数码管显示；由数字转换为模拟的输出信号用示波器显示。

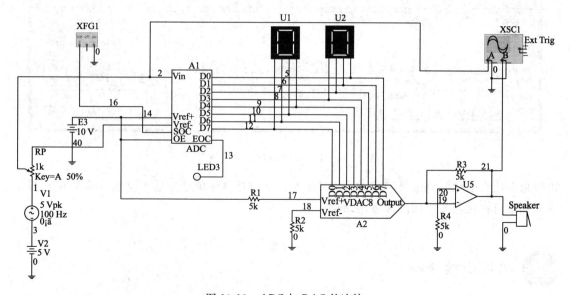

图 10-13　ADC 与 DAC 的连接

由于电路中采用了一个电流型 DAC，因此在其输出端需外加一个运放将电流转换为电压输出。

② 单击仿真开关进行动态分析。注意观察数码管显示及示波器屏幕的波形变化。

③ 改变输入信号的频率，观察不同采样频率的信号对输出波形的影响，如图 10-14 所示。

④ 根据实验现象，试分析：

ADC 的转换时间最短是_____？

将输入信号调节电位器设定在 50%，此时输入 ADC 的模拟信号的峰峰值 $V_{IN} =$ _____ V（p-p）。

该电路的输入信号频率为 $f = 100Hz$，若采样频率取为 1kHz（由函数发生器设定），则输入信号每个周期的采样点数为_____？当采样频率改为 600Hz 时，示波器显示的输

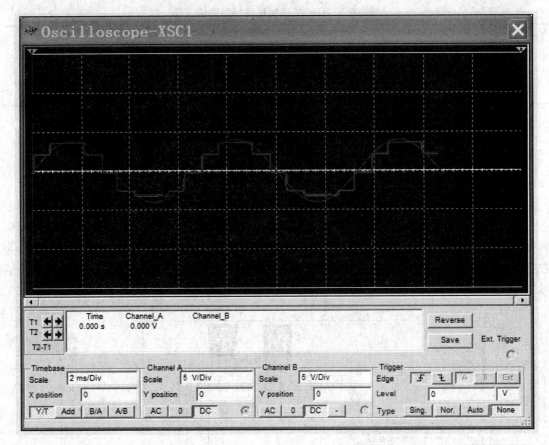

图 10-14　图 10-13 电路的仿真波形

出波形有什么变化？当采样频率改为 4kHz 时，示波器显示的输出波形又有什么变化？得出采样频率与转化误差之间的关系的结论。

 项目小结 ▶▶▶

1. DAC 和 ADC 是现代数字系统的重要组成部分，是沟通模拟量和数字量间的桥梁，在计算机接口以及各种控制、检测和信号处理系统中有着广泛的应用。

DAC 是数模转换器，目前有 T 型电阻网络 DAC 和倒 T 型电阻网络 DAC 两大类，由于倒 T 型电阻网络 DAC 具有转换时间短和尖峰脉冲小的特点，在 CMOS 单片集成 DAC 中得到了广泛应用。

2. ADC 是模数转换器，主要有逐次逼近型 ADC、双积分 ADC 和并行比较型 ADC 三种。并行比较型 ADC 转换速度快，但所用的器件多，电路结构较为复杂，因此转换的位数受到限制；逐次逼近型 ADC 的转换速度较快，而且所用的器件比并行比较型 ADC 少得多，因此在集成单元电路中用得最多；双积分 ADC 虽然转换速度比较慢，但由于它的性能稳定、电路简单、抗干扰能力强，所以在各种低速系统中有着广泛的应用。使用时，应注意结合实际问题，发挥器件的特点，做到既经济又合理。目前，ADC 和 DAC 的发展趋势是高速度、高分辨率、易与计算机接口，以满足各领域对信息处理的要求。

思考题与习题 ▶▶▶

10-1 DAC 的功能是什么？由哪些基本部分组成？

10-2 DAC 的最小输出电压和满度输出电压的含义是什么？

10-3 相对于 T 型电阻网络 DAC 而言，倒 T 型电阻网络 DAC 的性能有何改善？

10-4 ADC 一般需要经过哪些过程才能得到数字输出量？

10-5 按照转换速度的快慢，将常见 ADC 的种类进行排序。

10-6 一个 8 位 T 型电阻网络 DAC，$U_{REF} = +10V$，$R_f = 3R$。当输入的数字量 $D = (D_7 D_6 D_5 D_4 D_3 D_2 D_1 D_0) = 01011010$ 时，求输出的模拟电压。

10-7 8 位倒 T 型 DAC 如图 10-4 所示，D 为二进制码，$-U_{REF} = -10V$，$R = 10k\Omega$。

试计算：① 实际输出电流 I_O、输出电压 U_O 的范围

② 当 $D = 10110101$ 时，求输出电压 U_O。

10-8 图 10-15 所示为一个权电阻网络 DAC 原理框图。

① 证明：$U_O = -\dfrac{U_{REF}}{2}(D_{n-1} 2^{n-1} + D_{n-2} 2^{n-2} + \cdots + D_0 2^0)$

② 当 $D = (D_3 D_2 D_1 D_0)$ 分别为 1111、1010、0110 时，求输出电压。

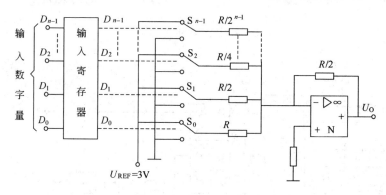

图 10-15 题 10-8 用图

10-9 一个 10 位逐次逼近型 ADC，其时钟脉冲信号的频率为 500kHz。求该 ADC 完成一次转换至少需要多少时间？

10-10 某 8 位 ADC 输入电压范围为 0～+10V，当输入电压为 4.48V 和 7.81V 时，其输出二进制数各是多少？该 ADC 能分辨的最小电压变化量为多少？

10-11 在双积分 ADC 中，若计数器为 8 位二进制计数器，CP 脉冲的频率为 10kHz，$-U_{REF} = -10V$，试计算：

① 第一次积分时间；

② $U_I = 3.75V$ 时，转换完成后，计数器的状态；

③ $U_I = 2.5V$ 时，转换完成后，计数器的状态；

10-12 如图 10-16(a)、(b) 分别为 ADC0809 的单极性输入和双极性输入的原理电路，试将该电路的 U_{IN0} 及转换结果填于表 10-3 和表 10-4 中。

10-13 并行比较型 ADC 电路如图 10-17 所示，它由电阻分压器（量化标尺）、比较器、寄存器和编码器等四部分组成。请分析该电路模-数转换原理。并求当 CP 到来时，U_I 分别为 9V、6.5V、4V 和 1.5V 时相对应的二进制输出数码 $B_2 B_1 B_0$ 为多少？注意：对于各电压

比较器，当 $U_I \geqslant U_{REFi}$ 时，$u_{ci}=1$；当 $U_I < U_{REFi}$ 时，$u_{ci}=0$。

表 10-3　单极性输入

U_{REF+}	U_I	$D_7 \sim D_0$
+5.12V	+5.10V	
	+2.56V	
	0V	

表 10-4　双极性输入

U_{REF+}	U_I	U_{IN}	$D_7 \sim D_0$
+5.12V	5.12V		
	0V		
	+5.08V		

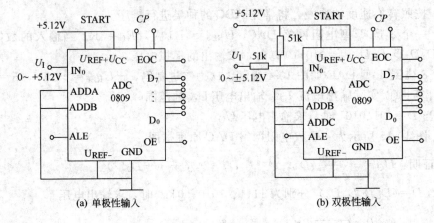

(a) 单极性输入　　　　　　(b) 双极性输入

图 10-16　题 10-12 用图

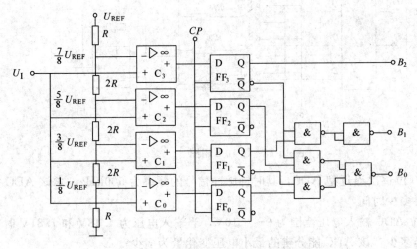

图 10-17　题 10-13 用图

项目十一
大规模集成电路认知

【目的与要求】 学习大规模集成电路的特点及其分类，了解其在数字系统中的应用和发展现状。掌握半导体存储器的分类、功能以及存储器存储容量的定义方法、含义及其容量扩展方法；了解可编程逻辑器件的分类及其构成组合逻辑电路的方法。

用中、小规模集成电路构成的组合和时序逻辑电路，由于系统的扩大需用的集成芯片增加、芯片间连线增多，导致系统硬件成本增加，同时系统的可靠性却降低了。近年来随着电子技术的发展，大规模集成电路和超大规模集成电路在数字系统中得到广泛应用。

本章主要介绍只读存储器（ROM）、随机存取存储器（RAM）和可编程逻辑器件（PLD）的基本原理及其应用。

任务一 ●●● 集成存储器分类、 功能及功能扩展

集成存储器是数字系统中记忆大规模信息的部件，其功能是用于存放固定程序的操作指令及需要计算、处理的数据等，相当于数字系统存储信息的仓库。

集成存储器分为只读存储器和随机存取存储器两类。

一、 只读存储器（ROM）

只读存储器是存储固定信息的存储器。即事先将存储的信息或数据写入到存储器中，在正常工作时，只能重复读取所存储的信息代码，而不能随意改写存储信息内容，故称只读存储器，简称 ROM（Read Only Memory）。ROM 电路按存储信息的写入方式一般可分为固定ROM、可编程 ROM（PROM）和可擦除可编程 ROM（EPROM）。

1. ROM 的结构

ROM 由地址译码器和存储体构成，其结构如图 11-1 所示，其中 A_{n-1}、A_{n-2}、…A_1、A_0 为 n 位地址输入线，通过地址译码器可译出 2^n 个地址，每一个地址中固定存放着由 m 位二进制数码构成的信息"字"。

把存储器中每存储 1 位二进制数的点称为存储单元，而存储器中总的存储单元的数量称为存储容量。对于一个存储体来说，总的存储容量为字线数 2^n × 位线数 m。若存储器有 10

条地址线，则对应有 2^{10} 条字线，若位线数为 8 条，则总的存储容量为 $2^{10} \times 8 = 1024 \times 8$ 个存储单元，简称 $1k \times 8$ 位 $= 8k$（bit）。

2. 固定 ROM

固定 ROM 内部所存储的信息是由生产者在制造时，采用掩膜工艺予以固定的。图 11-2 表示了最简单的 4×4 位存储容量的二极管固定 ROM，由图可知，2 条地址线 A_1、A_0 经译码器译出 4 条字线（字选线）$W_3 \sim W_0$，每条字线存储 4 位二进制数 $D_3 \sim D_0$（称为位线）。译码器采用二极管与门矩阵电路组成，并由片选信号 CS 控制。当 $CS=1$ 时，译码器可工作，表示该片 ROM 被选中，允许输出存储内容。存储体为一个二极管或门矩阵电路，每一位线（数据线）D_i 实质上为二极管或门电路，只有当 $W_i=1$ 的字线上的二极管能导通，使该位数据输出 $D_i=1$。而 $W_i=1$ 字线上无二极管的位线对应的输出数据 $D_i=0$。例如当地址码 $A_1 A_0 = 00$ 时，则 $W_0=1$，而 $W_1 = W_2 = W_3 = 0$，在字线 W_0 上挂有二极管的位线 $D_3 = D_0 = 1$，无二极管的位线 $D_2 = D_1 = 0$，这时输出数码为 $D_3 D_2 D_1 D_0 = 1001$；当 A_1、A_0 地址码改变后，则输出数码也相应改变，如表 11-1 中所示。

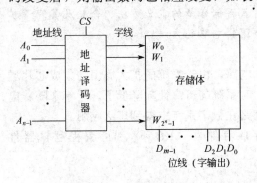

图 11-1 ROM 的结构　　　　　图 11-2 二极管掩膜 ROM

表 11-1　字线及其位输出

地址输入		字　线	位输出			
A_1	A_0	W_i	D_3	D_2	D_1	D_0
0	0	$W_0=1$	1	0	0	1
0	1	$W_1=1$	1	1	0	1
1	0	$W_2=1$	0	1	1	0
1	1	$W_3=1$	1	0	1	1

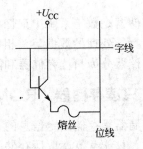

图 11-3 三极管掩膜 PROM 存储单元

固定 ROM 适用于产品数量较大或有特殊要求的少量产品，由于需要专门制作掩膜板，成本高且制作周期长，因此不经济。

3. 可编程 ROM（PROM）

可编程 ROM 是用户根据需要，将需存储的信息一次写入 PROM 中，一旦写入就不能再更改，故称可编程只读存储器，简称 PROM（Programmable ROM）。

双极型熔丝结构的 PROM 存储单元的结构原理图如图 11-3 所示。出厂状态的存储矩阵中，字线和位线的各个交叉处，均以图 11-3 所示的三极管发射极及与位线相连的快速熔丝作为存储单元，熔丝通常用低熔点的合金或很细的多晶硅导线制成。在编程存入信息时，如果使熔丝烧断则表示存储单元信息为 0，熔丝不烧断表示为 1。

PROM 可实现一次编程需要，由于熔丝烧断后，不能恢复，存储器中存储的信息已被固化，故只可写入一次。如果在编程过程中出错或研制过程中需要修改内容，只能更换新的 PROM，给使用者带来不便。

4. 可擦除可编程 ROM （EPROM）

可擦除可编程只读存储器也是由用户根据需要将信息代码写入存储单元内。与 PROM 不同的是，如果要重新改变信息，只需用紫外线（或 X 射线）或用电擦除原先存入的信息后，可再行写入信息。将可用紫外线擦除的只读存储器简称为 EPROM（Erasable PROM），也可称为 UVEPROM；用电擦除的只读存储器称为 EEPROM 或 E^2PROM（Electrically Erasable PROM）。

EPROM 集成芯片通常用于程序开发、样机研制或者用于程序、数据经常变更的数字系统中，它是数字控制和计算机系统中不可缺少的数字器件。典型的 EPROM 存储器芯片型号、容量和引脚数如表 11-2 所示。

表 11-2　典型的 EPROM 芯片

型　　号	2716 27C16	2732 27C32	2764 27C64	27128 27C128	27256 27C256	27512 27C512	27010 27C010
容量	2k×8	4k×8	8k×8	16k×8	32k×8	64k×8	128k×8
引脚数	24	24	28	28	28	28	32

二、随机存取存储器（RAM）

随机存取存储器是一种随时可以选择任一存储单元进行存入或取出数据的存储器，由于它既能读出又能写入数据，因此又称为读/写存储器，简称 RAM（Random Access Memory）。RAM 采用与 ROM 不同的电路结构，读写方便，使用灵活；缺点是一旦存储器断电，存储的数据信息全部丢失，所以不利于数据的长期保存。

1. RAM 的结构

典型的 RAM 结构框图如图 11-4 所示，由地址译码器、存储矩阵和读写控制电路部分构成。

（1）存储矩阵　它是由大量存储单元构成的，每个存储单元能存储着由若干位二进制数码组成的一组信息，存储容量用（字线数）×（位线数）表示。存储单元在存储矩阵中排列成若干行、若干列。例如，存储容量为 1024×1 的存储器，其存储单元可排列成 32 行×32 列的矩阵。基本存储电路主要由 RS 触发器构成，其两个稳态分别表示存储内容为"1"或"0"。

（2）地址译码器　地址译码器根据外部

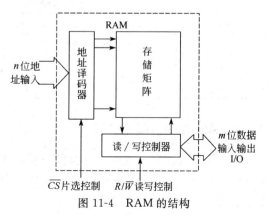

图 11-4　RAM 的结构

输入的地址，唯一地找到存储器中相应的一个存储单元，在读写控制器的配合下数据通过输入/输出（I/O）电路写入存储器或从存储器中读出。

（3）读写控制器　读写控制器决定数据是按指定地址存入存储矩阵、还是从存储矩阵中取出。每个存储单元在读出数据时（$R/\overline{W}=1$）能维持原数据状态不变；而在写入数据时（$R/\overline{W}=0$）可以清除原存储数据，并输入新的数据。数据的输入输出通道是共用的，读出时作为输出端，写入时作为输入端。

（4）输入/输出（I/O）电路　输入/输出（I/O）电路是数据进、出存储矩阵的通道。通常数据先经缓冲放大器放大再进入存储单元；输出数据经缓冲放大后输出。输入、输出缓冲器常采用三态门电路，便于多片存储器的I/O电路并联，以扩展存储容量。

（5）片选控制$\overline{CS}$　对于大容量的存储系统，需要多片RAM组成，而在读写时只对其中一片进行信息的存取。片选控制$\overline{CS}=0$使该片选中时，才进行数据的读写操作，其余未被选中的各片RAM的I/O线呈高阻状态，不能进行读写操作。

RAM存储单元有双极型和单极型两种不同类型的电路，前者速度高；后者功耗低、容量大，在RAM中得到广泛应用。RAM有动态和静态两种类型，静态RAM依靠触发器记忆信息，动态RAM依靠MOS管的栅极电容存储信息。

2. 静态 RAM 集成芯片简介

典型的静态RAM集成芯片的型号、容量、引脚数如表11-3所示。

表 11-3　典型 RAM 芯片

型号	2114	611	6264	62256	62010
容量	1k×4	2k×8	8k×8	32k×8	128k×8
引脚	18	24	28	28	32

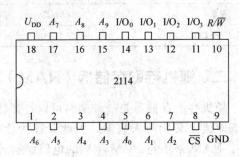

图 11-5　2114 静态 RAM 的外引线端子图

2114静态RAM的存储容量为1k×4位，其外引线端子如图11-5所示，外形为18脚双列直插式结构，地址线为$A_9{\sim}A_0$，在片选信号$\overline{CS}$和读写控制信号$R/\overline{W}$的控制下，信息由四条双向传输线I/O$_3{\sim}$I/O$_0$进行写入或读出操作，其工作方式选择如表11-4所示。

表 11-4　2114 静态 RAM 的工作方式选择

$\overline{CS}$	$R/\overline{W}$	工作方式	功　能
0	0	写	将I/O$_0{\sim}$I/O$_3$上的信息写入$A_9{\sim}A_0$指定的单元
0	1	读	将$A_9{\sim}A_0$对应单元的数据输出到I/O$_1{\sim}$I/O$_4$端
1	×	非选通	I/O$_0{\sim}$I/O$_3$线呈高阻态

3. RAM 存储容量的扩展

在计算机或数字系统中，有时需要存储器有较大的存储容量，而实际的单片存储器的存储容量是有限的。因此，在使用中可通过对存储器的字数和位数的扩展，将若干片存储器组合起来使用，以满足对存储容量的要求。

（1）位扩展方式　位扩展，就是用现有的 RAM 经适当的连接，组成位数更多而字数不变的存储器。

扩展方法为：将 K 片 RAM 所有的地址线并联、读写控制端（$R/\overline{W}$）并联、片选端（$\overline{CS}$）并联；每片的数据输入或输出（I/O）端各自独立，就可将一个 m 字×n 位 RAM 扩展为一个 m 字×（$n×k$）位 RAM。图 11-6 所示电路即为用 2114 静态 RAM 扩展的 1K×16 位 RAM。

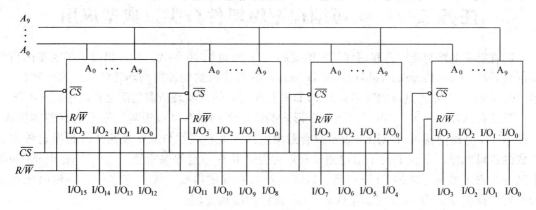

图 11-6　RAM 的位扩展

（2）字扩展方式　字扩展，就是将 RAM 扩展为位数不变而字数更多的存储器。

扩展方法为：将 K 片 RAM 所有的地址线并联、读写控制端（$R/\overline{W}$）并联、每片的各数据输入/输出（I/O）端并联；片选端（$\overline{CS}$）并联各自独立，并用一个由增加的地址端控

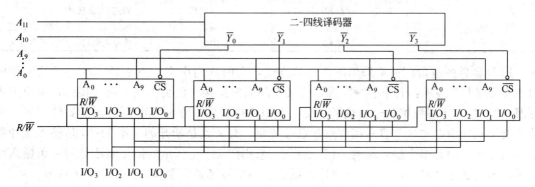

图 11-7　RAM 的字扩展

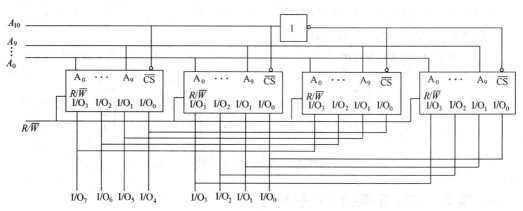

图 11-8　RAM 的字位扩展

制的辅助译码器来控制各片选端。这样，就可将一个 m 字 $\times n$ 位 RAM 扩展位一个（$k \times m$）字 $\times n$ 位 RAM。图 11-7 所示即为用 2114 静态 RAM 扩展的 4k$\times$4 位 RAM。

（3）字位扩展方式　将上述的字扩展和位扩展的方法结合起来，就可以实现字位的同时扩展。图 11-8 所示即为用 2114 静态 RAM 扩展的 2k$\times$8 位 RAM。

任务二 ●●● 可编程逻辑器件分类及典型应用

随着集成电路制造工艺和编程技术的提高，自 20 世纪 70 年代开始，出现了半定制的可编程逻辑器件 PLD（Programmable Logic Device），其芯片内的硬件结构和连线由厂家生产定制，用户借助 EDA 开发工具或编程器，对 PLD 进行编程，使之实现所需的组合和时序逻辑电路。

只读存储器（ROM）由"与矩阵"形式的地址译码器和"或矩阵"形式的存储体构成，因此 ROM 电路的输出可以用来表示组合逻辑电路的最小项"与或"表达式。利用这种方法构成的逻辑电路，不仅节约了门电路数目，并且还具有一定的保密性。目前，在 ROM 基础上已开发出了多种层次的 PLD 产品，以满足产品开发的需要，尤其在多输入多输出变量场合获得广泛应用。表 11-5 列出了四种 PLD 器件的结构比较。

表 11-5 PLD 器件结构分类比较

器件分类	阵 列		输出结构
	与阵列	或阵列	
PROM	固定	可编程	固定、三态缓冲
PLA	可编程	可编程	固定、三态缓冲
PAL	可编程	固定	固定、I/O、三态缓冲、寄存器
GAL	可编程	固定	输出逻辑宏单元由用户定义

PLD 器件的逻辑图通常采用简化表达方式，在门阵列中交叉点上的三种连接情况用图 11-9 所示的方式表示：其中，"●"表示交叉点的固定连接，已由生产厂家连接好，用户不可更改；"×"表示编程熔丝未被烧断，交叉点相连接，用户在编程时可将不需要的"×"去掉；交叉点处没有"×"表示编程熔丝已被烧断，交叉点是断开的。图 11-10 是输入缓冲器的表示方式；对有多个输入端的与门、或门，采用图 11-11 所示的简化画法，用一条输入线表示，凡是通过"●"或"×"与该输入线连接的信号都是该逻辑门的一个输入信号。

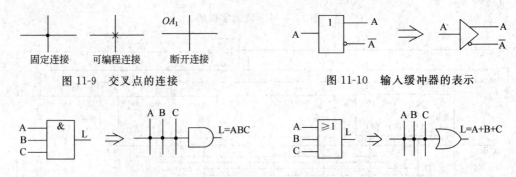

图 11-9　交叉点的连接　　　　　　图 11-10　输入缓冲器的表示

图 11-11　逻辑门的简易画法

一、用 PROM 实现组合逻辑电路

PROM 是由固定的硬线连接的"与阵列"和交叉点全由熔丝连接的可编程"或阵列"

组成的与或逻辑阵列，PROM 的内部结构可简化成图 11-12(a) 所示的逻辑阵列。图中，每个与门有四个输入端，共有 $2^4 = 16$ 种可能的组合，对应于输入变量所有的最小项；输出字长为四位，共有 $16 \times 4 = 64$ 个独立的可编程点。

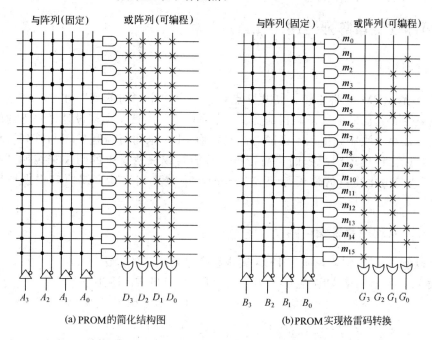

(a) PROM的简化结构图　　　　　(b) PROM实现格雷码转换

图 11-12　PROM 实现格雷码转换

因为，任一逻辑电路的功能均可用最小项之和表达式（与或表达式）表示，因此，可以利用 PROM 实现组合逻辑电路的设计。

【例 11-1】　用 PROM 设计一个将四位 8421BCD 代码转换为格雷码的逻辑电路。

解　首先可列出代码转换表（真值表），如表 11-6 所示。

表 11-6　例 11-1 的代码转换真值表

二进制码输入	译码输出	格雷码输出	二进制码输入	译码输出	格雷码输出
$B_3 B_2 B_1 B_0$	m_i	$G_3 G_2 G_1 G_0$	$B_3 B_2 B_1 B_0$	m_i	$G_3 G_2 G_1 G_0$
0000	m_0	0000	1000	m_8	1100
0001	m_1	0001	1001	m_9	1101
0010	m_2	0011	1010	m_{10}	1111
0011	m_3	0010	1011	m_{11}	1110
0100	m_4	0110	1100	m_{12}	1010
0101	m_5	0111	1101	m_{13}	1011
0110	m_6	0101	1110	m_{14}	1001
0111	m_7	0100	1111	m_{15}	1000

根据表 11-6 可写出用最小项表示的格雷码输出逻辑表达式：

$$G_3 = m_8 + m_9 + m_{10} + m_{11} + m_{12} + m_{13} + m_{14} + m_{15}$$

$$G_2 = m_4 + m_5 + m_6 + m_7 + m_8 + m_9 + m_{10} + m_{11}$$

$$G_1 = m_2 + m_3 + m_4 + m_5 + m_{10} + m_{11} + m_{12} + m_{13}$$

$$G_0 = m_1 + m_2 + m_5 + m_6 + m_9 + m_{10} + m_{13} + m_{14}$$

将 8421BCD 码作为 PROM 的输入，最小项 m_i 即为其固定"与阵列"的输出，根据格雷码输出逻辑表达式对 PROM 的"或阵列"进行编程，在"或阵列"输出端即可得到输出的格雷码，如图 11-12(b) 所示。

二、可编程逻辑阵列器件 (PLA)

1. PLA 的结构

PLA 与一般 ROM 电路比较，其共同点是：均由一个"与阵列"和一个"或阵列"组成。其不同点在于它们的地址译码器部分：一般 ROM 是用最小项来设计译码阵列的，有 2^n 条字线，且以最小项顺序编排，不得随意改动；而 PLA 采用可编程的"与阵列"作为其地址译码器，可以先经过逻辑函数的化简，再用最简与或表达式中的与项来编制"与阵列"，而 PLA 的字线数由化简后的最简与或表达式的与项数决定，其字线内容根据逻辑函数是"可编排"的。

2. 用 PLA 实现组合逻辑电路

现在仍以例 11-1 为例，说明用 PLA 实现组合逻辑电路的方法。

根据表 11-6 所示的格雷码转换表，经化简可以写出格雷码输出表达式：

$$G_3 = B_3 \qquad\qquad G_2 = B_3 \overline{B_2} + \overline{B_3} B_2$$

$$G_1 = B_2 \overline{B_1} + \overline{B_2} B_1 \qquad\qquad G_0 = B_1 \overline{B_0} + \overline{B_1} B_0$$

根据上述表达式，可以画出 PLA 的"与阵列"，然后由各最简与或表达式中的或项，画出 PLA 的"或阵列"，如图 11-13 所示。

比较可见，用 PROM 实现此电路需要存储容量为 $16 \times 4 = 64$bit，而 PLA 实现此电路仅需要存储容量为 $7 \times 4 = 28$bit。

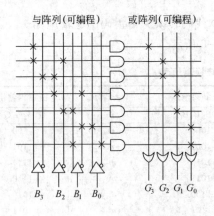

图 11-13　PLA 实现组合逻辑电路

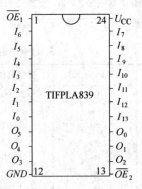

图 11-14　TIFPLA839 的外引线端子图

图 11-14 所示为 TIFPLA839（三态输出）的 PLA 器件外引线端排列图。它有 14 个输入端 (I_i)，每个输入端又通过门电路转化为两个互补输入端，分别表示输入信号的原变量和反变量；有 6 个输出端 (O_i)；$\overline{OE_1}$、$\overline{OE_2}$ 为使能端，低电平有效，即当 $\overline{OE_1}$、$\overline{OE_2}$ 均为 0 时，器件可工作，否则，输出端均呈高阻状态，故称为三态输出。每一个输出的与或式中的与项可达 32 项，而每一个与项最多可由 14 个输入变量相与组成最小项。PLA 的规格一般用输入变量数、"与阵列"输出线数（相当于字线）、"或阵列"输出线（相当于位线）三者

的乘积表示，TIFPLA839 规格可表示为 $14 \times 32 \times 6$。

三、可编程阵列逻辑器件（PAL）

PLA 器件的"与阵列"和"或阵列"均是可编程的，因此使用比较灵活，但用其实现简单逻辑函数时显得尺寸过大，价格较高。

如果在 PLA 器件的基础上，将"或阵列"中相或的与项数固定，"与阵列"允许用户编程设置，这种逻辑器件称为可编程阵列逻辑器件，简称 PAL。

图 11-15 表示了 PAL 的基本结构。其中 $Y_0 \sim Y_5$ 所表示的与项是可编程的，而 $O_0 = Y_0 + Y_1$、$O_1 = Y_2 + Y_3$、$O_2 = Y_4 + Y_5$ 的"或阵列"是固定的，输入信号 I_i 由输入缓冲器转换成有互补的两个输入变量。这种 PAL 电路只适用于实现组合逻辑电路，且输出的与或函数中，与项的个数不能超过"或阵列"所规定的数目，PAL 现有产品中最大为 8 个。此外还有带触发器和反馈线的 PAL 结构，不必外加触发器即可构成计数器和移位寄存器等时序电路（本书暂不介绍）。

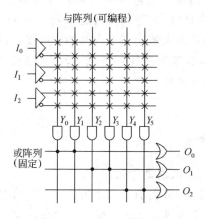

图 11-15　PAL 的基本结构

由于 PAL 器件可以用来对数字系统进行硬件加密，因此目前应用广泛。

四、通用阵列逻辑器件（GAL）

PAL 由于采用了熔丝结构，因此在编程后，就不能再改变其存储内容。另外，不同电路结构要相应选用不同型号的 PAL 器件，使用户感到不便。

20 世纪 80 年代中期研制出的通用阵列逻辑器件（简称 GAL）克服了 PAL 以上两个缺陷，它具有与 EPROM 相似的功能，可擦除可重复编程。其中存储单元采用 E^2PROM 结构，并与 CMOS 的静态 RAM 相结合。其特点是，采用电擦除工艺和高速编程，只需几秒钟即可对芯片擦除和改写，改写次数可达 100 次以上。另外具有双极型的高速性能和低功耗优点，还可加密单元以防抄袭，具有电子标签，便于文档管理。内部电路具有可编程的输出逻辑宏单元 OLMC，可灵活用于组合和时序电路。GAL 器件可分为两大类：一类与 PAL 相似，其"与阵列"可编程，而"或阵列"固定连接，这类产品目前较多，如 GAL16V8、GAL20V28、ispGAL16Z8；另一类与 PLA 相同，其"与"、"或"阵列均可编程，如 GAL39V18。产品型号中的第一个数字表示输入变量数，第二个数字表示输出变量数。

GAL 电路功耗比 PAL 低，兼容性能好，能快速擦除和编程，是一种理想的硬件加密电路。使用 GAL 芯片需要专用的开发装置，在应用 GAL 之前，应熟悉有关资料及开发应用知识。

 项目小结 ▶▶▶

大规模集成电路是数字系统中的重要器件，具有可编程、便于加密等特点，应用广泛。

1. ROM 存储的数据信息是固定的，且不易丢失；它只能进行数据的读出、而不能随意写入。按写入信息的方式不同可分为固定 ROM、PROM 和 EPROM。ROM 是一种组合逻辑电路，由"与门阵列"（地址译码器）和"或门阵列"（存储单元）组成。ROM 的输出是输入变量最小项的组合，因此，利用 ROM 可以方便地组成组合逻辑电路。随着大规模集成电路成本的下降，利用 ROM 构成复杂组合逻辑电路将越来越普遍。

2. RAM 的信息可随机写入或读出，是一种时序逻辑电路，所存储的信息随电源断电而丢失。

3. PLD 是在 ROM 的基础上，于 20 世纪 70 年代发展起来的，是由编程来确定逻辑功能的器件的统称，属于门阵列结构。它包括可编程只读存储器 PROM、可编程逻辑阵列器件 PLA、可编程阵列逻辑器件 PAL 和通用阵列逻辑器件 GAL。PLD 具有极大的设计灵活性，不仅能缩短设计周期，而且大大地提高了产品的集成度，已越来越多地应用于各种数字系统中。PLD 可由用户编程确定逻辑功能、自制 ASIC 电路，特别是 GAL 器件功能灵活，电可擦除，编程工具完整，因而使用广泛。

 思考题与习题 ▶▶▶

11-1 ROM 和 RAM 最大的区别是什么？

11-2 ROM、PROM、EPROM 各有什么不同？分别用在什么场合？

11-3 存储器的存储容量是如何定义的？现有一个存储器，其地址线为 $A_{11} \sim A_0$，数据线为 $D_7 \sim D_0$，它的存储容量是多少？

11-4 某一存储器有 6 条地址线和 8 条双向数据线，则它是什么存储器？存储容量是多大？

11-5 将一个包含有 16384 个存储单元的存储电路设计成 8 位为一个字节的 ROM，该 ROM 有多少个地址，有多少条地址读出线？

11-6 有一个容量为 256×4 位的 RAM，该 RAM 有多少个存储单元？每次访问几个基本存储单元？有几条地址线？几条数据线？

11-7 存储器容量的扩展通常有哪些方式？

11-8 PLD 根据阵列和输出结构的不同，可分为哪些种基本类型？

11-9 简述 PLD 器件发展的历史和方向。

11-10 用 2114 芯片（1k×4 位 RAM）组成 2k×8 位 RAM 的接线图。

11-11 分别用 PROM 和 PLA 实现以下逻辑功能；

① 将 8421BCD 码转换成余 3 码。

② 将 8421BCD 码转换为数码管七段显示码。

11-12 图 11-16 所示为用固定 ROM 组成的组合逻辑电路，试写出其输出逻辑表达式，并指出其逻辑功能。

11-13 现有一个由三位二进制计数器和一个 ROM 构成的电路如图 11-17 所示，请画出

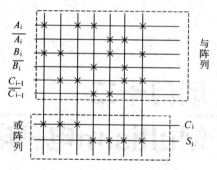

图 11-16 习题 11-12 用图

输出 F 的波形。设计数器初态为 0。

11-14 试用可编程阵列 PLA 实现图 11-18 所示电路的功能。

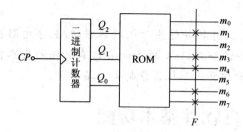

图 11-17 习题 11-13 用图

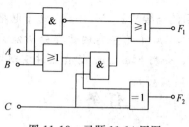

图 11-18 习题 11-14 用图

项目十二
Multisim电子电路仿真软件

【目的与要求】 Multisim 电子电路计算机仿真设计软件适用于板级的模拟/数字电路板的设计工作，具有丰富的仿真分析能力。项目主要任务是熟识 Multisim 仿真软件的基本操作功能，会用 Multisim 仿真软件实现电路，能借助仿真虚拟仪器分析实验结果等。

任务一 ●●● 熟识仿真软件基本功能

Multisim 是美国国家仪器（NI）有限公司的电子电路计算机仿真设计软件，适用于板级的模拟/数字电路板的设计工作。它包含了电路原理图的图形输入、电路硬件描述语言输入方式，具有丰富的仿真分析能力。

Multisim 的前身是 EWB（Electronics Work Bench 电子电路计算机仿真设计软件）软件。Multisim 不仅继承了 EWB 软件原有的功能，其性能得到了极大的提升。最突出的特点是用户界面友好，各类器件和集成芯片丰富，尤其是其直观的虚拟仪表是 Multisim 的一大特色。Multisim 所包含的虚拟仪表有：示波器，万用表，函数发生器，波特图图示仪，失真度分析仪，频谱分析仪，逻辑分析仪，网络分析仪等。而通常一个普通实验室是无法完全提供这些设备的。这些仪器的使用使仿真分析的操作更符合平时实验的习惯。

Multisim 的另一大特色就是和 LAB Ⅵ EW 的完美结合，具体表现在：①可以根据自己的需求制造出真正属于自己的仪器；②所有的虚拟信号都可以通过计算机输出到实际的硬件电路上；③所有硬件电路产生的结果都可以输回到计算机中进行处理和分析。

Multisim 以其强大的仿真设计应用功能，在各高校电信类专业电子电路的仿真和设计中得到了较广泛的应用。Multisim 及其相关库的应用对提高学生的仿真设计能力，更新设计理念有较大的好处。

Multisim 现有多个版本，本教材结合 NI Multisim12 教育版介绍该软件。

NI Multisim12 软件结合了直观的捕捉和功能强大的仿真，能够快速、轻松、高效地对电路进行设计和验证。凭借 NI Multisim，您可以立即创建具有完整组件库的电路图，并利用工业标准 SPICE 模拟器模仿电路行为。借助专业的高级 SPICE 分析和虚拟仪器，您能在设计流程中提早对电路设计进行的迅速验证，从而缩短建模循环。与 NI Lab Ⅵ EW 和 SignalExpress 软件的集成，完善了具有强大技术的设计流程，从而能够比较具有模拟数据的实现建模测量。

　　Multisim 是按照实际电子实验室的工作过程来设计软件界面和工作流程的。在 Multisim 软件的操作环境中，既有元器件库，也有各种仪器仪表，可以完成实验电路的搭接、调试和仿真。

　　如图 12-1 所示为 Multisim 12.0 工作界面。界面主要由元器件栏、电路工作区、仿真电源开关和电路描述区等几部分组成。

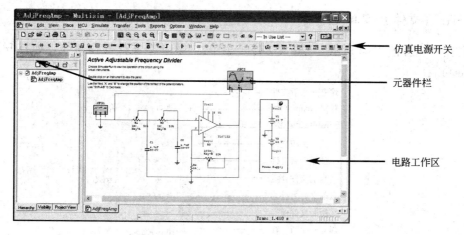

图 12-1　Multisim 的主要组成部分

　　元器件栏包括各种元器件库和测试仪器，根据需要调用其中的元器件和测试仪器，元器件分类存放在不同的库中，如二极管库、模拟集成电路库、数字集成电路库等；电路工作区完成实验电路的连接、参数设置、测试仪表接入等各种编辑功能；电路连接完毕后，打开仿真电源开关，Multisim 开始对电路进行仿真和测试；双击接入电路中的测试仪器，即可观察测试结果；再次单击仿真电源开关，即可停止对电路的仿真和测试。

　　Multisim 与其他 Windows 应用程序一样有一个基本界面，它由标题栏、菜单栏、工具栏、元器件栏、仿真电源开关、暂停/恢复开关、电路工作区、状态栏及滚动条等组成，如图 12-2 所示。

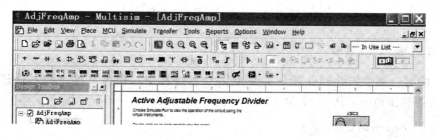

图 12-2　Multisim 的基本界面

一、标题栏

　　图 12-2 所示基本界面的最上方是标题栏，标题栏显示当前的应用程序名。标题栏的左侧是控制菜单框，与其他 Windows 应用程序相同，单击该菜单框可以打开一个命令窗口，执行相关命令可以对程序窗口做以下操作：Restore 恢复（R）、Move 移动（M）、Size 大小（S）、Minimize 最小化（N）、Maximize 最大化（X）和 Close 关闭（C）。

　　在标题栏的右侧有三个控制按钮：最小化、最大化及关闭按钮，通过控制按钮可实现对

程序窗口的操作。

二、菜单栏

标题栏的下方是菜单栏，Multisim 12 有 12 个主菜单，菜单中提供了该软件几乎所有的功能命令。每个菜单项的下拉菜单中都包含若干条命令。下面将主要菜单及功能介绍如下。

1. File （文件） 菜单

文件菜单项如图 12-3 所示。File（文件）菜单提供 19 个文件操作命令，如打开、保存和打印等功能。

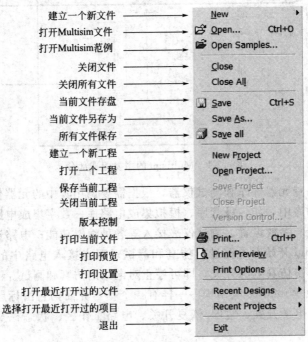

建立一个新文件	New
打开Multisim文件	Open... Ctrl+O
打开Multisim范例	Open Samples...
关闭文件	Close
关闭所有文件	Close All
当前文件存盘	Save Ctrl+S
当前文件另存为	Save As...
所有文件保存	Save all
建立一个新工程	New Project
打开一个工程	Open Project...
保存当前工程	Save Project
关闭当前工程	Close Project
版本控制	Version Control...
打印当前文件	Print... Ctrl+P
打印预览	Print Preview
打印设置	Print Options
打开最近打开过的文件	Recent Designs
选择打开最近打开过的项目	Recent Projects
退出	Exit

图 12-3　Multisim 的文件菜单

2. Edit （编辑） 菜单

Edit（编辑）菜单如图 12-4 所示。在电路绘制过程中，提供对电路和元件进行剪切、粘贴、旋转等操作命令，共 21 个命令。

3. View （窗口显示） 菜单

View（窗口显示）菜单如图 12-5 所示。提供 19 个用于控制仿真界面上显示内容的操作命令。

4. Place （放置） 菜单菜单

Place（放置）菜单如图 12-6 所示。提供在电路工作窗口内放置元件、连接点、总线和文字等 17 个命令。

5. MCU （微控制器） 菜单

MCU（微控制器）菜单如图 12-7 所示。提供在电路工作窗口内 MCU 的调试操作命令。

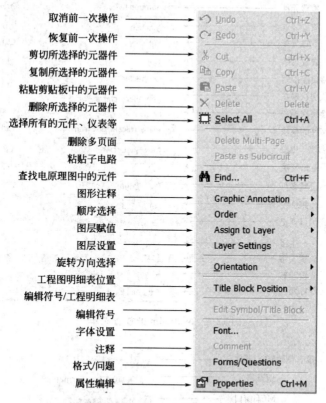

图 12-4　Multisim 的编辑菜单

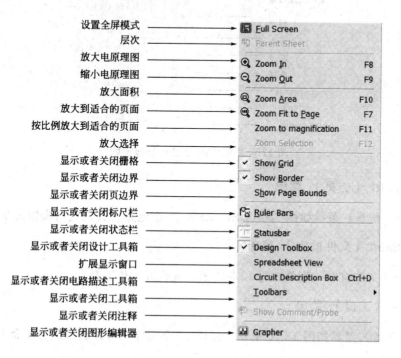

图 12-5　Multisim 的窗口显示菜单

电子技术

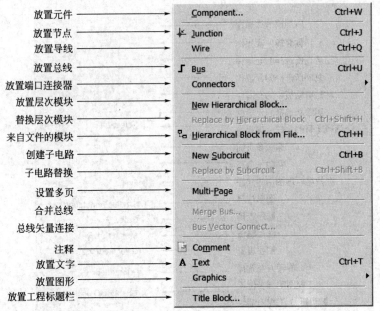

放置元件 —————→ Component...   Ctrl+W
放置节点 —————→ Junction   Ctrl+J
放置导线 —————→ Wire   Ctrl+Q
放置总线 —————→ Bus   Ctrl+U
放置端口连接器 —————→ Connectors
放置层次模块 —————→ New Hierarchical Block...
替换层次模块 —————→ Replace by Hierarchical Block   Ctrl+Shift+H
来自文件的模块 —————→ Hierarchical Block from File...   Ctrl+H
创建子电路 —————→ New Subcircuit   Ctrl+B
子电路替换 —————→ Replace by Subcircuit   Ctrl+Shift+B
设置多页 —————→ Multi-Page
合并总线 —————→ Merge Bus...
总线矢量连接 —————→ Bus Vector Connect...
注释 —————→ Comment
放置文字 —————→ Text   Ctrl+T
放置图形 —————→ Graphics
放置工程标题栏 —————→ Title Block...

图 12-6　Multisim 的放置菜单

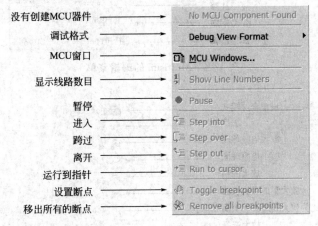

没有创建MCU器件 —————→ No MCU Component Found
调试格式 —————→ Debug View Format
MCU窗口 —————→ MCU Windows...
显示线路数目 —————→ Show Line Numbers
暂停 —————→ Pause
进入 —————→ Step into
跨过 —————→ Step over
离开 —————→ Step out
运行到指针 —————→ Run to cursor
设置断点 —————→ Toggle breakpoint
移出所有的断点 —————→ Remove all breakpoints

图 12-7　Multisim 的微控制器菜单

6. Simulate （仿真） 菜单

Simulate（仿真）菜单如图 12-8 所示。提供 18 个电路仿真设置与操作命令。

7. Transfer （文件输出） 菜单

Transfer（文件输出）菜单如图 12-9 所示。提供 8 个传输命令。

8. Tools （工具） 菜单

Tools（工具）菜单如图 12-10 所示。提供 17 个元件和电路编辑或管理命令。

9. Reports （报告） 菜单

Reports（报告）菜单如图 12-11 所示。提供材料清单等 6 个报告命令。

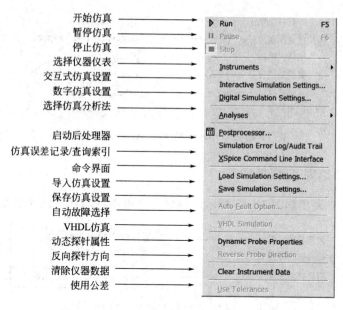

图 12-8 Multisim 的 Simulate（仿真）菜单

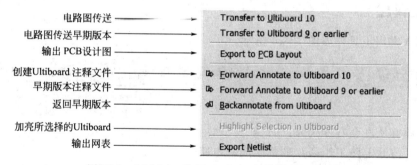

图 12-9 Multisim 的 Transfer（文件输出）菜单

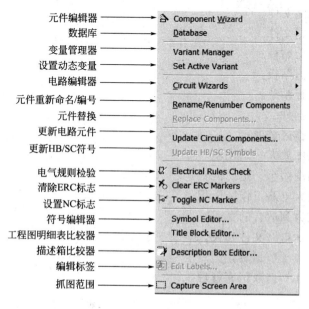

图 12-10 Multisim 的 Tools（工具）菜单

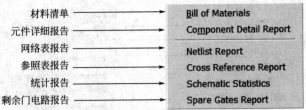

图 12-11　Multisim 的 Reports（报告）菜单

10. Option （选项） 菜单

Option（选项）菜单如图 12-12 所示。提供 5 个电路界面和电路某些功能的设定命令。

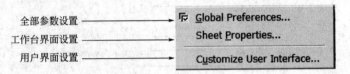

图 12-12　Multisim 的 Option（选项）菜单

三、工具栏

Multisim 常用工具栏如图 12-13 所示。

图 12-13　Multisim 的工具栏

工具栏图标从左至右依次为：

- 新建：清除电路工作区，准备生成新电路。
- 打开：打开电路文件。
- 存盘：保存电路文件。
- 打印：打印电路文件。
- 剪切：剪切至剪贴板。
- 复制：复制至剪贴板。
- 粘贴：从剪贴板粘贴。
- 旋转：旋转元器件。
- 全屏：电路工作区全屏。
- 放大：将电路图放大一定比例。
- 缩小：将电路图缩小一定比例。
- 放大面积：放大电路工作区面积。
- 适当放大：放大到适合的页面。
- 文件列表：显示电路文件列表。
- 电子表：显示电子数据表。
- 数据库管理：元器件数据库管理。
- 元件编辑器：
- 图形编辑/分析：图形编辑器和电路分析方法选择。

- 后处理器：对仿真结果进一步操作。
- 电气规则校验：校验电气规则。
- 区域选择：选择电路工作区区域。

四、元器件栏

Multisim12 提供了丰富的元器件库，元器件库栏图标和名称如图 12-14 所示。

图 12-14　Multisim 的元器件栏

用鼠标左键单击元器件库栏的某一个图标即可打开该元件库。元器件库栏图标从左至右依次为：

1. 电源/信号源库

电源/信号源库包含有接地端、直流电压源（电池）、正弦交流电压源、方波（时钟）电压源、压控方波电压源等多种电源与信号源。电源/信号源库如图 12-15 所示。

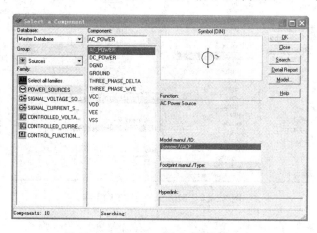

图 12-15　Multisim 的电源/信号源库

2. 基本器件库

基本器件库包含有电阻、电容等多种元件。基本器件库中的虚拟元器件的参数是可以任意设置的，非虚拟元器件的参数是固定的，但是可以选择的。基本器件库如图 12-16 所示。

3. 二极管库

二极管库包含有二极管、可控硅等多种器件。二极管库中的虚拟器件的参数是可以任意设置的，非虚拟元器件的参数是固定的，但是是可以选择的。二极管库如图 12-17 所示。

4. 晶体管库

晶体管库包含有晶体管、FET 等多种器件。晶体管库中的虚拟器件的参数是可以任意设置的，非虚拟元器件的参数是固定的，但是是可以选择的。晶体管库如图 12-18 所示。

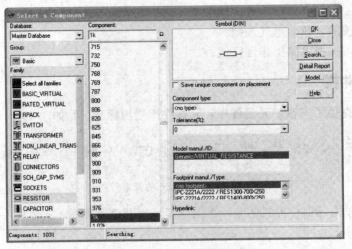

图 12-16　Multisim 的基本器件库

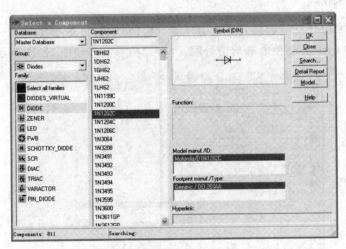

图 12-17　Multisim 的二极管库

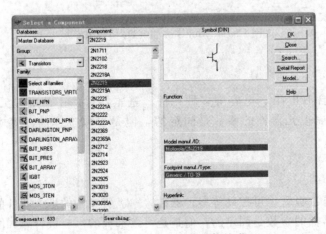

图 12-18　Multisim 的晶体管库

5. 模拟集成电路库

模拟集成电路库包含有多种运算放大器。模拟集成电路库中的虚拟器件的参数是可以任意设置的，非虚拟元器件的参数是固定的，但是是可以选择的。模拟集成电路库如图 12-19 所示。

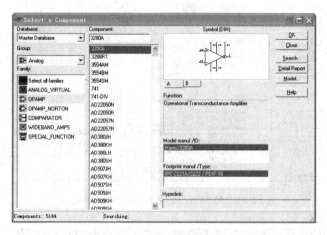

图 12-19　Multisim 的模拟集成电路库

6. TTL 数字集成电路库

TTL 数字集成电路库包含有 74×× 系列和 74LS×× 系列等 74 系列数字电路器件。TTL 数字集成电路库如图 12-20 所示。

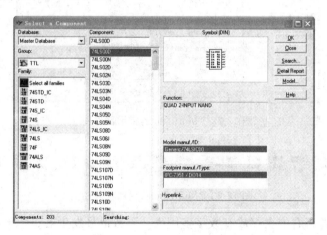

图 12-20　Multisim 的 TTL 数字集成电路库

7. 数模混合集成电路库

数模混合集成电路库包含有 ADC/DAC、555 定时器等多种数模混合集成电路器件。数模混合集成电路库如图 12-21 所示。

8. 指示器件库

指示器件库包含有电压表、电流表、七段数码管等多种器件。指示器件库如图 12-22 所示。

五、仪器仪表栏

Multisim12 仪器仪表栏的图标及功能如图 12-23 所示。

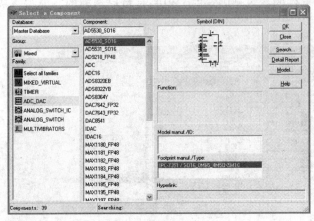

图 12-21　Multisim 的数模混合集成电路库

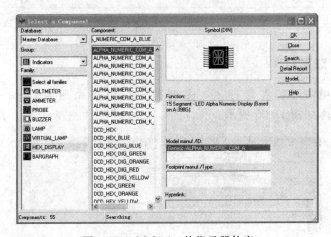

图 12-22　Multisim 的指示器件库

图 12-23　Multisim 的仪器仪表栏

　　仪器库图标从左至右依次存放有数字多用表、函数信号发生器、示波器、波特图仪、字信号发生器、逻辑分析仪、逻辑转换仪、瓦特表、失真度分析仪、网络分析仪、频谱分析仪11 种仪器仪表可以使用，仪器仪表以图标方式存在，每种类型有多台。

六、开关

　　Multisim 在元器件栏的右侧设置了两个开关，如图 12-24 所示。

图 12-24　仿真电源开关和暂停开关

任务二 ●●● 仿真软件实现电路功能仿真、测试与数据分析

一、电路设计与编辑的基本操作

要进行电路设计、仿真，首先应在工作区将电路编辑好，然后再进行仿真分析。

1. 调用元器件

打开相应的元件库，选取相应元件。也可通过搜索功能查找元件。

2. 调用电压表和电流表

电压表和电流表存放在仪器仪表库中。单击仪器仪表库库图标。用鼠标将电压表（V）或电流表（A）拖曳到工作区即可，用几个就拖几次，不受数量限制。这两种指示表可以水平放置或垂直放置，只需选中它，再单击工具栏中的旋转图标即可。

3. 调用常用仪器

单击仪器库图标，用鼠标将选中的仪器拖曳到工作区即可。每种仪器只有一件。

4. 调整元件位置

（1）平移元器件　要平移某个器件，首先将鼠标定位于该元件上，然后按住鼠标左键拖曳它到合适的位置即可；如果要同时移动几个元件，则可先用鼠标画一个矩形框，将这几个元件同时选中，然后按住鼠标左键拖动其中一个元件进行移动，则这几个元件便同时被移动。

（2）旋转元器件　先选中需旋转的元件，再右键选择旋转。旋转有 4 种：逆时针旋转 90°、顺时针旋转 90°、水平翻转和垂直翻转。

5. 连线操作

（1）元件引脚间的连线　用鼠标指向一个元件引线端子时，会出现一个小接线点，此时按住鼠标左键拖动到另一个元件引线端子，当再次出现小接线点时，放开鼠标，连线便接好了。软件会自动选择走线位置。如果想指定连线的走线位置，则应在连线转折点处放置电路节点，然后再把这些节点连接起来即可。一个电路节点上最多可在上、下、左、右四个方向上连出 4 条引线，并应注意连线的走向与节点引出线的位置要一致，否则，会产生连线的扭绕情况。

（2）连线的删除、改接与移动　删除某条连线，只要把该连线的一端从连接点移开即可；改接连线，只要把要改接的连线从原连接点移开，并直接移到新的连接点即可；要移动某条连线，只要将光标贴近该连线，然后按下鼠标左键，此时光标变成一个双向箭头，并跨于连线上，这时拖动鼠标就可移动连线。

二、电路仿真运行

在主窗口的右上方有一个开关和一个按钮。上面的开关是电路的启动/停止开关。单击它一次，启动电路运行，再单击它一次，就停止电路运行。下面的按钮是暂停/恢复按钮，

电路在运行状态下，按一下此钮，可使电路暂停运行，再按一下此钮，可恢复电路的运行。

三、虚拟仪器的使用

单击仪器库图标，用鼠标将选中的仪器拖曳到工作区即可。Multisim 提供了数字多用表、函数信号发生器、示波器、波特图仪、字信号发生器、逻辑分析仪、逻辑转换仪、瓦特表、失真度分析仪、网络分析仪、频谱分析仪 11 种仪器仪表可供使用。下面几种主要仪器的使用方法。

1. 数字多用表（Multimeter）

数字多用表是一种可以用来测量交直流电压、交直流电流、电阻及电路中两点之间的分贝损耗，自动调整量程的数字显示的多用表。

用鼠标双击数字多用表图标，可以放大的数字多用表面板，如图 12-25 所示。用鼠标单击数字多用表面板上的设置（Settings）按钮，则弹出参数设置对话框窗口，可以设置数字多用表的电流表内阻、电压表内阻、欧姆表电流及测量范围等参数。参数设置对话框如图 12-26 所示。

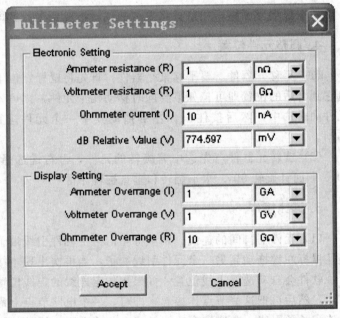

图 12-25　数字多用表面板图　　　　图 12-26　数字多用表参数设置对话框

2. 函数信号发生器（Function Generator）

函数信号发生器是可提供正弦波、三角波、方波三种不同波形的信号的电压信号源。用鼠标双击函数信号发生器图标，可以放大的函数信号发生器的面板。函数信号发生器的面板如图 12-27 所示。

函数信号发生器其输出波形、工作频率、占空比、幅度和直流偏置，可用鼠标来选择波形选择按钮和在各窗口设置相应的参数来实现。频率设置范围为 1Hz～999THz；占空比调整值可从 1%～99%；幅度设置范围为 1μV～999kV；偏移设置范围为 −999～999kV。

3. 示波器（Oscilloscope）

示波器用来显示电信号波形的形状、大小、频率等参数的仪器。用鼠标双击示波器图标，放大的示波器的面板图如图 12-28 所示。

示波器面板各按键的作用、调整及参数的设置与实际的示波器类似。

（1）时基（Time base）控制部分的调整

① 时间基准。X 轴刻度显示示波器的时间基准，其基准为 0.1fs/Div～1200Ts/Div 可供选择。

② X 轴位置控制。X 轴位置控制 X 轴的起始点。当 X 的位置调到 0 时，信号从显示器的左边缘开始，正值使起始点右移，负值使起始点左移。X 位置的调节范围从 −5.00～+5.00。

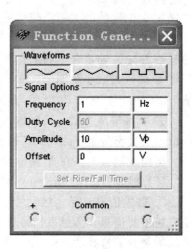

图 12-27 函数信号发生器的面板

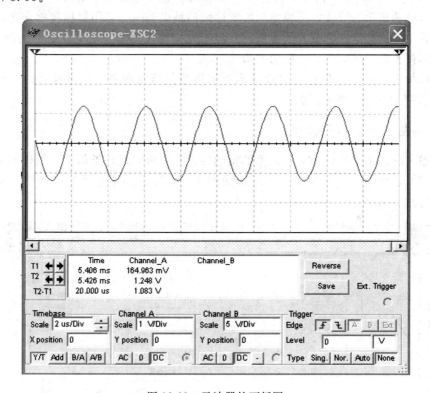

图 12-28 示波器的面板图

③ 显示方式选择。显示方式选择示波器的显示，可以从"幅度/时间（Y/T）"切换到"A 通道/B 通道中（A/B）"、"B 通道/A 通道（B/A）"或"Add"方式。

• Y/T 方式：X 轴显示时间，Y 轴显示电压值。

• A/（B)B/A 方式：X 轴与 Y 轴都显示电压值。

• Add 方式：X 轴显示时间，Y 轴显示 A 通道、B 通道的输入电压之和。

（2）示波器输入通道（ChannelA/B）的设置

① Y 轴刻度。Y 轴电压刻度范围从 1fV/Div～1200TV/Div，可以根据输入信号大小来

选择 Y 轴刻度值的大小，使信号波形在示波器显示屏上显示出合适的幅度。

② Y 轴位置（Yposition）。Y 轴位置控制 Y 轴的起始点。当 Y 的位置调到 0 时，Y 轴的起始点与 X 轴重合，如果将 Y 轴位置增加到 1.00，Y 轴原点位置从 X 轴向上移一大格，若将 Y 轴位置减小到期−1.00，Y 轴原点位置从 X 轴向下移一大格。Y 轴位置的调节范围从−3.00～＋3.00。改变 A、B 通道的 Y 轴位置有助于比较或分辨两通道的波形。

③ Y 轴输入方式。Y 轴输入方式即信号输入的耦合方式。当用 AC 耦合时，示波器显示信号的交流分量。当用 DC 耦合时，显示的是信号的 AC 和 DC 分量之和。

当用 0 耦合时，在 Y 轴设置的原点位置显示一条水平直线。

（3）触发方式（Trigger）调整

① 触发信号选择。触发信号选择一般选择自动触发（Auto），选择"A"或"B"，则用相应通道的信号作为触发信号。选择"EXT"，则由外触发输入信号触发。选择"Sing"为单脉冲触发。选择"Nor"为一般脉冲触发。

② 触发沿（Edge）选择。触发沿（Edge）可选择上升沿或下降沿触发。

③ 触发电平（Level）选择。触发电平（Level）选择触发电平范围。

（4）示波器显示波形读数 要显示波形读数的精确值时，可用鼠标将垂直光标拖到需要读取数据的位置。显示屏幕下方的方框内，显示光标与波形垂直相交点处的时间和电压值，以及两光标位置之间的时间、电压的差值。

用鼠标单击"Reverse"按钮可改变示波器屏幕的背景颜色。用鼠标单击"Save"按钮可按 ASCII 码格式存储波形读数。

4. 波特图仪（Bode Plotter）

波特图仪可以用来测量和显示电路的幅频特性与相频特性，类似于扫频仪。用鼠标双击波特图仪图标，放大的波特图仪的面板图如图 12-29 所示。可选择幅频特性（Magnitude）或者相频特性（Phase）。

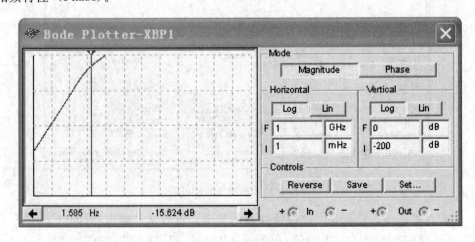

图 12-29　波特图仪

波特图仪有 In 和 Out 两对端口，其中 In 端口的＋和−分别接电路输入端的正端和负端；Out 端口的＋和−分别电路输出端的正端和负端。使用波特图仪时，必须在电路的输入端接入 AC（交流）信号源。

（1）坐标设置 在垂直（Vertical）坐标或水平（Horizontal）坐标控制面板图框内，按下"Log"按钮，则坐标以对数（底数为 12）的形式显示；按下"Lin"按钮，则坐标以线性的结果显示。

水平（Horizontal）坐标标度（1mHz~1200THz）：水平坐标轴戏/轴总是显示频率值。它的标度由水平轴的初始值（I Initial）或终值（F Final）决定。

在信号频率范围很宽的电路中，分析电路频率响应时，通常选用对数坐标（以对数为坐标所绘出的频率特性曲线称为波特图）。

垂直（Vertical）坐标当测量电压增益时，垂直轴显示输出电压与输入电压之比，若使用对数基准，则单位是分贝；如果使用线性基准，显示的是比值。当测量相位时，垂直轴总是以度为单位显示相位角。

（2）坐标数值的读出　要得到特性曲线上任意点的频率、增益或相位差，可用鼠标拖动读数指针（位于波特图仪中的垂直光标），或者用读数指针移动按钮来移动读数指针（垂直光标）到需要测量的点，读数指针（垂直光标）与曲线的交点处的频率和增益或相位角的数值显示在读数框中。

（3）分辨率设置　Set 用来设置扫描的分辨率，用鼠标点击 Set，出现分辨率设置对话框，数值越大分辨率越高。

5. 逻辑分析仪（Logic Analyzer）

逻辑分析仪用于对数字逻辑信号的高速采集和时序分析，可以同步记录和显示 16 路数字信号。逻辑分析仪的面板图如图 12-30 所示。

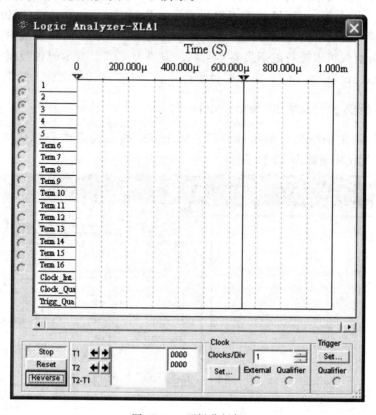

图 12-30　逻辑分析仪

（1）数字逻辑信号与波形的显示、读数　面板左边的 16 个小圆圈对应 16 个输入端，各

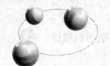

路输入逻辑信号的当前值在小圆圈内显示,按从上到下排列依次为最低位至最高位。16 路输入的逻辑信号的波形以方波形式显示在逻辑信号波形显示区。通过设置输入导线的颜色可修改相应波形的显示颜色。波形显示的时间轴刻度可通过面板下边的 Clocks per division 设置。读取波形的数据可以通过拖放读数指针完成。在面板下部的两个方框内显示指针所处位置的时间读数和逻辑读数(4 位 16 进制数)。

(2)触发方式设置 单击 Trigger 区的 Set 按钮,可以弹出触发方式对话框。触发方式有多种选择。对话框中可以输入 A、B、C 三个触发字。逻辑分析仪在读到一个指定字或几个字的组合后触发。触发字的输入可单击标为 A、B 或 C 的编辑框,然后输入二进制的字(0 或 1)或者×,×代表该位为"任意"(0、1 均可)。用鼠标单击对话框中 Trigger combinations 方框右边的按钮,弹出由 A、B、C 组合的八组触发字,选择八种组合之一,并单击 Accept(确认)后,在 Trigger combinations 方框中就被设置为该种组合触发字。

三个触发字的默认设置均为××××××××××××××××,表示只要第一个输入逻辑信号到达,无论是什么逻辑值,逻辑分析仪均被触发开始波形的采集,否则必须满足触发字条件才被触发。此外,Trigger qualifier(触发限定字)对触发有控制作用。若该位设为×,触发控制不起作用,触发完全由触发字决定;若该位设置为"1"(或"0"),则仅当触发控制输入信号为"1"(或"0")时,触发字才起作用;否则即使触发字组合条件满足也不能引起触发。

(3)采样时钟设置 用鼠标单击对话框面板下部 Clock 区的 Set 按钮弹出时钟控制对话框。在对话框中,波形采集的控制时钟可以选择内时钟或者外时钟;上升沿有效或者下降沿有效。如果选择内时钟,内时钟频率可以设置。此外对 Clockqualifier(时钟限定)的设置决定时钟控制输入对时钟的控制方式。若该位设置为"1",表示时钟控制输入为"1"时开放时钟,逻辑分析仪可以进行波形采集;若该位设置为"0",表示时钟控制输入为"0"时开放时钟;若该位设置为"×",表示时钟总是开放,不受时钟控制输入的限制。

6. 频谱分析仪 (Spectrum Analyzer)

频谱分析仪用来分析信号的频域特性,Multisim 提供的频谱分析仪频率范围上限为 4GHz,频谱分析仪面板如图 12-31 所示。

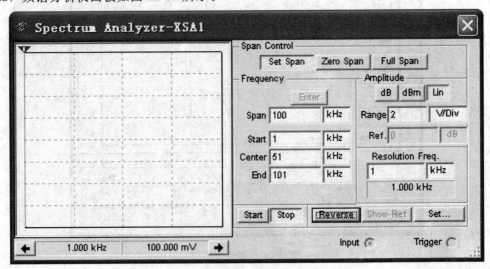

图 12-31 频谱分析仪面板

频谱分析仪面板中，分以下 5 个区。

（1）在 Span Control 区中：

当选择 Set Span 时，频率范围由 Frequency 区域设定。

当选择 Zero Span 时，频率范围仅由 Frequency 区域的 Center 栏位设定的中心频率确定。

当选择 Full Span 时，频率范围设定为 0～4GHz。

（2）在 Frequency 区中：

Span 设定频率范围。

Start 设定起始频率。

Center 设定中心频率。

End 设定终止频率。

（3）在 Amplitude 区中：

当选择 dB 时，纵坐标刻度单位为 dB。

当选择 dBm 时，纵坐标刻度单位为 dBm。

当选择 Lin 时，纵坐标刻度单位为线性。

（4）在 Resolution Frequency 区中：

可以设定频率分辨率，即能够分辨的最小谱线间隔。

（5）在 Controls 区中：

当选择 Start 时，启动分析。

当选择 Stop 时，停止分析。

当选择 triggerSet 时，选择触发源是 Internal（内部触发）还是 External（外部触发），选择触发模式是 Continue（连续触发）还是 Single（单次触发）。

频谱图显示在频谱分析仪面板左侧的窗口中，利用游标可以读取其每点的数据并显示在面板右侧下部的数字显示区域中。

任务三 ●●● LabVIEW 和 Multisim 实现联合仿真

本次任务通过一个实例学习如何在 NILabVIEW 和 Multisim 软件之间实现模拟和数字数据的联合仿真。学习如何使用 LabVIEW 来改变 Multisim 软件中的一个串联 RLC 电路中直流电源的电压输出值，然后将仿真后的电路输出电压回传给 LabVIEW，并在 LabVIEW 显示图形中进行显示。

一、软件需求

在开始 LabVIEW 和 Multisim 的联合仿真之前，必须按照安装：

1. 安装 LabVIEW2011 完整版/专业版或更新的版本；

2. 安装 LabVIEW 控制设计与仿真模块 2011 或更新版本；

3. 安装 Multisim 12.0 或更新版本。在安装 Multisim 的过程中选择安装 NILabVIEW-Multisim Co-Simulation 插件。

二、在 Multisim 中创建一个模拟电路

按以下步骤在 Multisim 中创建电路。

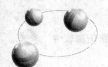

① 放置一个压控电压源，这样在仿真的过程中就可以使用 LabVIEW 来调整直流电压输出值。设置控制电压与输出电压的比率。如果设置比率为 1V/V，那么当 LabVIEW 改变 1V 的时候，Multisim 中的压控电压源也会改变 1V。

② 在电路图上放置电阻，电容和电感。

③ 最后，在电路图中放置电路的地。

④ 在电路图中添加 LabVIEW 交互接口，用以与 LabVIEW 仿真引擎之间的数据收发。这些 Multisim 中的接口是分级模块（Hierarchical Block）和子电路（Sub-Circuit）接口（HB/SC）。

⑤ 打开 LabVIEW Co-simulation Terminals 窗口来将 HB/SC 接口设置为针对 LabVIEW 的输入或者输出。浏览到 View≫LabVIEW Co-simulation Terminals。

注意前面放置在本窗口中的 HB/SC 接口，为了将各个接口配置为输入或者输出，在模式设置中选择所需要的选项，然后可以在类型设置中将各个接口设置为电压或者电流输出/输出。最后，如果想将放置的输入输出接口设置为不同的功能对，可以选择 Negative Connection。将 IO1 配置为输入，然后将 IO2 配置为输出。

⑥ 注意 Multisimdesign VI preview 会根据所作的选择的不同不断更新。这个预览是之后会放入 LabVIEW 用作与 Multisim 电路交互的虚拟仪器（VI）。如果希望改变这个 MultisimVI 中输入与输出接口的名字，可以修改 LabVIEW Terminal 设置中的文本。例如，为输入和输出模块更改 Voltage_In 和 Voltage_Out 文本。

⑦ 完整的电路包括一个与电感，电容和电阻串联的压控电压源。压控电压源的输出电压由 LabVIEW 中的一个控件控制，RLC 滤波器的输出传送回给 LabVIEW，然后在图形化显示控件中将输入电压和输出电压同时进行显示，以便于比较。图 12-32 给出了 Multisim 的设计片段（Multisim Design Snippet），可以将该片段直接拖放到 Multisim 环境中，将自动生成代码。

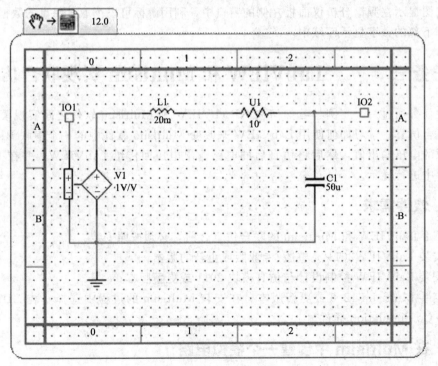

图 12-32　Multisim 设计电路图

保存 Multisim 设计于一个常用的位置，这样可以在编写 LabVIEW 的时候再次调用它。现在可以进行 LabVIEW VI 的编程，以完成与 Multisim 的通信。

三、在 LabVIEW 中创建一个数字控制器

按以下步骤在 LabVIEW 中创建数字控制器（图 12-33）。

① 要在 LabVIEW 和 Multisim 之间传送数据，首先需要使用 LabVIEW 中的控制与仿真循环（Control & Simulation Loop）。

② 修改控制仿真循环的求解算法和时间设置。

③ 在 VI 中添加仿真挂起（Halt Simulation）函数来停止控制仿真循环。

④ 将管理 LabVIEW 和 Multisim 仿真引擎之间通讯的 Multisim Design VI 放置到程序框图中。

⑤ 要向 Multisim 中的电路传送数据，必须首先在前面板上创建一个数字控件。

⑥ 要将 Multisim 中的数据显示到 LabVIEW 中，需要创建一个显示控件来展示数据。

⑦ 为了准确地将输入电压和输出电压显示在一起，需要将两个信号创建到一个数组中，右键点击程序框图，创建一个两个元素的一维数组。

⑧ 最后，需要在循环中放置一个函数来创建仿真时间波型以正确地显示两个波形。

⑨ 如果想要创建更具有可读性的波形图表。浏览到前面板，右键点击波型图表，选择属性，浏览到显示格式选项卡，在类型中选择自动格式，在位数中选择 4。

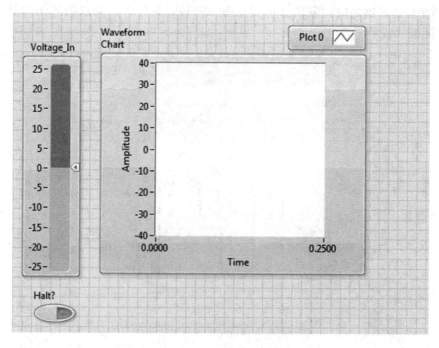

图 12-33　LabVIEW 数字控制器前面板图

⑩ 接下来，双击幅值标尺的最大值和最小值，分别输入 40 和 −40。这样就可以显示超过范围的显示值。双击时间轴的最大值，将该值设置为 0.25 或 250ms。

保存这个 LabVIEW VI 到一个常用的位置，最好是与前面创建的 Multisim 设计放置在一个路径下面，因为它们是一个仿真应用组。现在已经准备好进行 LabVIEW 和 Multisim 联合仿真了。LabVIEW 数字控制器程序图见图 12-34。

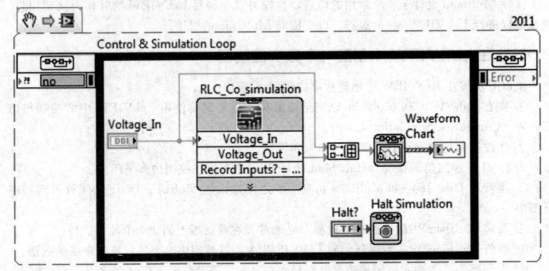

图 12-34　LabVIEW 数字控制器程序图

四、在 LabVIEW 和 Multisim 之间实现联合仿真

在 Multisim 和 LabVIEW 中创建好了模拟电路和数字控制，并建立好了数据通信。现在可以在两个仿真环境之间实现联合仿真（图 12-35），并且将结果以图形化的形式显示到 LabVIE 前面板的波形图表中。

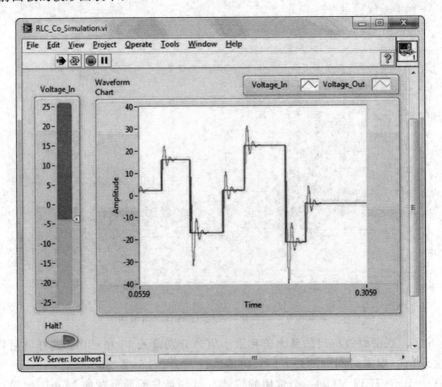

图 12-35　模拟电路和数字控制联合仿真图

① 点击 LabVIEW 工具栏中的运行按钮来开始联合仿真。这个时候并不需要打开 Multisim，因为此时，另一个 Multisim 的实例已经在后台运行。大概需要 5～30s 的时间来启动这个实例，然后开始 LabVIEW 和 Multisim 仿真引擎之间的联合仿真。

② 修改 LabVIEW 中的输入电压，观察从 Multisim 仿真引擎返回的输出电压的结果。

③ 在 Multisim 中修改 RLC 电路和参数来改变电路对输入电压的响应。如果想在仿真的过程中实时改变电阻、电容、电感的值，可以使用 Multisim 中的压控电阻，压控电感，压控电容，然后将 LabVIEW 中的控件值传送给 Multisim。

正如 LabVIEW 前面板上波形图表显示的结果所示。LabVIEW 和 Multisim 可以有效并准确地仿真 RLC 电路在多种不同输入电压变化条件下的输出响应。在这个任务中，LabVIEW 作为数字控制器，控制了 Multisim 中仿真的模拟电压中的直流电源。这是一个简单但是相当基础的联合仿真电路。当然，还有更多更为复杂的 LabVIEW 与 Multisim 联合仿真电路。

 项目小结 ▶▶▶

Multisim 电子电路计算机仿真设计软件适用于板级的模拟/数字电路板的设计工作，具有丰富的仿真分析能力。

1. 元器件库提供数千种电路元器件供实验选用，同时也可以新建或扩充已有的元器件库，而且建库所需的元器件参数可以从生产厂商的产品使用手册中查到，因此也很方便的在工程设计中使用。

2. 虚拟测试仪器仪表种类齐全，有一般实验用的通用仪器，如万用表、函数信号发生器、双踪示波器、直流电源，而且还有一般实验室少有或没有的仪器，如波特图仪、字信号发生器、逻辑分析仪、逻辑转换器、失真仪、频谱分析仪和网络分析仪等。

3. 具有较为详细的电路分析功能，可以完成电路的瞬态分析和稳态分析、时域和频域分析、器件的线性和非线性分析、电路的噪声分析和失真分析、离散傅里叶分析、电路零极点分析、交直流灵敏度分析等电路分析方法，以帮助设计人员分析电路的性能。

4. 可以设计、测试和演示各种电子电路，包括电工学、模拟电路、数字、电路、射频电路及微控制器和接口电路等。可以对被仿真的电路中的元器件设置各种故障，如开路、短路和不同程度的漏电等，从而观察不同故障情况下的电路工作状况。在进行仿真的同时，软件还可以存储测试点的所有数据，列出被仿真电路的所有元器件清单，以及存储测试仪器的工作状态、显示波形和具体数据等。

5. 有丰富的 Help 功能，其 Help 系统不仅包括软件本身的操作指南，更重要的是包含元器件的功能解说。

6. NI LabVIEW 和 Multisim 软件之间可以实现模拟和数字数据的联合仿真，这是 Multisim 软件比 EWB 软件优越的独特优势。

参 考 文 献

[1] 张惠敏主编. 电子技术. 北京：化学工业出版社，2005.

[2] 康华光主编. 电子技术基础（模拟部分）. 第4版. 北京：高等教育出版社，2000.

[3] 克劳斯·贝伊特编. 张伦译. 数字技术. 北京：科学出版社，1999.

[4] 孙建设主编. 模拟电子技术. 第2版. 北京：化学工业出版社．2009.

[5] 张惠敏主编. 数字电子技术. 第2版. 北京：化学工业出版社，2009.

[6] 黄正谨主编. 在系统可编程技术及应用. 南京：东南大学出版社，1998.

[7] 吴培明编著. 电子技术虚拟实验. 北京：机械工业出版社，1999.

[8] 侯建军等编著. 数字逻辑与系统. 北京：中国铁道出版社，1999.

[9] 王桂馨，张惠敏主编. 数字电子技术. 北京：中国铁道出版社，2002.

[10] 黄智伟主编. 基于NI Multisim的电子电路计算机仿真设计与分析. 北京：电子工业出版社，2008.

[11] 周正新主编. 电子设计自动化实践与训练. 北京：中国民航出版社，1998.

[12] 王成华，王友仁，胡志忠编. 电子线路基础教程. 北京：科学出版社，2000.

[13] 吕国泰主编. 电子技术. 北京：高等教育出版社，2001.

[14] 陈知今等编. 模拟电子技术基础. 北京：航空航天大学出版社，2000.

[15] 戴士弘主编. 模拟电子技术. 北京：电子工业出版社，1999.

[16] 陈有卿编. 新型实用分立元件电子制作138例. 北京：人民邮电出版社，1999.

[17] 郭维芹主编. 实用模拟电子技术. 北京：电子工业出版社，1999.

[18] 莫正康主编. 半导体变流技术. 北京：机械工业出版社，1999.